全国高等教育自学考试指定教材
小学教育专业(专科)

科学、技术与社会

Kexue Jishu yu Shehui

(含:科学·技术·社会自学考试大纲)
(2013 年版)

全国高等教育自学考试指导委员会 组编
主 编 刘孝廷
副主编 张秀华

高等教育出版社·北京
HIGHER EDUCATION PRESS BEIJING

图书在版编目(CIP)数据

科学、技术与社会:2013年版/刘孝廷主编;全国高等教育自学考试指导委员会组编.--北京:高等教育出版社,2013.4(2023.12重印)

ISBN 978-7-04-037159-8

Ⅰ.①科… Ⅱ.①刘…②全… Ⅲ.①科学社会学-高等教育-自学考试-教材 Ⅳ.①G301

中国版本图书馆CIP数据核字(2013)第064066号

策划编辑 雷旭波　　责任编辑 朱秀丽　　版式设计 余 杨
责任校对 胡晓琪　　责任印制 刁 毅

出　　版	高等教育出版社	网　　址	http://www.hep.edu.cn
社　　址	北京市西城区德外大街4号		http://www.hep.com.cn
邮政编码	100120	网上订购	http://www.hepmall.com.cn
印　　刷	北京市大天乐投资管理有限公司		http://www.hepmall.com
开　　本	787mm×1092mm 1/16		http://www.hepmall.cn
印　　张	14		
字　　数	340千字	版　　次	2013年4月第1版
购书热线	010-58581118	印　　次	2023年12月第8次印刷
咨询电话	400-810-0598	定　　价	26.00元

本书如有质量问题,请与教材供应部门联系。

物 料 号 37159-00

组编前言

21 世纪是一个变幻莫测的世纪，是一个催人奋进的时代。科学技术飞速发展，知识更替日新月异。希望、困惑、机遇、挑战，随时都有可能出现在每一个社会成员的生活之中。抓住机遇，寻求发展，迎接挑战，适应变化的制胜法宝就是学习——依靠自己学习、终身学习。

作为我国高等教育组成部分的自学考试，其职责就是在高等教育这个水平上倡导自学、鼓励自学、帮助自学、推动自学，为每一个自学者铺就成才之路。组织编写供读者学习的教材就是履行这个职责的重要环节。毫无疑问，这种教材应当适合自学，应当有利于学习者了解、掌握新知识和新信息，有利于学习者增强创新意识、培养实践能力、形成自学能力，也有利于学习者学以致用、解决实际工作中所遇到的问题。具有如此特点的书，我们虽然沿用了“教材”这个概念，但它与那种仅供教师讲、学生听，教师不讲、学生不懂，以“教”为中心的教科书相比，在内容安排、编写体例、行文风格等方面已经大不相同了。希望读者对此有所了解，以便从一开始就树立起依靠自己学习的坚定信念，不断探索适合自己的学习方法，充分利用已有的知识基础和实际工作经验，最大限度地发挥自己的潜能，达到学习的目标。

欢迎读者提出意见和建议。

祝每一位读者自学成功。

全国高等教育自学考试指导委员会

2011 年 10 月

目录

科学·技术·社会自学考试大纲

科学、技术与社会

全国高等教育自学考试
小学教育专业

科学·技术·社会
自学考试大纲

全国高等教育自学考试指导委员会　制定

出版前言

为了适应社会主义现代化建设事业的需要，鼓励自学成才，我国在 20 世纪 80 年代初建立了高等教育自学考试制度。高等教育自学考试是个人自学、社会助学和国家考试相结合的一种高等教育形式。应考者通过规定的专业考试课程并经思想品德鉴定达到毕业要求的，可获得毕业证书；国家承认学历并按照规定享有与普通高等学校毕业生同等的有关待遇。经过 30 多年的发展，高等教育自学考试为国家培养造就了大批专门人才。

课程自学考试大纲是国家规范自学者学习范围、要求和考试标准的文件。它是按照专业考试计划的要求，具体指导个人自学、社会助学、国家考试、编写教材、编写自学辅导书的依据。

随着经济社会的快速发展，新的法律法规不断出台，科技成果不断涌现，原大纲中有些内容过时、知识陈旧。为更新教育观念，深化教学内容方式、考试制度、质量评价制度改革，使自学考试更好地提高人才培养的质量，各专业委员会按照专业考试计划的要求，对原课程自学考试大纲组织了修订或重编。

修订后的大纲，在层次上，专科参照一般普通高校专科或高职院校的水平，本科参照一般普通高校本科水平；在内容上，力图反映学科的发展变化，增补了自然科学和社会科学近年来研究的成果，对明显陈旧的内容进行了删减。

全国高等教育自学考试指导委员会教育类专业委员会组织制定了《科学·技术·社会自学考试大纲》，经教育部批准，现颁发施行。各地教育部门、考试机构应认真贯彻执行。

全国高等教育自学考试指导委员会

2013 年 1 月

Ⅰ. 课程性质与课程目标

一、课程性质和特点

“科学·技术·社会”是高等教育自学考试小学教育专业的一门必考课程，是为培养考生的科学技术基础知识，以及科学、技术、社会相互关系的基本理论和应用能力而设置的公共基础课。

“科学·技术·社会”主要研究科学、技术与社会的本质特征、历史发展，以及现代科学和技术与社会政治、经济、军事战争、文化艺术、生活方式和思想观念之间的互动关系，研究科学技术与社会的协调发展，以及实施科教兴国、可持续发展、国家创新战略的伟大意义。因此，本课程作为与时代发展密切结合的交叉学科课程，不同于小学教育专业的其他课程，在自学考试命题中应充分体现本课程的性质和特点。

二、课程目标(评价目标)

设置本课程的具体目的是：使考生比较全面系统地了解科学、技术与社会的基础知识，掌握科学、技术与社会相互关系的基本理论，熟悉科学和技术发展的历史与现状，提高科学素质，以便今后能够较好地适应新世纪小学教育工作的需要。

课程设置的目标是使考生能够：

1. 正确理解科学、技术与社会的含义、性质和特点；
2. 理解科学、技术与社会在整个科学技术体系中的地位、作用及意义；
3. 正确评价科学、技术与社会对公民科学素养、科学教育传播、国家科学技术发展战略和规划的深刻影响；
4. 将上述内容与国家决策及社会发展方面的最新进展联系起来，推动中国科学技术的全面发展；
5. 为进一步学习和把握与科学技术相关的深度课程及技能打下基础。

三、与相关课程的联系与区别

一般与科学技术整体直接相关的学科或课程有：科学技术概论、科学技术史、科学技术社会学、科学技术哲学、科学技术传播学等。其中，科学技术概论和科学技术史属于科学、技术与社会的预备课程，所以学习科学、技术与社会课程应具备一般科学技术基本知识，先学习科学技术概论课程并掌握一定的科学技术史知识。

科学技术社会学主要是从社会学的视角考察科学技术的基本性质、特点、功能或发展，它同科学、技术与社会具有一定的相近性，但关注方式和侧重点都有巨大差别。

科学技术哲学主要从哲学的视角研究科学技术，特别是其中的认识论和方法论问题。

科学技术传播学主要研究科学技术的教育和传播问题。

以上各学科都同科学、技术与社会有一定交叉，但实质不同，在学习中只要适当留意即能轻易辨识。

四、课程的重点和难点

本课程的重点是科学、技术与社会三者的关系，包括科学与技术之间的关系，科学和技术的社会影响，社会对科学和技术的影响等。

次重点包括科学、技术与社会的兴起，科学、技术发展的模式，科学、技术的发展战略。

一般性的内容包括历史中的科学与技术，工程与社会的关系。

难点包括科学、技术与社会的学科性质和特性，工程与科学技术的关系及科学、技术与社会教育等。

Ⅱ. 考核目标

本大纲在考核目标中，按照识记、领会、简单应用和综合应用四个层次规定其应达到的能力层次要求。四个能力层次是递进关系，各能力层次的含义是：

识记：要求考生能够对大纲各章中的知识点有比较清晰的理解，如对关于科学、技术与社会作为复合概念，科学、技术与社会的特性，科学、技术与社会的发展模式，可持续发展、科教兴国战略和创新型国家的含义等的理解。

领会：能够正确理解对科学、技术与社会课程中的相关概念、基本原理、学科方法等，并清楚这些知识点之间的联系和区别，并能做出正确的表述与解释，是较高层次要求。例如，关于科学、技术的发展模式，有知识论模式，有实践综合模式，不仅应该明白它们的含义，还应该明了它们直接区别的实质。

简单应用：能结合科学、技术与社会的原理理解科学与社会含义的演进、分析工程的含义与实质、分析科学技术发展战略等。

综合应用：在对一些重要概念、基本原理与方法熟悉和深入理解的基础上，综合相关的知识点，分析和解决比较复杂的问题。例如，通过把握科学、技术与社会教育的观念，对近现代科学教育中的问题进行剖析，探索科学、技术教育的改革等。

Ⅲ. 课程内容与考核要求

第一章　科学、技术与社会的基本知识

一、学习目的与要求

通过本章的学习，了解科学的本质属性和技术本质特征；领会社会的含义、功能以及社会组织结构的变化；把握科学、技术与社会（STS）的概念、对象和理念；掌握 STS 的学科结构、方法及特点。

二、课程内容

1.1　科学、技术、社会的含义

1.1.1　科学的基本含义

1.1.2　技术的基本含义

1.1.3　科学、技术的关联与科学技术体系

1.1.4　社会的含义及变迁

1.2　科学、技术与社会的基本含义

1.2.1　科学、技术与社会的概念

1.2.2　科学、技术与社会的对象

1.2.3　科学、技术与社会的内容

1.2.4　科学、技术与社会的理念

1.3　科学、技术与社会的学科结构与方法

1.3.1　科学、技术与社会的学科结构

1.3.2　科学、技术与社会的方法

1.3.3　科学、技术与社会的特点

三、考核知识点与考核要求

（一）科学、技术、社会的含义

识记：①科学的概念；②技术的概念；③社会组织结构的含义。

领会：①科学的本质属性；②科学结构的门类；③技术的本质特征；④现行的技术分类的标准

和方法;⑤科学与技术的区别和联系;⑥科学技术一体化;⑦社会的多重含义;⑧社会的功能;⑨科学技术与人类社会发展阶段的对应关系;⑩社会组织结构的变化。

(二)科学、技术与社会的基本含义

识记:科学、技术与社会的概念。

领会:①科学、技术与社会的对象;②科学、技术与社会的理念。

(三)科学、技术与社会的学科结构与方法

领会:①科学、技术与社会的学科结构;②科学、技术与社会的方法;③科学、技术与社会的特点。

第二章　科学、技术与社会的兴起

一、学习目的与要求

通过本章的学习,了解科学、技术与社会兴起的历史条件、社会条件和学术条件,科学、技术与社会的形成过程;把握科学、技术与社会的三种基本导向;理解科学、技术与社会的基本立场;领会科学、技术与社会的发展趋势以及建设的策略。

二、课程内容

2.1　科学、技术与社会兴起的背景

2.1.1　科学和技术时代的呼唤

2.1.2　社会运动的推动

2.1.3　学术思想的演变

2.2　科学、技术与社会的诞生

2.2.1　科学、技术与社会的前奏

2.2.2　科学、技术与社会计划的涌现

2.2.3　科学、技术与社会的发源地

2.2.4　科学、技术与社会的形成

2.3　科学、技术与社会的发展

2.3.1　科学、技术与社会的全球热潮

2.3.2　对科学、技术与社会的反思和总结

2.3.3　科学、技术与社会的发展趋势

2.3.4　科学、技术与社会的学科变化

2.3.5　科学、技术与社会的建设策略

三、考核知识点与考核要求

（一）科学、技术与社会兴起的背景

识记：交叉学科的概念。

领会：①科学、技术与社会产生的历史条件；②科学、技术与社会产生的社会条件；③科学、技术与社会产生的学术条件。

（二）科学、技术与社会的诞生

识记：科学、技术与社会的两大发源地。

领会：①STS 学科化发展的主要表现；②科学、技术与社会的三种基本导向；③科学、技术与社会的基本立场。

（三）科学、技术与社会的发展

领会：①科学、技术与社会的全球热潮；②对科学、技术与社会的反思和总结；③科学、技术与社会的发展趋势；④科学、技术与社会的学科变化；⑤科学、技术与社会建设的策略。

第三章　历史中的科学与技术

一、学习目的与要求

通过本章的学习，应了解人类的古代科学技术成就；明确科学革命和技术革命的含义；认识到社会需要是科学和技术革命发生的动力源；掌握科学技术发展史中的三次科学革命与三次技术革命；把握当代科学和技术革命的特点及其未来发展趋势。

二、课程内容

3.1　古代的科学和技术

3.1.1　科学技术知识的萌芽

3.1.2　古代中国的科学技术

3.1.3　古希腊罗马的科学技术

3.1.4　古代阿拉伯的科学技术

3.2　近现代科学和技术革命

3.2.1　科学革命与技术革命的界定

3.2.2　近现代科学和技术革命的总体进程

3.2.3　科学和技术革命的社会根源

3.3　当代科学和技术革命的特点与发展趋势

3.3.1　当代科学和技术革命的特点

3.3.2　当代科技革命的发展趋势

三、考核知识点与考核要求

（一）古代的科学和技术

识记:①两河流域和古埃及的科学技术成就;②古印度的科学技术成就;③古希腊罗马的科学技术成就;④古代中国的科学技术成就;⑤古代阿拉伯的科学技术成就。

领会:①古代科学技术是指近代科学产生之前世界各文明古国所产生的科学技术,它包括东方四大文明古国、古希腊、古罗马和古阿拉伯的科学技术知识;②古希腊的科学思想和中国的四大发明,分别为近代科学的产生做了思想理论和物质技术上的准备,正是借助于古代阿拉伯的科学技术知识,欧洲实现了从古代科学技术向近代科学技术的过渡。

简单应用:根据古代科学技术成就分析其对于世界科技发展的贡献。

综合应用:根据古代科学技术知识的特点分析古代科学的范式类型。

（二）近现代科学和技术革命

识记:①科学革命的含义;②技术革命的含义;③科学革命形成标志;④科学和技术革命的历史分期;⑤科学和技术革命的动力源。

领会:①科学革命的实质;②技术革命的实质;③第一次和第二次技术革命解放了人手即人的体力,而第三次技术革命则开始人脑即智力的解放;④社会需要对科学和技术进步的巨大推动作用。

简单应用:通过对科学革命和技术革命的总体进程的分析,认识科学革命和技术革命的实质。

综合应用:比较近代科学和古代科学的区别。

（三）当代科学和技术革命的特点与发展趋势

识记:①当代科学技术革命的特点;②当代科学和技术革命的发展趋势。

领会:①当代科技革命规模宏大,涉及科学技术各个重要领域,其广度、深度、速度都是以往的科技革命所无法比拟的;②科、工、贸联动趋势是“小科技”向“大科技”发展及产、学、研一体化两大趋势发展的必然。

简单应用:能够利用当代科技革命的特点和发展趋势认识到科学技术对人类社会未来发展的巨大影响。

综合应用:①比较当代科技革命与以往科技革命的区别;②根据当代科技革命的特点和发展趋势分析企业在科技革命中的作用。

第四章 科学和技术发展的模式

一、学习目的与要求

通过本章的学习,应了解科学技术的发展模式;认识到随着当代科学和技术的发展,科学、技术与社会的关系日益紧密，不仅社会需要成为科学和技术发展的动力，而且科学和技术的发展也加速了社会的进程；掌握科学、技术与社会三个方面的互动模式；思考改善我国科学技术发展的基本环境。

二、课程内容

4.1 科学发展的模式
4.1.1 知识论模式
4.1.2 历史主义模式
4.1.3 综合实践模式
4.2 技术发展的模式
4.2.1 技术发展的经典模式
4.2.2 技术发展的实践综合模式
4.3 科学、技术与社会的互动模式
4.3.1 科学、技术与社会的关系演进
4.3.2 科学、技术与社会的互动

三、考核知识点与考核要求

（一）科学发展的模式

识记：①证伪和证伪度的概念；②研究纲领的概念；③证伪主义科学发展模式；④范式的概念；⑤范式更替模式；⑥社会文化实践模式的基本观点。

领会：①科学研究纲领的进化模式；②“范式论”发展模式的特点；③邦格主张的进化模式，是对不断革命论和发展的灾变主义两者的综合，使对科学革命发生学的哲学研究从单因素考察发展为系统考察，推进了研究的广度与深度。

简单应用：分析社会文化实践模式和实践主义模式的积极意义。

（二）技术发展的模式

识记：①技术发展的三种典型模式；②美国和日本科技发展模式的特点。

领会：①在实际发展过程中各模式之间也存在彼此渗透现象，一般以何种情况为主就被归类为何种模式；②技术发展同时受到科学推动和社会拉动的双重作用。

简单应用：①分析科学对技术发展的拉动作用；②分析社会需求对技术发展的推动作用。

综合应用：阅读美国、日本及欧盟在技术发展过程中形成的各具特色的实践综合模式，思考中国该如何促进技术的进步。

（三）科学、技术与社会的互动模式

识记：①科学技术化的含义；②技术科学化的含义；③科学共同体的概念；④科学技术社会化的发展趋势；⑤社会的科学技术化的主要特征。

领会：①无论是作为一种知识体系，还是作为一种社会活动，科学和技术之间既有很大的区

别,也有很大的联系,现代科学技术已呈现一体化的趋势;②科学—技术—社会的互动关系已成为当代科技革命的一个显著的特点,科学—技术—社会呈现出一体化的特征。

简单应用:分析科学技术社会化与社会科学技术化的特征。

第五章　科学和技术的社会影响

一、学习的目的和要求

通过本章的学习,了解科学和技术对生产、生活与人类思维的影响;掌握科学技术对生产力的影响,对经济生活、政治生活、日常生活的影响,以及对人类认识能力和思维方式的改进,对人们思想道德水平的提升,对民主、文化和教育的作用。

二、课程内容

5.1　科学和技术对生产的影响

5.1.1　科学和技术对生产力的影响

5.1.2　科学和技术对社会经济结构的影响

5.2　科学和技术对生活的影响

5.2.1　科学和技术对经济生活的影响

5.2.2　科学和技术对政治生活的影响

5.2.3　科学和技术对日常生活的影响

5.3　科学和技术对思维的影响

5.3.1　科学和技术推动人类认识能力的提高

5.3.2　科学和技术促使思想方式的改进

5.3.3　科学和技术推动思想道德水平的提高

5.3.4　科学和技术发展推动社会民主、文化和教育的发展

三、考核知识点与考核要求

(一)科学和技术对生产的影响

识记:①科学技术是生产力;②科学技术是第一生产力。

领会:①马克思、恩格斯关于科学技术是生产力的重要思想;②科学技术是第一生产力的内涵;③科学技术是第一生产力的意义;④科学技术是决定生产力发展因素的原因。

综合应用:应用科学技术是第一生产力的科学内涵,说明我国如何加速生产力的发展。

(二)科学和技术对生活的影响

识记:①生产关系;②生活方式;③产业结构。

领会:①科学和技术对生产关系的影响;②科学和技术对生产关系基本环节的影响;③科学和技术对上层建筑的影响;④科学和技术对社会阶层的影响;⑤科学和技术引起生活方式变化的

总特征;⑥科学和技术影响日常生活变化的基本途径。

简单应用:结合日常生活,谈谈科学技术进步对生活的改变。

(三)科学和技术对思维的影响

识记:①思维方式;②道德观念。

领会:①科学和技术推动人类认识能力的提高;②科学和技术进步对思维方式的改进;③科学和技术的发展对思想道德提升的作用。

简单应用:科学和技术的发展与人类思维之间的联系。

第六章　社会对科学和技术的影响

一、学习的目的和要求

通过本章的学习,了解社会对科学和技术发展的决定性作用;领会政治、经济、文化和教育在科学和技术发展过程中的作用;把握科学和技术的社会规范,促进科学和技术与社会的全面协调发展。

二、课程内容

6.1　社会对科学和技术发展的决定性

6.1.1　社会生产是科学和技术产生的根源

6.1.2　社会生产为科学和技术的发展提供物质条件

6.1.3　社会生产是科学和技术发展的根本动力

6.1.4　社会生产是科学和技术成果的检验标准

6.2　社会影响科学和技术的基本形式

6.2.1　经济对科学和技术发展的推动作用

6.2.2　政治对科学和技术发展的推动作用

6.2.3　文化对科学和技术发展的推动作用

6.2.4　教育对科学和技术发展的推动作用

6.3　科学和技术发展的社会规范

6.3.1　科学和技术的异化

6.3.2　科学和技术的伦理规范

6.3.3　科学、技术和社会协调发展的途径

三、考核知识点与考核要求

(一)社会对科学和技术发展的决定性

领会:①科学和技术产生的社会根源;②社会生产为科学和技术的发展提供物质条件;③社会生产是科学和技术发展的根本动力;④社会生产是检验科学技术成果的标准。

（二）社会影响科学和技术的基本形式

领会:①经济对科学和技术发展的推动作用;②政治对科学和技术发展的推动作用;③文化对科学和技术发展的推动作用;④教育对科学和技术发展的推动作用。

（三）科学和技术发展的社会规范

识记:科学和技术的异化。

领会:①科学和技术的主要表现;②科学技术的伦理规范;③科学家的社会责任。

简单应用:结合科学技术伦理问题的案例,分析建立科学技术与社会协调发展的基本途径。

第七章　工程与社会

一、学习的目的和要求

通过本章的学习,了解工程的本性及其多方面特点;领会工程与科学和技术之间的互动关系;把握工程所具有的多种社会功能,以及引发工程安全问题的主要原因、确保工程安全的可能途径和原则。

二、课程内容

7.1　工程与科学和技术

7.1.1　工程范畴的历史演变

7.1.2　工程特性的多维显现

7.1.3　科学、技术与工程的互动

7.2　工程的社会功能

7.2.1　吸纳社会劳动力,提供个体必要的就业场所

7.2.2　创造物质财富,满足人的基本需要

7.2.3　塑造人文价值,丰富人们的精神生活

7.2.4　建造“属我世界”,拓展“类”生存空间

7.2.5　打造生活样式,成就人类文明

7.3　工程安全

7.3.1　引发工程安全问题的主要原因

7.3.2　规避工程灾难的基本路径

三、考核知识点与考核要求

（一）工程与科学和技术

识记:工程概念。

领会:①作为历史范畴的工程;②工程被视为具象化的科学、技术与社会;③科学、技术与工

程的区别与联系;④工程的多维特性;⑤科学、技术与工程的互动;⑥21 世纪是工程的时代。

(二)工程的社会功能

领会:①工程对解决就业、提供择业场所和机会的社会功能;②工程作为现实的生产力在创造物质财富、满足人们生活需求方面的社会功能;③工程在塑造人文价值和丰富精神生活方面的社会功能;④工程在建造人工世界的同时对人类生存空间拓展方面的意义与社会功能;⑤工程范式与人类文明之间的关系。

(三)工程安全

领会:①工程安全的重要性;②导致工程事故和工程灾难的主要原因;③规避问题工程发生的可能路径与原则;④工程安全与科学决策的关系。

综合应用:①结合引发问题工程的可能原因,参与或分析某一工程的决策,并评价其安全性;②结合规避工程灾难和问题工程发生的基本路径与原则,尝试一次工程案例研究。

第八章　当代科学和技术发展战略

一、学习的目的和要求

通过本章的学习,了解当今发达国家的科学和技术发展战略,以及中国科学和技术发展战略;把握我国科教兴国战略、国家创新战略、可持续发展战略的基本内容;领会面对环境与资源压力等未来发展困境,中国的抉择和立场。

二、课程内容

8.1　国际科学和技术发展战略
8.1.1　美国的科学和技术发展战略
8.1.2　德国的科学和技术发展战略
8.1.3　日本的科学和技术发展战略
8.1.4　俄罗斯的科学和技术发展战略
8.1.5　国际科学和技术发展战略的启示
8.2　中国科学和技术发展战略
8.2.1　科教兴国战略
8.2.2　国家创新战略
8.2.3　中国科学技术发展规划
8.3　科学技术发展与人类未来
8.3.1　可持续发展战略
8.3.2　从生态文明到美丽中国
8.3.3　人类未来发展困境与中国的抉择

三、考核知识点与考核要求

（一）国际科学和技术发展战略

领会：①美国的科学和技术发展战略；②德国的科学和技术发展战略；③日本的科学和技术发展战略；④俄罗斯的科学和技术发展战略。⑤发达国家的科学、技术发展战略的特点。

简单应用：理解发达国家科学和技术发展战略对我国的启示。

（二）中国科学和技术发展战略

识记：①科教兴国战略；②创新型国家。

领会：①我国科教兴国战略对中国发展的作用；②国家创新战略的紧迫性和必要性；③中国实施国家创新战略的条件。

简单应用：①分析我国实施科教兴国战略的意义；②考察新中国科学技术发展规划的时代特征。

综合应用：从科教兴国战略到国家创新战略，综合理解我国科学技术发展的历史进程。

（三）科学技术发展与人类未来

识记：①可持续发展的内涵；②实施可持续发展的基本原则；③实施可持续发展的总体目标；④生态文明。

领会：①《中国21世纪议程》的基本内容；②中国对可持续发展的理解；③生态文明建设的目的与原则；④《京都议定书》的基本内涵。

简单应用：①可持续发展战略思想的形成；②生态文明建设的基本内涵。

综合应用：①综合分析中共中央提出的从生态文明建设到美丽中国的意义；②从《京都议定书》到后《京都议定书》时代，综合分析中国在应对全球气候变化的中国态度及世界责任。

第九章　科学、技术与社会教育

一、学习目的与要求

通过本章的学习，掌握科学、技术与社会教育的基本理念；把握科学、技术与社会教育的目标和基本要求；理解教师在科学、技术与社会教育中的地位和作用；了解科学、技术与社会教育的课程设置原则，科学、技术与社会教育的课程教学和培养目标。

二、课程内容

9.1　科学、技术与社会教育的理念

9.1.1　科学、技术与社会教育对传统教育理念的批判

9.1.2　科学、技术与社会教育倡导新的教育理念

9.1.3　科学、技术与社会教育的目标

9.1.4　科学、技术与社会教育的基本要求

9.2　科学、技术与社会教育的教师

9.2.1　教师在新课程中的地位和职责

9.2.2　科学、技术与社会教育的教师素质

9.2.3　教师主导作用的发挥

9.3　科学、技术与社会教育的课程

9.3.1　科学、技术与社会教育的课程设置原则

9.3.2　科学、技术与社会教育的课程目标

9.3.3　科学、技术与社会教育的理念在邻近学科中的体现

三、考核知识点与考核要求

（一）科学、技术与社会教育的理念

领会：①科学、技术与社会教育对传统教育理念的批判；②科学、技术与社会教育的理念；③科学、技术与社会教育的目标；④科学、技术与社会教育的基本要求。

（二）科学、技术与社会教育的教师

领会：①STS 教育中教师的职责；②科学、技术与社会教育的教师素质构成；③科学、技术与社会教育的教师素质特色；④教师在 STS 教育中的主导作用。

（三）科学、技术与社会教育的课程

领会：①科学、技术与社会教育的课程设置原则；②科学、技术与社会教育的课程教学和培养目标；③科学、技术与社会教育的理念在邻近学科中的体现。

综合应用：①按照 STS 教育的课程设置原则，具体设置一堂探索性实验课，思考如何设计实验才能提高学生的分析和研究的能力；②设计一个实用技术的教学案例，并探讨此项技术中所涉及的伦理问题；③设置一次关于环境问题的讨论，探讨其中所涉及的科学、技术与社会的关系；④设计一次课外活动，思考如何通过这项活动，使学生将课堂上（如数学课、历史课、语文课）所学到的知识应用到具体的生活中。

Ⅳ. 关于大纲的说明与考核实施要求

为了使本大纲的规定在个人自学、社会助学和考试命题中得到贯彻落实，特对有关问题作如下说明，并提出具体实施要求。

一、自学考试大纲的目的和作用

课程自学考试大纲是根据专业自学考试计划的要求，结合自学考试的特点而确定。其目的是对个人自学、社会助学和课程考试命题进行指导和规定。

课程自学考试大纲明确了课程学习的内容以及深广度，规定了课程自学考试的范围和标准。因此，它是编写自学考试教材和辅导书的依据，是社会助学组织进行自学辅导的依据，是自学者学习教材、掌握课程内容知识范围和程度的依据，也是进行自学考试命题的依据。

二、课程自学考试大纲与教材的关系

课程自学考试大纲是进行学习和考核的依据，教材是学习掌握课程知识的基本内容与范围，教材的内容是大纲所规定的课程知识和内容的扩展与发挥。课程内容在教材中可以体现一定的深度或难度，但在大纲中对考核的要求一定要适当。

大纲与教材所体现的课程内容应基本一致，大纲里面的课程内容和考核知识点，教材里一般也要有。如果教材的内容有与大纲要求不一致的地方，应以大纲规定为准。

三、关于自学教材

指定教材：《科学、技术与社会》，全国高等教育自学考试指导委员会组编，刘孝廷主编、张秀华副主编，高等教育出版社，2013 年版。

四、自学方法指导

1. 在全面系统学习的基础上掌握基本理论、基本知识。本课程内容涉及科学、技术与社会的基本含义、学科性质，科学、技术与社会的发展历程，科学、技术与社会各方面的互动关系。课程内容知识范围广泛，各章节之间既有密切的内在联系，又分别阐明不同的问题，具有相对的独立性。自学者应首先全面系统地学习各章节的内容，记住应当识记的基本概念，深入理解基本知识，掌握基本原理。其次，要了解各章节之间的联系，注意区分相近的概念和相类似的问题，并掌握它们之间的联系。再次，在全面系统学习的基础上掌握重点，有目的地学习各章节的重点内容，但切忌在没有全面学习教材的情况下孤立地去抓重点。

2. 本课程的内容既有“述”又有“论”。自学应考者应在识记有关科学、技术与社会的主要历程及现代科学、技术与社会的基本知识叙述的同时，领会教材对科学、技术与经济发展、与社会进步各种互动关系的理论分析，并努力学会运用这些基本知识去分析和解释有关科学、技术与社会的各种现实问题。

3. 重视理论联系实际。将课程内容的学习同观察、分析科学、技术的进步与当代社会变化发展结合起来，特别是要联系科教兴国、可持续发展、国家创新战略的实施，联系培养科学、技术与社会人才的基础教育，使本课程的知识能够学以致用。

五、对社会助学的要求

1. 社会助学者应根据本大纲规定的考试内容和考核目标，认真钻研指定教材，明确本课程与其他课程不同的特点和学习要求，对自学应考者进行切实有效的辅导，引导他们防止自学中的各种偏向，把握社会助学的正确导向。

2. 要正确处理基础知识和应用能力的关系，努力引导自学应考者将识记、领会、应用联系起来，把基础知识和理论转化为应用能力，在全面辅导的基础上，着重培养和提高自学者的分析问题和解决问题的能力。

3. 要正确处理重点和一般的关系。课程内容有重点与一般之分，但考试内容是全面的，而且重点与一般是相互联系的，不是截然分开的。社会助学者应指导自学应考者全面系统地学习教材，全面掌握考试内容和考核知识点，在此基础上再突出重点。总之，要把重点学习同兼顾一般结合起来，切勿孤立地抓重点或引导自学应考者猜题、押题。

六、关于命题的若干要求

1. 本门课程考试主要采用闭卷笔试的形式，考试时间 150 分钟。

2. 本课程的命题，应根据本大纲所规定的考试内容和考核标准来确定考试范围和考核要求，不能任意扩大或缩小考试范围，提高或降低考核要求。考试命题要覆盖到各章，并适当突出重点，体现本课程的内容重点。

3. 本课程在试卷中对不同能力层次要求的分数比例大致为：识记占 20%，领会占 30%，简单应用占 30%，综合应用占 20%。

4. 试题要合理安排难度结构。试题难易可分为易、较易、较难、难四个等级。每份试卷中，不同难易程度试题的分数比例一般为：易占 20%，较易占 30%，较难占 30%，难占 20%。

5. 本课程考试试卷采用的题型，一般有：单项选择题、名词解释题、简答题、论述题、案例题等。各种题型的具体形式参见本大纲附录。

附录　题型及举例

一、单项选择题

科学(science)一词起源于

A. 希腊语　　B. 拉丁语　　C. 德语　　D. 日语

二、名词解释题

1. 科学、技术与社会
2. 工程
3. 可持续发展

三、简答题

1. 科学、技术与社会的学科理念
2. 中国国家创新战略

四、论述题

1. 社会对科学和技术发展的决定性影响
2. 当代科学和技术的发展趋势

五、案例分析题

举例略。

后　记

《科学·技术·社会自学考试大纲》是根据全国高等教育自学考试小学教育专业考试计划要求编写的。

2012年12月20日全国高等教育自学考试指导委员会教育类专业委员会召开审稿会议,对本大纲进行了讨论评审,修改后经主审复审。

本大纲由刘孝廷、张秀华主持编写,参加编写的人员有:刘孝廷、张秀华、郭菁、计彤、张亚娜。

本大纲由中国科学院大学肖显静教授主审,北京化工大学崔伟奇教授、北京师范大学范立双教授审稿。

本大纲最后由教育类专业委员会主任王英杰教授审定。

全国高等教育自学考试指导委员会
教育类专业委员会
2013年1月

全国高等教育自学考试指定教材
小学教育专业(专科)

科学、技术与社会

全国高等教育自学考试指导委员会　组编
主　编　刘孝廷
副主编　张秀华

前 言

自16、17世纪崛起的近代科学技术给人类社会的生存带来了根本性的变化，以至于此前人类只是在生活中使用知识和技术，而发展到今天却成了在科学和技术中生活。知识时代、科学技术时代已经成为今天不同于古典时代的一个根本性标志。特别是科学和技术不仅划定了人类活动的边界，更作为一种约束性的框架，规制了人类的活动方式和思想方式。其中，科学、技术与社会就是一种既不同于古典时代的博物学类型知识，也不同于近代以常规科学为主的数理类型知识的最新形态，它的英文缩写是STS。目前，这个缩写词在国际科学界有两个含义不同的全名："Science，Technology and Society"和"Science and Technology Studies"。前者即是我们要描述的"科学、技术与社会"（下称STS），对其汉译名基本没有疑义；而后者则有多种译法，如"科学技术研究"、"科学技术论"、"科学与技术的人文社会研究"以及"科学技术元勘"等。对此，国内曾有过争论，目前比较流行的用法是称之为"科学技术学"，其具体含义还在进一步探究中。

科学、技术与社会研究的兴起虽只有半个世纪，但其研究对象和基本含义却经历了比较大的变化。最初，人们只是在各自的领域进行分散地个别研究和命名，关于STS的总体轮廓是在彼此逐渐联合之后慢慢被认识的。而关于STS的学科观念，直到晚近才发生质的变化。按照J.T.克莱茵的看法，STS的发展可分为多学科、交叉学科和超学科三个阶段。①

STS是以科学、技术、社会为支点所构成的"三角域"作为基础存在结构的（参见本书第一章第二节）。②

最初，STS只是被看作一个交叉学科领域，主要关注由于科学和技术发展所带来的社会问题，核心是科学、技术与社会的关系。从领域的角度看，这个三角域的关系首先承认科学、技术、社会三个独立工作的领域，然后寻找其中的交叉域或公共域。此时的域之间基本不存在互视关系，它们只是共同关注某个问题或领域。如就学科的角度而言，科学依旧是科学，技术依旧是技术，社会则只是一个领域。是问题的拉动促使科学和技术走向社会，从而关注三者之间的共同域的，过去把这叫做多学科攻关。

后来，以对这个问题域的探索为基础，逐渐形成作为一门交叉学科性质的STS。美国STS专家卡特克利夫把其中的各门交叉学科比喻为伞的骨架，它们至少有一端聚在一起，而且形成了STS整体（参见本书第二章）。

再后来，人们发现，交叉学科的身份也越来越无法全面展示STS丰富的内涵。随着在世纪之交蓬勃兴起的全球STS运动不仅拓宽了STS的领域，也加深了人们对STS的理解，并将其推进到了超学科的层次，成为"一门研究科学、技术与社会相互关系的规律及其应用，并涉及多学科、多领域的综合性学科。"③

---

① 转引自殷登祥. 科学、技术与社会概论[M]. 广州：广东教育出版社，2007：15.

② 刘孝廷.STS视野中的科学传播[J].科普研究.2012(5)：35-36.

③ 殷登祥等. 当代科学、技术与社会(STS)前沿——技术的社会形成[M]. 北京：首都师范大学出版社，2004：4.

可见,STS的出现代表了一种新的科学发展现象,即消除学科隔阂与界限,呈现事物深层的内在、本然联系的超学科现象。它不再承认STS只是科学、技术和社会三个学科群的交叉,而是承认自己有独立的不能还原到传统三个学科群进行解释的新质。也就是说,它虽然承认学科形成史中的前后依托关系,但强调自己的不可肢解的独立新特征,并认为这才是STS的根本。特别是对作为学科的STS来说,应把"科学、技术与社会"作为一个先验的不可分离的基础概念来使用。STS的概念是一个不断发展的过程,最初是"科学"、"技术"、"社会"这些单一的概念,然后是"科学和技术"、"科学和社会"、"技术和社会"、"科学、技术与社会"这类复合概念。我们看到,STS的概念形成顺序虽是历史性的,但这个顺序却是由人类的认知顺序造成的,而非事实本身存在的状况。因此,对STS概念的理解要转换视角,不能从现成的东西出发,而要回到事物自身那里去。

按照这样的理解,STS代表了当代新型的科学观和技术观。其中,社会之维的介入和凸显,代表了科学和技术向人性的回归,也即向博物学的回归。这是科学和技术发展到今天的一次巨大飞跃,是当代科学和技术的博物学转向或革命。① 其深刻含义不亚于近代的从哥白尼到牛顿的革命,它们都是根本性的范式转换。无论对于科学还是技术,乃至今天庞大的工程和产学研,只有站在这样的高度去理解,才能领会其实质;某些重大现实课题,如自主创新、物联网、云计算、大数据等的开发,也只有立足于这样的高度,才会有稳固而实质性的推进。STS课程的根本目的即在于此。它通过这样的教育,改变和提升公民的科学视野和素质,适应当代科学和技术的发展,也推动科学和技术的创造与应用效果。

与传统的教育理念不同,STS作为跨学科或超学科的范式,其显著特点是不同学科的整体化,其宗旨是培养具有综合科学与技术素养、全面发展的一代新型知识主体。所谓综合科学与技术素养,不仅指能理解传统的"四科"——科学知识、科学方法、科学思想、科学精神,更能理解科学、技术与社会的相互关系,使不同的社会成员面对不同的社会需求能胜任其角色职能,用自己的知识、技能、素养等更好地为社会服务。在这方面,中国的STS研究和教育与发达国家相比还有较大差距,为此,在中国开展STS研究特别是STS教育就成了探究与传播科学和技术的新思想、新观念、新知识、新方法的必然选择。

本书的基本理念与结构在一定意义上体现了编者们的这一意愿和追求。它与邻近的科学技术概论、科学技术史、科学技术社会学、科学技术哲学、科学技术传播学等一起构成了高等教育类科学技术综合课程的完整体系。

本书作为自学考试教材,是根据全国高等教育自学考试小学教育专业考试计划的要求和《科学·技术·社会自学考试大纲》编写的。《大纲》中的"科学·技术·社会"这个课程名称源于多年前自学考试的科目设置,不便更动。现在,国际学界在学科规范上有了统一的标准称谓,本书采用的即是通行的"科学、技术与社会"一名。因此,这两个名称在本书和《大纲》中的含义是相通的。

本书由刘孝廷(刘啸霆)担任主编、张秀华担任副主编。编写提纲由刘孝廷、张秀华提出,经编写组讨论修改确定。教材编写分工按内容顺序依次为:前言,刘孝廷;第一、二、九章,郭菁;第三、四章,张亚娜;第五、六、八章,计彤;第七章,张秀华。全书初稿完成后,由张秀华按照编写要

---

① 刘孝廷.不同知识类型中科学与宗教的关系[N].山行文化报(洛杉矶).2013(2):4.

求逐章逐项审读、磋商和修改。全书最后由刘孝廷通读修改定稿。

需要说明的是，本教材在写作中大量借鉴了由刘啸霆主编、高等教育出版社2008年版的《科学、技术与社会概论》一书，在此特向原书的各位作者尤其是吴永忠、高惠珠、黄瑞雄几位教授表示诚挚敬意！由于原书作者较多，分散各地，许多人的工作发生了变动，一时难以联络，而本书编写时间紧迫，故主编在分别征求意见后，决定在借鉴原书基础上另组织作者重新编写。新教材在保留原书部分内容和风格特点的基础上，又根据学科进展状况并结合编者近年研究体会，进行了结构和体例的重大调整，增补了许多新的思想和理论，有多项内容为国内首次写入教材。特别是编者们按照自学考试的要求，又参照已有的相关材料，在学科的基本理解、内容的简洁性和形式的便利性方面下了较大工夫，使教材在许多方面有了全新的改观和提升。希望通过这样的不懈努力，能够在前沿科学和技术思想及知识的教育传播方面，为公众提供一部视角新颖、简便实用、通俗易学的合宜教本和读本。

北京师范大学博士生黄传根、杜疆等协助主编做了许多辅助工作；研究生刘媛媛、李书杨、刘好、徐源及中国政法大学研究生马翠明、李润虎等参与了全书校对。

编者在此感谢所有为本书写作及出版提供支持与帮助的专家和朋友，特别是全国高等教育自学考试指导委员会教育类专业委员会秘书长陈强副教授的积极推动和耐心协调，最终促成了这样一部特色教材的问世。

本书编写还得到了教育部人文社会科学基金项目“科学技术对未来深层影响的人文调试”(06JA720003)的支持，部分探新性内容即来自该课题的研究。特作说明。

编者

2013年1月

第一章 科学、技术与社会的基本知识

本章要点

科学的本质属性和技术的本质特征；社会的含义、功能以及社会组织结构的变化；STS的概念、对象和理念；STS的学科结构、方法及特点。

由于科学、技术对人类生存和发展的重要性，所以早已成为许多学科的研究对象，而社会作为人类存在的基础，更是一系列学科的研究对象。但是，把科学技术和社会结合到一起加以研究，把它们之间的相互关系及其互动机制作为专门研究对象，则是在20世纪下半叶随着科学、技术与社会（STS）作为专门学术领域的出现才开始的。STS的出现标志着对科学技术研究新阶段的开始，是人类在自身生存与发展条件的基础上对科学技术进行深刻反思的产物。从诞生到今天，它日益显示出对人类命运和社会发展的巨大影响以及自身的广阔发展前景。

第一节 科学、技术、社会的含义

科学、技术、社会都是有着特定含义的人类文明成果，从产生后它们已经历了不同的发展阶段，彼此形成了极其密切的关系。

一、科学的基本含义

“科学”是关于外部世界发展和人的精神活动规律的知识体系，也是人类追求世界客观规律的精神活动及其智力结果的体现形式。①《简明牛津字典》给科学下的定义是“系统的、有条理的知识”。系统形式是科学区别于其他类型知识的一个重要的特征。为了加深对科学丰富内涵的理解和认识，我们沿着历史的轨迹，多层面、多视角地展现科学的含义。

（一）“科学”的概念

“科学”一词源于拉丁文 scientia，意思是“学问”、“知识”。在18、19世纪，随着科学事业和高等教育事业的发展，“科学”一词开始在欧洲各国得到了广泛的使用。在东方的国家里，较早使用“科学”这个名词的是日本，原为介绍西方科学时采用，在明治维新之后开始在大学里使用。

在我国，最初并没有科学这一概念，其现今的含义最早由“格物致知”来指称，主要就是指知

① 王培智.软科学知识词典[M].北京:中国展望出版社,1998:64.

识的意思。中国古代《中庸》里就用“格物致知”表述实践出真知的概念。1893 年康有为在翻译介绍日本的书目时首先使用了“科学”这个词。20 世纪之初,“科学”一词多次出现在严复、梁启超、蔡元培和鲁迅等人的文章和译作之中,这说明在 20 世纪初“科学”一词已被我国知识界所接受。

(二)科学的本质属性

1. 科学是反映客观事实和规律的知识体系　“科学”一词源于拉丁文 scientia(知识),这就意味着科学属于知识范畴,但是两者又不完全相同。知识的范畴是极其广泛的,包括人类生产、生活实践中所获得的一切认识和体验,科学是其中的较高级的形式。人们日常的、经验性的知识,是对自然界、社会领域和思维现象片面的、肤浅的和零散的反映,有些甚至是假象的反映,是错觉,歪曲了事实的真相,这样的知识不是科学。科学是那些能够反映客观事实和规律的知识,这是科学的主要标志和基本特征。

2. 科学是一种探索真理、生产知识的社会活动　前面所说的科学是系统的、有条理的知识体系,这个看法是对科学的静态考察,只是从认识成果的既成形态去概括科学的本质特征。近年来,人们开始对科学进行动态的考察,指出科学是一种知识的加工过程,是一种生产性的社会活动。科学活动的主要内容是实验和思维。科学家通过实验等科学的实践活动获取各种信息,并在这些获得的信息基础上运用思维进行加工处理这些信息,产生新的知识。很显然,科学在这一系列的活动中产生了新的知识,创造了人类的精神财富,这是科学的根本特征。

3. 科学是一种特定的社会建制　科学的社会建制形成于 17 世纪下半叶,当时已有了“科学协会”,开始出版科学杂志,进行科学传播和交流活动。19 世纪末,实验室、研究室、科学院等形式相继出现,但此时的科学活动还只是限于少数人参加,此时我们统称为“小”科学时代。20 世纪之后,特别是二战之后,科学活动开始进入了国家的层面,科学已经发展成为一项国家事业,企业和政府都直接参与,实现了科学家、企业家和政治家的结合,人们把这一时期习惯上叫做“大科学”时期。

4. 科学是特殊的社会生产力　“科学技术是生产力”是马克思主义历来的观点。马克思是把科学技术纳入生产力范畴的第一人,他在理论上把生产力区分为一般生产力和直接生产力两种不同的形态。科学就属于一般生产力的范畴,它必须经过一系列的中介才能转化为直接生产力,否则它只是一种潜在的生产力。

邓小平同志根据当代新科技革命兴起所产生的新情况、新特点创造性地提出了“科学技术是第一生产力”的论断,是生产力中最重要的因素,进一步丰富和发展了马克思主义的理论。

5. 科学是社会文化的基本形态　科学是一种特殊的社会现象,不但是理论知识体系,是一种社会活动、社会建制和生产力,还与人类的文化密切相关。

(三)科学的结构

科学的结构,是在历史需求的压力下和科学自身内在逻辑演化的条件下所形成的。

1. 科学结构的演化　科学是人类活动的产物,它和人类的历史一样,经历了一个漫长的发展道路。原始社会由于生产力水平低下和对自然的无知,人类只能靠感性直观对自然界的因果规律性进行猜测和幻想,所以那时巫术、原始宗教与科学等彼此不分,共同演化发展。

在漫长的封建社会，无论是东方还是西方，自然科学知识、哲学知识、社会科学知识都是分散的、零乱的和混杂的，他们既没形成体系，也没有区分出彼此的界限。

近代自然科学是从 15 世纪下半叶开始产生的。这是欧洲从封建社会向资本主义社会过渡的社会大变革时代。近代的自然科学就是以这一时代为背景，在资本主义生产发展和资产阶级民主革命的推动下，在反对宗教神学的斗争中，在科学实验的基础上产生和发展起来的。从哥白尼日心说的发表到牛顿经典力学的建立，自然科学知识得到了空前的发展，一系列知识门类应运而生，先后建立了天文学、数学、力学和医学的基础，激发人们对科学知识进行分类。

其中最著名的学者是英国思想家弗兰西斯·培根，他是试图描述科学知识体系内部结构的第一人。他根据人类思维方式的特征把知识分为三大类：①记忆型科学：历史学、语言学等；②想象型科学：文学、艺术等；③理智型科学：哲学、自然科学等。弗兰西斯·培根的分类方法导致了许多矛盾之处，原因在于它把本来客观的东西，按照主观特征去划分和归类。

法国空想社会主义者圣西门认识到科学是对客观对象的描述，他以研究对象作为科学分类的根据，把自然科学知识体系分为：①天文现象：天文学；②物理现象：物理学；③化学现象：化学；④生理现象：生理学。圣西门把一切现象都看成是孤立的、表面的东西，所以他的分类没有把握住各学科之间内在的联系。

19 世纪发生的第二次科学革命，为人类科学知识体系增添了很多新的内容。恩格斯在这些新内容的基础上，以世界是普遍联系的规律为指导，对人类的科学知识体系进行了重新的分类。①

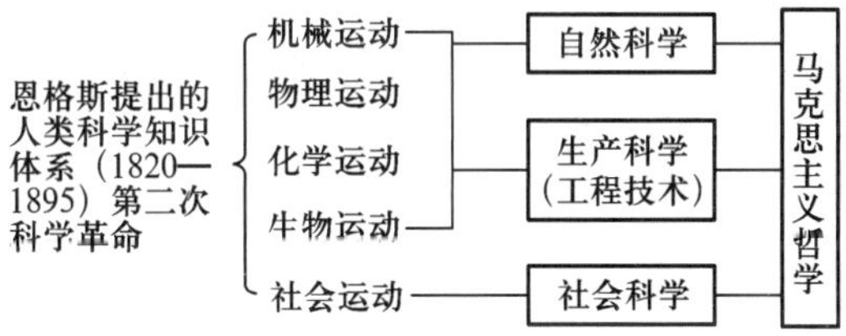

19 世纪末到 20 世纪初的这段时间所发生的第三次科学革命，又一次为人类科学知识体系增添了新的血液，我国著名的科学家钱学森根据这一新的情况，提出了新的论点。②

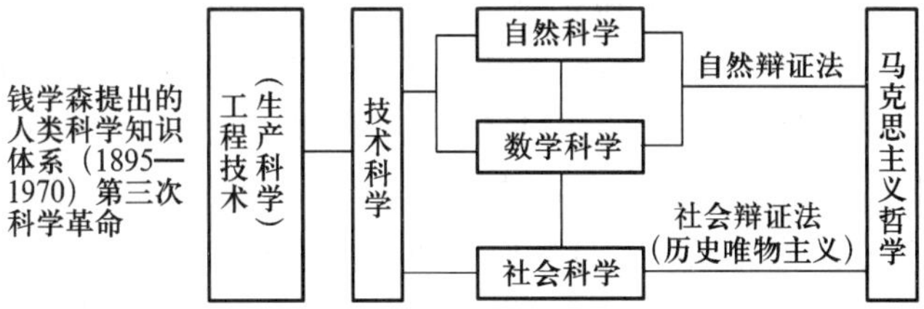

20 世纪中叶以来，随着各门交叉学科、综合学科等新兴学科的发展，我们看到了一种全新的人类科学知识体系。③

---

① 杨沛霆等.科学技术论[M].杭州：浙江教育出版社，1985：15.

② 杨沛霆等.科学技术论[M].杭州：浙江教育出版社，1985：15.

③ 杨沛霆等.科学技术论[M].杭州：浙江教育出版社，1985：16.

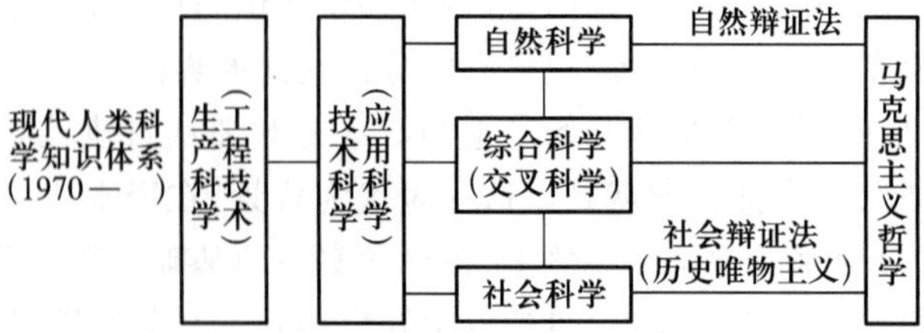

2. 科学结构的门类　科学结构的门类应该以研究对象和方法以及人类认识活动的历史过程来划分。基于这样的原则，科学结构的门类应划分为自然科学、社会科学、人文科学和交叉科学。

自然科学，是在生产活动的基础上产生的，它的发展直接受到生产和技术状态的限制，它通过明确自然界的规律性而成立，从而进一步地指导和促进生产活动。

社会科学主要是以社会调查、统计的情况和数据为基本材料进行大量的概念分析和逻辑推理，进行准确的预测。它是建立在生产关系的基础之上，是反映、维护、加强和完善生产关系的需要。从内容上主要包括社会学、法学、政治学、经济学等学科，它们的共同点都是以社会现象为研究对象。

人文科学来源于拉丁文 humanitas，是人性与教养之意。15 世纪以来，在西方广泛使用这个名词，主要是对社会现象与文化艺术进行研究的科学，其研究内容比社会科学更加广泛，包括哲学、文学、历史学和艺术等。

交叉学科或综合学科，是介于自然科学和社会科学之间的新兴学科群。这个学科群的兴起和发展，是科学发展进入一个全新的历史时期的标志。

二、技术的基本含义

技术作为人类改造自然能力的标志，同科学一样，在本质上也是一个历史性的范畴。

（一）技术的概念

古希腊的亚里士多德曾把技术看做是制作的智慧。中国古文献《考工记》中所谓的“天有时，地有气，材有美，工有巧，合此四者然后可以为良”中的“工有巧”把技术看做是制造的技艺和技巧。[①] 17 世纪，英国的弗朗西斯·培根（1561—1626）提出，把技术作为操作性学问来研究。到 18 世纪末，法国科学家狄德罗（D.Diderot，1713—1784）在其主编的《百科全书》中列入了“技术”条目。他指出：“技术是为完成特定目标而协调动作的方法、手段和规则相结合的体系。”这是较早给技术下的完整的定义。在狄德罗对技术的解释中，他还指明了技术的四个要点：[②]① 把技术与科学区别开，技术是“有目的的”；② 强调技术的实现是通过广泛“共同协作”完成的；③ 指明技术的首要表现是生产“工具”，即生产使用的工具、方法、制度等知识，这就是软件；④ 技术是成套的知识和知识系统。1877 年，德国地理学教授卡普提出了关于技术的“器官投影

① 蔡子亮. 现代科学技术与社会发展[M]. 郑州：河南大学出版社，2002：11.

② 蔡子亮. 现代科学技术与社会发展[M]. 郑州：河南大学出版社，2002：11.

说”,认为技术是人类自身器官结构和功能变化为外部世界工具的手段和方法的总和。如手是一切人造物和一切工具的原型,铁路是循环系统的外延,电报是神经系统的扩展。他将技术视为人各个器官功能的投影,工具和机器等技术产物都是人类骨骼和器官向大自然的外化、延伸及投影,它们扩展、强化和补充了人体器官的各种技能,增强了人类控制自然和改变自然的能力。马克思关于技术是人的器官的体外延伸的观点,在一定程度上受到了卡普的技术“器官投影说”的影响。

技术的概念虽然随着时代的变迁而不断发展,但是,不同时期的技术从本质和规律上说又存在着一定的内在联系,从而为建立具有普遍意义的技术概念提供客观基础。具体地说,技术泛指根据生产实践经验和自然科学原理而发展成的各种工艺、操作方法与技能。

(二)技术的本质特征

把技术放到生产实践的过程中考察,其本质特征表现在以下三个方面:

1. 技术是客观的物质因素和主观的精神因素相互作用的产物　技术意味着人对自然界有目的的变革,在本质上是人对自然的能动关系。把技术放到人类生产实践中来理解这种能动关系,则技术就是按照人类的目的而使自然界人工化的过程,并且是实现自然界人工化的手段。也就是说,技术是在客观的物质因素和主观的精神因素相结合的基础上产生和发展起来的,有特定功能的系统。

2. 技术是直接生产力　技术在社会经济系统中,属于直接生产力的范畴。这一点主要是因为技术本身渗透在生产实践的过程中,表现为劳动者的技能,生产过程的物质手段、工艺流程和操作方法。技术的状况是生产力发展的直接标志,对生产力的发展总是起到直接的影响。

3. 技术是人们改造、控制、利用和保护自然的一种动态过程　这主要是指发明、设计本身就是一个从无形技术(搜集材料、选题、设想和构思)向有形技术(图纸、说明书)再到现实技术(研制、变革的实践)转化的动态过程。只有在这一动态过程中,人为地把技术的方法、程序与技术的物质手段结合起来,才能变革自然、创造人工自然。

总之,技术是主体与客体在生产劳动的实践过程中的统一。是在科学的理论指导下,按照人类的需要利用各种物质手段使自然界人工化的过程,同时也是一种动态的实践过程。

(三)技术的分类

了解技术的分类可以帮助人们了解各种技术的特点及其在整个技术中的作用,从而了解各种技术之间的联系。但是,对于技术的分类,时至今日还没有找到一个为大家所公认的技术分类标准。在这里仅对现行的技术分类的标准和方法,简单地列举几种情况:

1. 按照技术为生产服务的功能可将技术分为两类　生产性技术,包括土木建筑技术、材料技术、机械技术等;非生产性技术,包括日常生活技术、医疗技术、军事技术等。

2. 按照劳动手段在劳动过程中的不同地位和作用可将技术分为三类　直接劳动手段的技术,如工具、机械、容器等;间接劳动手段的技术,如房屋、道路、机场等;劳动对象的技术,如矿山、种子、材料等。

3. 按人与自然的关系可把技术分为两大类　直接利用自然的技术,如采集技术、储藏保存技术、饲养栽培技术;广义加工技术,如加工物体技术、重新组合物体结合状态的技术、重新组合物体核外电子结合状态的技术（化学反应）、重新组合基本粒子间的结合状态的技术（核反应）。

三、科学、技术的关联与科学技术体系

从总体上来说，科学和技术各有自己的独立性，存在明显的区别，但又相互联系，构成辩证统一的整体。

（一）科学与技术的区别

科学与技术之间的关系非常复杂，不仅在古代、近代和现代的各个历史时期各不相同，而且对于不同的科技领域也有一定差异。

第一，两者的目的和任务不同。科学的直接目的和任务是认识世界，探索和揭示未知的事物和规律，从而增加人类的知识财富；而技术的目的和任务是利用自然，控制自然，创造人工自然并协调人与自然界的关系。

第二，两者要解决的问题不同。科学主要解决对象"是什么"、"为什么"以及"能不能"的问题，它的课题是相对单纯的，对于经济因素、资源条件、法律因素等较少涉及；技术要解决的是"做什么"、"怎么做"以及"做出来有什么用"的问题。

第三，两者的研究过程和劳动特点各异。科学研究是创造知识的探索性活动，其目标相对不确定，个体活动性较强；而技术是综合利用知识需要的研究，具有相对确定的目标，技术的集体活动性较强。

第四，两者的发展进程有差异。科学革命的高潮与技术革命的高潮在时间上也不尽一致。16、17 世纪发生了科学革命，18 世纪至 19 世纪初产生了第一次技术革命；19 世纪 30、40 年代自然科学全面繁荣，而电力技术的高潮却在 19 世纪后半叶才兴起；20 世纪初自然科学（尤其是物理学）进入崭新阶段，生产技术面貌的重大变化却发生在 20 世纪 40、50 年代。可见，科学革命同技术革命的发生并非同步。

第五，两者的社会功能和价值标准不同。科学具有广泛的社会作用，具有认识、文化、教育和哲学等多方面的价值；而技术是社会的目的性和客观规律性的直接统一，它直接追求经济的、社会的或军事的实际效益。

（二）科学与技术的联系

科学和技术之间既有明显的区别，也有很大的联系。

1. 根本目标的一致性　虽然科学的根本职能是认识世界，技术的根本职能是改造世界，但对于人类来说，认识世界与改造世界是统一的，而且科学、技术都是为了深刻地掌握自然规律，为人类服务。

2. 互为前提、相互促进、相互渗透、连成一体　科学中有技术，如物理学中应用的实验技术；技术中也存在科学，如杠杆、滑轮中存在的力学理论。技术的应用可产生科学，如射电望远镜的发明与使用产生了射电天文学；科学理论中也可产生新技术，如电磁感应现象的发现导致了发电机的产生。

3. 在当代，技术的需要是科学发展的强大动力，而科学则是高科技产生和形成的基础和知识源泉。

（三）科学技术体系

19 世纪之后，由于社会的需求和科学技术两者自身逻辑发展的需要，科学和技术之间的联系日益密切，科学和技术逐渐一体化。

科学技术一体化是在当今科学技术高度分化的基础上出现高度综合的趋势。一方面，科学技术的发展使学科分化之间日益精细，学科分支不断增多；另一方面，科学技术的发展使学科间的联系越来越密切，越来越朝着综合的方向前进，日益表现出在相互联系中发展的特点。

现代科学技术一体化首先表现在科学技术的发展日益求助于多学科融合战略解决各种问题，这就导致了新的跨学科研究领域的出现，最终结成了具有确定的特有概念和方法论的新学科和新领域，而且开辟了一系列全新的研究领域。如物理化学、分子生物学、地球化学等边缘学科就是在现代科技的相互渗透和综合过程中产生的。

现代科学技术一体化使得学科交叉点成为科技发展的前沿，如遗传物质 DNA 分子双螺旋结构模型的建立，就是物理学、信息学、生物化学和 X 线晶体衍射技术等多学科交叉的结果。

现代科学技术一体化还表现在，与现代科学各门学科相互交叉、相互渗透的整体化趋势相联系，现代各种技术融合出一系列的新技术。如机电技术就是机械技术和电子技术的结合，光电技术是材料技术、半导体技术、激光技术、微电子技术和光学技术结合而成的。

可以说，21 世纪将会是不同领域科学和技术创造性融合的时代，科学和技术会更加接近，各种不同的科技领域之间将会发生共鸣作用和共振现象，随时都有可能产生爆炸性的波及效果。

四、社会的含义及变迁

社会作为科学、技术与社会的子范畴，代表了其中的一个向度。它既是科学、技术与社会整体中不可分割的一部分，又是与科学和技术不同的一个领域。

（一）社会的多重含义

社会是以一定的物质生活为基础、个人以角色的名义与他人相互作用而联系起来的人类生活共同体。

1. 我国典籍中的社会　在我国的古籍中，“社会”作为一个概念使用较少，使用较多的是“社”和“会”。在我国的古典文献中“社”是指用来祭神的地方。《孝经 · 纬》中说：“社，土地之主也”即说社是祭祀土地神的地方。社也是古代的一种乡村基层组织。顾炎武在其《日知录》中指出：“社之名起于古之国社、里社，故古人以乡为社。”我国古代的“社”也是指信仰相同、志趣相投的人而结成的团体，如“诗社”、“茶社”就是具有相同爱好的人组成的团体，与之对应的活动就叫做结社。“会”是指集会、聚会，如庙会，有时也指民间团体。

在汉语中，“社会”一词最早出现于唐代的古籍中。《旧唐书 · 玄宗上》（本纪第八）中就有记载：“礼部奏请千秋休假三日，及村闾社会。”此处“社会”一词是目前见到的社会最早的连用，意思为村民集会。它是一个动名词，由“社”和“会”两字演进而来。

2. 社会学中的“社会”　社会学中“社会”一词是英文 society 的译语，而它又来自于拉丁语 socius（伙伴）一词。中文社会学文献中所使用的学术概念“社会”，来自于日本学者对西方社会学 society 的翻译。明治年间日本学者在翻译 society 时借用了中国古典文献中“社会”一词，他们认为程伊川所说的“乡民与社会”与 society 有许多相同之处，于是就将 society 译为社会。

在西方社会学中对于社会的概念主要存在四种理解：

社会唯名论认为，社会只是一个单纯的名称，真实存在的是个人。社会只是个人行动的产物和互动的形式。这种观点来源于中世纪经院哲学非正统派的唯名论。它的代表人物是吉丁斯、韦伯等。

社会唯实论认为，社会是一个由各种制度和规范构成的有机整体，社会独立于个人之外，而且对个人具有强制性。这种观点来源于中世纪欧洲经验派哲学的正统派唯实论。其代表人物是斯宾塞、涂尔干、齐美尔等。

功能主义认为，社会是一个具有自我适应能力的活的有机体，它的每一个部分都具有其合乎目的性的功能。传统意义上功能主义的创始人是斯宾塞，二战之后功能主义在美国发展成了结构功能主义的社会学理论，其代表人物是帕森斯、默顿、列维等人。

冲突理论认为，社会是一个存在着各种矛盾与冲突的有机体，社会在冲突中得到发展与进步。这种观点来源于马克思，它的代表人物有科赛、达能多夫等。

马克思从整体论的角度概括地指出，社会是人们交互作用的产物，“生产关系综合起来就构成所谓社会关系，构成所谓社会”①。

（二）社会的功能

人类社会一旦形成就要发挥它自身的作用，我们把这种作用称为社会功能。社会的基本功能有以下几个方面：

1. 整合的功能　社会可以将无数单个的人组织起来，形成一股合力，调整种种矛盾、冲突与对立，并将这些控制在一定范围内，以维护统一的局面。

2. 交流的功能　社会创造了语言、文字、符号等人类交往的工具，为个人之间、家庭之间、群体之间、国家之间的交往提供一种可能。社会为人类的交往提供了多种多样的场所，也为人类的互动提供了良好的条件，同时还为人类的交往提供了规范，从而使人类的互动能够合理地、得体地进行。

3. 导向的功能　社会具有一整套行为规范，用以维持正常的社会秩序，调整人们之间的关系，规定并且指导着人们的思想、行为的方向。这种导向可以是有形的，如通过法律等强制手段或舆论等非强制手段的调节；也可以是无形的，如通过习惯等潜移默化的影响。

4. 继承和发展的功能　单个人的生命是短暂的，但是就人类总体来说，人类一代代地更替繁衍，使得社会成为长存的。人类所创造的物质和精神财富就是通过社会才得以积累和发展的。

（三）社会发展阶段

人类社会发展的分期是以技术工具作为标志的，如石器时代、金属时代等，因此可以说科学技术的进步对应着人类社会的每一个历史阶段。

1. 前科学技术时代的农业社会　古代科学技术经历了渔猎社会、畜牧社会和农业社会两大历史时代。人类早期弓箭的发明提高了生产效率，猎物的剩余使人类逐渐掌握了饲养动物的本

---

① 马克思恩格斯选集（第 1 卷）[M].北京：人民出版社，1995：345.

领,出现了家畜,从而使人类社会由渔猎社会进入畜牧社会。接着人类开始学会了种植作物和冶炼金属,从根本上改变了人类对自然的寄生关系,从畜牧社会迈进了农业社会。从此社会剩余产品也开始大量出现了,社会的阶级体系和分层体系形成而且逐渐巩固,官僚制度、官僚阶层有了相当大的发展。在农业社会的20多个世纪里,随着建筑、风车和医药等的发明和改进,人类的生存能力和生活质量得到了不断的提高,文字、逻辑、计算和实验的发明使理性的发展得到了提高。尤其是古中国的四大发明造纸、印刷、火药和指南针以及地球和太阳系的发现,最终导致了农业社会向工业社会的过渡。

2. 近代科学掀开工业社会的大幕　近代科学技术是从16世纪开始,到18世纪形成,直到19世纪得到了全面发展。由于古代中国的四大发明传入欧洲、15世纪意大利的文艺复兴、16世纪的宗教改革运动等因素推动和诱发了英国的科学革命、技术革命和产业革命,从而使西方的经济得到了极快的发展,出现了工业社会。大规模的工业体系逐渐形成,出现了人口向城市集中和繁杂的劳动分工体系的专业化,形成了现代社会的官僚制度,以及教育、医疗、保险等全面的社会机构和制度。但是,不具人格的社会关系也渐渐地取代了血缘的、亲属的社会关系。

3. 现代科学技术引领后工业社会的到来　20世纪初的物理学革命,所导致的量子论和相对论这两大理论的诞生,不但为20世纪科学和技术的发展奠定基础,而且它们所引起的"高技术"也导致了新的经济形态的形成。量子化学、反馈控制原理,等等诸多的具体自然科学理论,不但丰富和加深了人类对自然界的了解,而且为火箭发动机、电子计算机、生物芯片,等等关键的技术发明提供科学原理。特别是以信息技术为核心的高新技术体系正推进着新的产业革命,正在悄然地引起社会形态的变化。社会学家们赋予了这种社会形态为"后工业社会"或"信息社会"。他们认为在这种社会之中,自动化和信息技术将会得到普及和发展;经济形式将会从生产产品性为主向服务性经济为主转变;专业人员与技术人员居于社会主导地位;理论知识处在社会的汇总新地位,它是社会革新与制定政策的来源。

科学技术对人类社会的发展起着巨大的推动作用,在20世纪,科学技术将会更快推动人类社会从工业社会向后工业社会的转变。

(四) 社会组织结构的变化

社会组织有广义、狭义之分。广义的社会组织是指人们从事共同活动的所有群体形式,包括氏族、家庭、政府、军队和学校等。狭义的社会组织是为了实现特定的目标而有意识组合起来的社会群体,如企业、政府、学校、医院和社会团体等。

1. 社会组织结构的含义　所谓社会组织结构是指社会组织各构成部分之间所确定的、相对稳定的关系形式。具体地说是指一个社会组织由哪些部分组成,各部分在组织整体中所处的地位,以及它们在组织运行中的比较稳定的相互关系。

2. 传统社会组织结构遭遇挑战　传统的社会组织包括政府、学校、医院、商店和企业等。这些组织可以分为两大类:一类是商业组织,一类是社会团体。在当今社会,这两类组织都受到了强烈的冲击,都需要以不断革新的面貌来应付这种挑战。

一是社团组织民间化。在传统的工业时代,多数的社团组织带有官方色彩。在当代社会,由于高科技特别是信息技术、网络技术的迅猛发展,使得个人或任意的群体都可以用很小的代价,获取和处理在数量上可与国家相比拟的信息量,这样国家就不再拥有传统意义上的信息及相关的权力优势。由于信息、知识的传播已经不再受到社会权力结构的制约,实现了信息和知识的超阶级的分布,同时由于这种交流手段所允许互动密切的程度,使得公众对于社会团体的理解发生了质的变化。社会团体的官方化色彩将会逐渐减弱,民间化色彩将会大大的增强。

二是社团的组织目标重新定位。在工业时代,社会团体的主要职能只是服务于行业、消费者等机构或者群体的公共利益。如学校的任务就是实施教育,为社会培养人才和后备力量。但在当代社会,由于知识成为推动社会发展的最强劲的力量,所以整个社会的运行都会围绕知识进行。社会团体也不应例外,它的工作主要是围绕知识的生产、传播、转移和使用服务。比如,在知识经济时代学校的职能将由单一的培养人才转向生产知识、传播知识。

三是社团行为不可预测性。高科技的发展会对社团的运行起到很大的作用。当社团面临各种压力和问题时,由于网络和信息技术的发展,社团内部成员将会对这些压力和问题展开广泛的探讨,从而会改变社团的决策,这就使得社团的行为具有不可预测性。

3. 新型社会组织结构应运而生　原有的商业组织和社会团体组织的变革,必定会在当代社会产生一种前所未有的新组织形态,这就是网上组织。网络的发展将使以往的社会组织结构提供给人们的安全感和生活的连续性不复存在,社会秩序将会面临着不间断的变革和重组。网上组织的诞生预示着人们未来生活和实践方式的变化,是时代和历史发展的必然选择。网上组织作为一种崭新的社会组织形态,包括多方面的组织形式,但最为突出的是虚拟公司和虚拟社区两种形式。

(1) 虚拟公司。虚拟公司是指基于对商业的共同理解,在一些机构和个人可能参与的情况下,一些独立的公司为获取某种产品或服务形成的一种横向或纵向的企业联合。在这种联合的集体中,每个独立公司都将会贡献自己的能力。它被认为是现实世界的独立公司的网络组合,它们集合各自的技能和资源用以实现共同的目标。虚拟公司并没有一个统一的公司实体,完全是基于信息技术尤其是因特网技术而建立的。正是在这一系列的技术基础之上,这些有着共同战略目标的独立企业才能相互协调地行动。虚拟公司的存在是有一定时间限制的,一旦自身的商业目标得到实现,它的使命就会宣告结束。

(2) 虚拟社区。虚拟社区是指网络上一些专门为网民提供的可建立免费个人主页的电子空间。在这里人们可以根据自己的兴趣,选择一个主题并"入位"其中建立自己的网页。这样,在网上的个体就可以像在真实世界里聚集一样,相同兴趣的人聚集在一起可以相互结识和交流,这就形成了新的社团的组织模式。从某种意义上来说,这类社会组织正自发地形成一个类似于现实组织的影子组织。现实社会中的一些关系结构,可能要被反映到虚拟组织中来,同时,虚拟组织也会将它所创造的更为复杂的关系结构映射到现实的社会关系结构当中,并不断地对现行社会结构的重组和再造提供动力。

第二节　科学、技术与社会的基本含义

什么是科学、技术与社会(Science Techonology and Society,STS),简要地说,STS是关于科学、技术与社会相互作用、相互影响的一个领域。STS通常将分别考察的科学现象、技术现象和社会现象结合在一起加以研究,探讨它们之间的相互关系:一方面揭示了科学、技术对社会发展的多方面的影响和冲击,另一方面呈现出社会对科学、技术的多方位的建构和塑造。总括起来,STS

就是探求科学、技术与社会之间的相互关系及其互动机制的综合性的研究领域。

一、科学、技术与社会的概念

科学、技术与社会的概念是经过一个历史过程之后才形成的。近代以来,随着对自然界和社会分门别类研究的进行,在科学中形成了一系列单一学科。这些学科都是以自然界和社会的某一部分、某一层次或某个侧面作为自己学科的研究对象,因此在这些学科中形成了一系列的"单一概念",如数学中"点"的概念,物理学中"运动"的概念,化学中"元素"的概念,生物学中"物种"的概念,天文学中"行星"的概念,地质学中"断层"的概念等。但20世纪以来,随着一系列交叉学科的出现,又形成了许多新的概念。它们不同于人们所熟知的那些单一概念,而是以一系列复合概念的形式出现。如"物理化学"概念、"生物医学"概念、"技术美学"概念和"生命伦理学"概念等。

科学、技术与社会这一领域的出现为交叉学科的概念体系增添了新的内容,出现了一系列带"与"、"和"和连字符"—"的概念。也就是把两个甚至两个以上的单一概念用"与"、"和"和"—"联结在一起,形成了新的复合概念。例如,科学—技术,技术与社会,技术与经济,技术—文化,科学、技术与社会,物理学与社会等。事实上,这些概念和从前的任何一个单一概念一样,有着自身的内涵和外延。例如,"技术与社会"这一复合概念的内涵是这种关系的本质和规律,其外延是技术与社会相互关系的总和。实际上,这种复合概念在其他领域也有广泛的应用。如近年引起人们普遍关注的"人与自然"、"经济与法"等。

科学、技术与社会的概念体系是一个层次网络结构。从层次方面来说,"科学、技术与社会"是第一层次,"科学和社会"、"技术和社会"、"科学和技术"是第二层次,"科学和经济"、"技术和文化"、"物理学和社会"等是第三层次……同时,"科学、技术与社会"还是一个复杂的关系网络体系,其中的任何一个方面都是这个网络上的节点,它们和STS的其他各个方面发生各种复杂的相互作用,又形成很多新的概念。

在科学、技术与社会的领域之中,"科学、技术与社会"本身就是这一领域的核心概念,是其细胞和逻辑起点。当代科学、技术与社会三者之间的关系中,科学是基础,技术是核心,社会是方向。说技术是核心,就是说要以它为中心来展现各种各样的STS关系。在技术—科学的关系中,技术的发展要以科学为基础,离开了当代的相对论、量子力学和复杂性系统科学,就谈不上高技术的发展,但技术又是这一关系中的核心,在以后相当长的一段时间内,科学研究将主要适应和满足技术发展的需要,科学的突破也将有待和依赖于技术的突破。例如,对干细胞全能性认识的科学发现就是克隆技术这一高技术的突破性成就的结果。在技术—社会关系中,社会价值决定了技术发展的方向,在技术—人和技术—自然的关系中,也要适应人类可持续发展的价值导向,但是,人类社会的发展离开了以科学作为基础的高技术发展是不可能的。以科学作为基础的高技术是人类社会发展的原动力。科学—社会关系也要依赖于技术这个中介,特别是科学的生产力功能的发挥,只有依靠技术中介,才能从间接生产力转化为直接生产力。

科学、技术与社会的概念是一个不断发展的过程,最初是"科学"、"技术"、"社会"这些单一概念;然后是"科学技术化"、"技术科学化"、"科技社会化"、"社会科技化"这种复合概念,它们主要揭示的是一种单向的关系;再之后发展为"科学和社会"、"技术和社会"、"科学和技术"、"科学、技术与社会"这类双向的关系概念。

由社会实践的发展和需要不断生长出来的科学、技术与社会的新关系，也会不断地给科学、技术与社会带来新概念，如“科学技术和可持续发展”、“人工智能和社会”、“混沌理论和社会”等。这些新的科学、技术与社会概念将会为社会发展提供新的思路和动力。C.米切姆曾说过这样一段发人深省的话：“科学家和工程师日益明白了，它们的活动是社会过程，需要社会反响的伦理原则。或许可以说，这种新的景观是通过相关性获得的解放。正是在这种关系的大环境中，在促进相互关联的过程中，STS研究才能在寻求科学、技术和社会的后现代观的探索中起到创造性作用和催生作用。”①这段话揭示了科学、技术与社会概念的产生和发展的历史背景，进一步揭示了科学、技术与社会概念的包容性、生长点和扩展力。

二、科学、技术与社会的对象

经过STS学者们30多年的深入研究和不懈努力，对于STS的对象已经形成了越来越广泛的共识，这就是认可科学、技术与社会之间的相互关系及其互动机制是STS的对象。国外学者用一幅三角图来形象鲜明地表示STS的对象，并列表说明科学、技术与社会的关系及互动。②

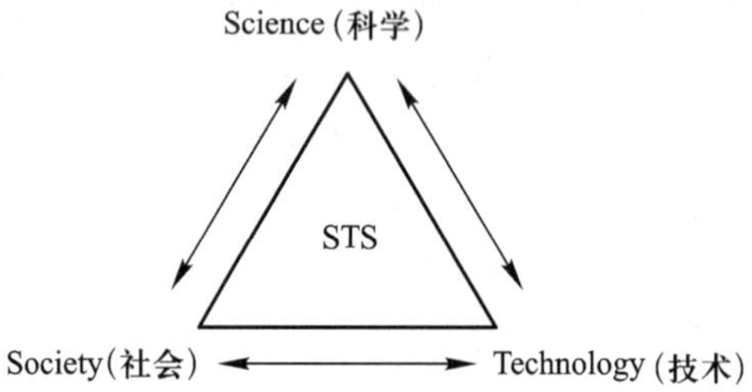

STS的对象

科学、技术与社会的关系及互动

内容	说　明
科学的性质	科学是在一定社会环境中对知识的探求
技术的性质	技术就是用科学及其他知识解决实际问题
社会的性质	社会是科学技术发生变革的人类环境
科学对技术的作用	新知识的产生促进了技术的变革
技术对科学的作用	技术资源的可获得性将限制或促进科学的发展
社会对科学的作用	社会通过提供经费等手段影响科学研究的方向
科学对社会的作用	科学理论的发展可以影响人们对自身、对问题及如何解决问题的思维方式
社会对技术的作用	国家和私人的压力可以影响问题解决，从而也影响技术变革的方向
技术对社会的作用	某一部分人掌握的技术对这一部分人生活方式产生影响

由上面的图表可见，客观存在的科学、技术与社会的双向作用，使得STS视野中科学、技术和

① 殷登祥. 科学、技术与社会概论[M]. 广州：广东教育出版社，2007：344.
② 殷登祥.科学、技术与社会概论[M].广州：广东教育出版社，2007：12.

社会具有一体化的特征，不能将三者分离和隔绝起来看。正由于此，我国学者殷登祥把STS的对象具体界定为“作为社会子系统的科学和技术的性质、结构、功能及它们之间的相互关系”，“科学技术与社会其他子系统如政治、经济、文化、教育等之间的互动关系”以及“科学、技术和社会在整体上的性质、特点、结构和相互关系及其协调发展的动力学机制”。①

正如殷登祥所说，STS的对象并不是突然出现的，它也有一个发展的过程。最初，人们往往把科学技术看做是“独立自主的东西”，但随着科学技术的发展，人们逐渐认识到，它不仅是一个智力过程，也是一个社会过程，因此开始把它们看做是“社会中的科学技术”。在这个过程中，人们又认识到，不但科学技术在社会化，而且这个社会也在科学技术化，科学技术和社会之间形成了一种极其错综复杂的关系。在这种情况下，不论是科学技术，还是社会都不可能从这种关系中脱离出来加以理解，而只有把它们如实地放在这种关系中去，作为这种关系的一个有机部分，才能真正理解这种关系的本质和规律。这样，科学技术和社会的相互关系就作为一个独立的认识客体诞生出来了，逐渐成了科学、技术与社会的对象。实际上，这个崭新对象的出现，也反映了人们价值观念的转变，即从渗透着唯科学主义价值观的“自主科学技术”，到开始对这一旧的价值观进行反思的“社会中的科学技术”，再到确立新的STS价值观（科学、技术与社会协调发展）的“科学、技术和社会的相互关系”的转变。

三、科学、技术与社会的内容

由于各个国家的国情、条件、学术传统、研究视野和理论观点的差别，实际上STS的具体研究内容及其重点往往有所不同。

美国的STS内容结构可称为理论—应用模式。该模式的理论部分的内容包括STS总论、社会对科技的影响、科学技术对社会的影响三个方面，应用部分主要包括STS教育和科学、技术与公共政策两个方面。当然，具体地看，美国的STS研究与教育并非是千篇一律的，而是呈现出相当大的多样性。例如，斯坦福大学的STS导论课是理论取向的，包括STS基础、科学和技术对现代社会的影响、现代社会对科学和技术的影响等三大块；宾州大学的STS导论课是应用取向的，包括STS基础、资源及其利用、科学/技术的应用、科学和技术的评估和控制等四大部分。

日本的STS内容结构可称为研究—教育模式。日本的STS是从西方引进的，尚未形成统一的理论体系。在日本，占主流的观点认为，STS并非起源于日本。日本的STS始终是在STS研究和STS教育两个方向上进行的。要实施STS教育，必须首先对STS进行研究，日本的STS从对大学生的科学素养教育，而后扩展到中小学教育，它的知识基础是通过人文、社会科学来对科学技术进行本质的分析，因此STS包括以大学为中心的研究和在大学以及中小学里的教育两个方面。有的日本学者在STS研究和STS教育之外加上STS管理，把STS的内容扩展为包括STS的研究、教育和管理的“三元模式”。

在国内外学者探索基础上，中国学者殷登祥提出了STS的一种“复合三元模式”（详见下一节）。这一模式在理论上涵盖内容比较系统，逻辑结构比较清晰，在实践上便于学习、了解和掌握STS，它集中体现了中国学者对STS理论体系的创新。

---

① 殷登祥. 科学、技术与社会概论[M]. 广州：广东教育出版社，2007：19.

四、科学、技术与社会的理念

殷登祥认为，STS 所取得的最深刻的启示在于其促进科学、技术与社会协调发展的一系列新的观念和视角方面。①

（一）新的科学观

科学在近代得以发展的实践基础是对自然界所做的分门别类的细化研究。其特点是把整体分解为部分，把复杂的分解为简单的，把高级运动形式还原为低级运动形式，然后再重新装配起来。这种方法和观念的极端化就是机械论。STS 正是这一背景下的产物。它的科学观反对机械的割裂，主张有机联系，反对科学文化和人文文化之间割裂，主张在两种文化之间架起桥梁，推动它们的交流和融合。它的思维模式也不像机械论的科学观那样，是"部分—整体—部分"，把部分作为思维的出发点和归宿，整体只是部分的简单组合。而是相反，它坚持"整体—部分—整体"的模式。这里，整体成了思维的出发点和归宿，因而是一种整体论的科学观。STS 强调联系和综合，它把人类、自然和社会看做一个有机统一体，把自然科学、工程技术、人文社会科学联系起来进行研究，从而实现了目前最大的跨学科性的综合研究。

（二）新的价值观

传统的科学观在对科学进行定义时，仅仅把它看做"认知过程"，把技术看做"建造或生产过程"，也就是把科学技术看做与人无关的纯粹中立性工具。STS 突破了这一观念，它认为科学技术是隐含着价值的复杂"社会过程"和"社会事业"，因此科学技术的发展必然受到社会的制约。关于科学技术价值的二重性，STS 在批判旧价值观背景下产生的科学技术乐观主义和悲观主义、科学主义和人文主义片面性的同时，也积极吸取了它们的合理因素，彻底扬弃了人统治自然的狭隘观点，追求自然—人—科学技术—社会之间的和谐与统一，以及物质与精神之间的平衡与协调，试图建立人在其中能获得全面发展的、幸福向上的自然与社会环境。

（三）新的发展观

传统发展观是一种片面追求经济增长的工业化模式。它在给世界带来经济繁荣的同时，也给社会带来了一系列极其严重的问题，如人口膨胀、土地侵蚀、生态破坏、环境污染、能源短缺和资源枯竭等。STS 的发展观是与这种发展观相对立的一种新发展观。它更注重发展的质特别是环境质量，因而提出了可持续发展的概念，既满足当代的需求而又不损害下一代需求。其目的就是在保护人类生存条件的基础上，建立科技、经济和社会协调发展的新社会，这是一个全面、可持续发展的和谐社会。

（四）新的教育观

旧的教育观是按照近代早期科学分类和工业要求所设置的专业化、系科化范式，其主要特征是学科间各自孤立地设置，学生片面发展，如自然科学与社会科学割裂，科学技术理论与社会实

① 殷登祥.时代的呼唤：科学技术与社会导论[M]. 西安：陕西人民教育出版社，1997：286-289.

践脱节等。STS 的教育观与此相反，它是跨学科范式，其显著特点是不同学科的整体化，其宗旨是培养具有综合科学技术素养、全面发展的一代新型知识公民。所谓综合科学技术素养，不仅指能理解基本科学技术的术语概念和科学研究的过程与方法，更能理解科学技术与社会的相互关系，使不同的社会成员面对不同的社会需求，能够胜任其角色职能，用自己的知识、技能、素养等更好地为社会服务。

总之，STS 强调科技与社会，物质与精神，科技与人文，人与自然的和谐、协调发展，是一种新的科学观、价值观、发展观和教育观。它不仅对当代世界快速、稳定、健康发展和解决生态环境、资源、能源、人口等全球问题产生重大影响，而且将开创人类美好的未来。

第三节　科学、技术与社会的学科结构与方法

一般认为，STS 学科是 20 世纪 60 年代在美国和英国诞生的。STS 作为一个新兴的交叉学科一直在匆匆地建设中，其中展现了当代交叉学科的许多未确定性，因而也就没有一个众所公认的结构。

一、科学、技术与社会的学科结构

以下提供的是关于 STS 学科结构的几种主要理解。

（一）复合三元模式

殷登祥在《科学、技术与社会概论》中曾详细讨论了 STS 的框架结构，并分别介绍和评论了国内外各两种 STS 的框架安排。① 他还特别提出并讨论了一种“复合三元模式”的 STS 框架。这个三元模式包括 STS 史、理论 STS 和应用 STS。

复合三元模式的 STS 内容

STS 史	STS 通史	科学、技术与社会相互关系在不同历史阶段的演变史
	STS 断代史	对某一历史阶段科学、技术与社会相互关系的探索
	STS 国别和地区史	对某个国家或地区的科学、技术与社会相互关系的探讨
理论 STS	STS 总论	STS 对象、特点、意义、内容、概念、方法和规律等研究
	社会的科学技术研究	从科学技术角度探讨社会发展的性质、过程和机制
	科学技术的社会研究	从社会角度探索揭示科学技术的性质、过程和机制
应用 STS	科学技术和公共政策	包括科技政策、科技管理和科技人才的培养
	全球性问题	影响人类生存和发展的环境、生态、能源、人口等问题
	STS 教育	包括 STS 专业教育和学生乃至公民的 STS 素养教育培养

其中，STS 史包括 STS 通史、断代史、国别和地区史。STS 通史是指科学、技术与社会的相互

① 殷登祥. 科学、技术与社会概论[M]. 广州：广东教育出版社，2007：319-326.

关系在不同历史阶段的演变史。断代史是指对某一历史阶段科学、技术与社会相互关系的探索。如R.默顿的《17世纪英国的科学、技术与社会》。国别和地区史是对某个国家或地区的科学、技术与社会相互关系的探讨，如中国社会科学院科学技术和社会研究中心主持编写的《科学技术与社会》丛书中的《欧洲的梦想与现实》、《科学技术与日本社会》、《科学技术与亚洲新兴工业国》、《高科技与美国社会》等。

理论STS运用逻辑方法和概念、范畴，从历史和现实实践中概括STS相互关系的本质和规律性。它主要是从元研究和动—静关系角度进行分类，包括STS总论、STS静力学和STS动力学等。STS总论主要研究STS的对象、特点、意义、内容、规律、概念和方法等一般理论问题；STS静力学主要从静态角度研究科学、技术与社会之间的相互关系，偏重在性质、结构、功能和价值方面的分析，并且还探讨这种关系保持协调和平衡的机制与条件；STS动力学从动态方面研究科学、技术与社会的相互关系，探讨STS运动、发展的规律性。

STS的理论研究成果，即关于科学、技术与社会相互关系的理论、观点和方法，将被广泛应用于科学技术及与科学技术密切相关的人类生存环境和社会生产、生活的一切方面，从而形成了应用STS的领域。应用STS领域主要包括：科学技术与公共政策，环境、生态、能源和人口等全球问题，STS教育等。

综合上述，这个STS模式集中体现了STS的哲学、历史和社会学三大理论来源这个大三元，还包含了历史、理论、应用三大组成部分这个中三元，每个大的组成部分又包括了三个小的组成部分这个小三元。STS内容就是由大中小这样三个三元复合而成的，所以称为“复合三元模式”。

（二）层次网络模式

所谓层次网络模式是按照STS之间的关系形式来称谓的，简单地说，就是层次和网络相结合的模式。① 它有个比较复杂的关系系统。在这一模式形成之前，人们已经讨论和接触过一些比较简单的模式，如单线模式：社会→技术→科学，或科学→技术→社会；包含模式：把科学和技术看做是社会系统中的两个要素；三角模式：科学、技术、社会之间呈现三角关系。复杂网络模式是对这所有简单模式的概括和提炼，它表达了科学、技术与社会之间关系的复杂性。

一是层次性。STS之间的关系具有非常复杂的层次性。第一个层次是科学、技术与社会；第二个层次是科学与社会，技术与社会，科学与技术；第三个层次，如物理学与经济，信息技术与经济，物理学与信息技术等；第四个层次，如半导体物理学与工业经济，半导体物理学与信息通信技术，工业经济与信息通信技术等。

二是多样性。STS各层次之间又有复杂多样的关系。例如，在第二层次与第三层次之间，有物理学与社会，技术与经济，信息技术与科学等；在第二层次与第四层次之间，有信息通信技术与社会，科学与工业经济，技术与工业经济等；在第三层次与第四层次之间，有物理学与工业经济，半导体物理学与信息技术，物理学与信息通信技术，等等。

三是多元性。STS各层次内和层次之间，除了上述的二元关系外，还有各种各样的多元关系。例如，科学—技术—社会，科学—技术—经济，半导体物理学—信息技术—工业经济；科学—技术—经济—社会，科学—信息通信技术—经济—社会等。

---

① 殷登祥. 科学、技术与社会概论[M]. 广州：广东教育出版社，2007：332-333.

四是纵深性。STS 除了横向的各种关系以外，三者自身还有各自纵向的层次性，如科学—物理学—半导体物理学……技术—信息技术—信息通信技术……社会—经济—工业经济……是科学—技术—社会关系层次性的基础。

五是超序性。按照复杂性理论，STS 内部是超量有序的，因为它的各层次内的每个部分都是自身一系列元素的集合，而且这一关系不断向下延伸。如第二层次内的社会是经济、政治、文化、教育和军事等的集合，技术是工业技术、农业技术、医药卫生技术等的集合，科学是数学、物理学、化学、天文学、地学和生物学等的集合，其他层次内的元素也一样。

正是以上述特点为基础，STS 的纵向层次和横向集合之间形成了错综复杂、动态层次网络结构（见下图）。该模式认为，科学、技术和社会三者是互相交叉的（如模式中的第二层次），这种交叉性既体现了彼此之间的部分包含，又表明了各自的独立性；但是这种独立性又被置于 STS 的整体关系中，不是绝对的独立，而是相对的独立，都是在 STS 的整体关系中相互作用。这一模式既避免了包含模式重包含轻独立和三角模式重独立轻包含的缺陷，同时吸取了这两个模式中关于包含性和独立性的合理成分，因此作为一种联系形式在逻辑上包含了一切可能的 STS 关系。现实中不论是简单的还是复杂的 STS 关系，都不难从该模式中找到自己的位置。同时，作为一种分析和解释工具，人们在理论上不仅可以从 STS 的视角去解释这些关系，而且还能够根据该模式演绎和预见一些新的 STS 关系，拓展 STS 研究领域。

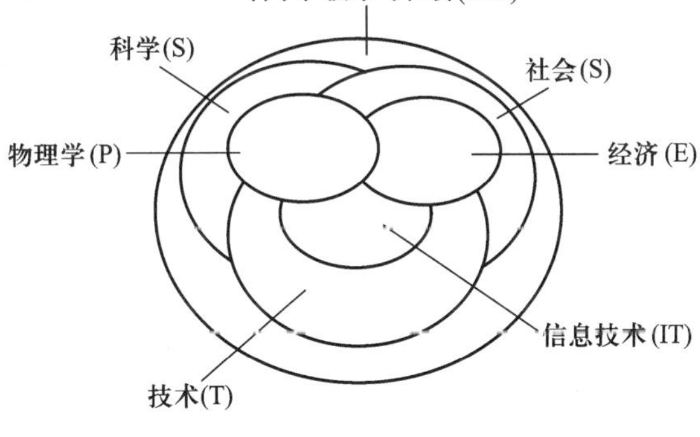

层次网络模式

二、科学、技术与社会的方法

STS 的方法是指 STS 的研究和实践之中所运用的一切方法的总和。但 STS 自其诞生之日起，方法问题就一直是讨论的重点，并不断出现各种争论。有认为 STS 的方法是系统方法的，也有认为是辩证方法的，还有进行分层讨论的，但总的说来这一部分的研究没有 STS 学科属性的探讨深入，有必要按照学科的特性来挖掘 STS 方法的构成和特色。

（一）科学、技术与社会方法的结构

大体说来，STS 方法的讨论是和交叉学科或跨学科方法的讨论联系在一起的，因为它已经成为跨学科或交叉学科的典型代表，实现了科学、技术与社会或人文的大跨度交叉。这表明，人类的研究规范已经从“无学科”阶段经由学科研究为主导和学科间交叉渗透阶段而进展到了跨学

科整合研究的层次，跨学科研究名副其实地成了美国科学哲学和科学史家库恩（T.Kuhn）所说的新的“范式”（Paradigm）。

作为跨学科研究，STS方法由于其视角的不同可以概要地分为方法交叉、理论借鉴、问题拉动、文化交融四个大的层次。①

方法交叉有方法比较、移植、辐射和聚合等，这些通常发生在各学科之间，其中每一个方面和环节都包含着非常丰富细致的内容。

理论借鉴主要指知识层次的互动，通常表现为新兴学科向已经成熟的学科借鉴和靠近，或成熟学科向新兴学科的渗透和推广。

问题拉动是以较大的问题为中心所展开的多元综合过程，有纯粹为研究客观现象而实现的多领域综合，也有探讨重大理论问题而实现的多学科综合，更有为解决重大现实问题而实现的各个方面的综合。关于这个问题，英国科学家齐曼在《元科学导论》中曾经提出科学研究的三个主要维度：知识或科学哲学维度，共同体或社会维度，个人或心理学维度。科学和技术都是复杂的社会事业，它们同时存在于所有这三个维度上，三个维度间的不同作用展现了科学和技术活动的复杂景观。

文化交融是不同学科所依托的文化背景之间的相互渗透与融合，这种融合并不是一个单独的过程，因为学科间的任何互动都有文化的因素参与，但真正的文化交融又是一个更深更广过程，是跨学科研究的终极目标。当代跨学科反思想真正挖掘的，正是这后一种情况。

（二）科学、技术与社会方法的新理念

新世纪关于科学、技术与社会研究与20世纪末方法研究的分门别类不同，表现出了更大的整合趋势，这是分化之后的必然结果。这样一种趋势代表了一种新的方法论范式，可称之为复杂性范式，它更多地表现是一个复杂的自组织系统，其中至少包括下述一些新的理念：②

1. 统合性理念　21世纪的STS方法观尽管坚持复杂性的眼光，但是作为一种方法论规范，统合性的追求仍然是不能放弃的目标。也就是说，我们必须在整体上把STS方法看做一个独立的、有自身特性的事物，否则就不可能单独考察。虽然不同的STS方法千差万别，但它们毕竟都是方法，有着某种统一性，因此只有在统一性的这个维度上才能区分STS方法的不同内涵和成分，从而做出多样性的审视和划分。

2. 文化性理念　世纪之交各种思潮流行，其中比较有影响力的是后现代思潮，尽管许多持现代性主张的人对后现代思潮持有疑义，但后现代思潮给社会文化带来的变化是每个人都承认的。后现代性有一个特点，就是它所高度坚持的事物的文化性，后现代语境下的方法论也不能忽视这样一种诉求，就是要把方法当做一种文化来建设。这也适应了世纪之交STS发展的需要，方法不是孤立的，而是与社会文化语境紧密相关的，我们姑且把这种追求定名为科学方法人类学。

3. 多样化理念　这是方法文化性主张的自然延伸，因为大量新鲜事物进入方法论的视野，在丰富方法论基本内涵的同时，也要求用各种新颖的理念和主张来对其进行分门别类的研究，它要求对大量的方法做立体的分解而不只是传统的水平性的分类。这要求人们，一方面要做不同

---

① 刘啸霆.当代跨学科新科学研究的“式”与“法”[J].光明日报.2006.3.28.

② 刘啸霆.方法研究的转型和新方法范式的探究[J].哈尔滨学院学报.2006(12):1-4.

学科的跨界性研究，并为更广阔的方法研究提供一个跨学科的大视阈；另一方面，要开展有水平的具体方法研究，如方法的历史研究，方法的模型化研究，方法的范畴论研究等；再一方面要进行“重心下移”性的方法研究，而不能停留在纯粹的理论抽象层面，如以具体的工程为基本对象，把复杂系统理论和综合集成方法按照内在滚动生成的方式所做的系统分类描述等，对科学和技术方法统合就具有重要理论和实践价值。

三、科学、技术与社会的特点

作为新兴的领域和学科，STS 具有不少新的特点，反映了它与社会、时代和临近领域的深刻联系。①

（一）开放性特点

STS 的开放性主要表现在它作为开放领域所固有的包容性和多维性方面。STS 打破了传统学科的封闭性，向人们展现了一个全新的、富有魅力的广阔天地，并使各种人士都有机会找到自己感兴趣的话题，参与到 STS 活动中来。

STS 还从科学史、技术史、科学哲学、技术哲学、科学社会学、技术社会学、科学技术政策、科学技术经济学、科学技术心理学、科学技术人类学、科学技术修辞学、科学技术文化学、科学技术教育和科学技术与全球问题等各种维度对科学、技术与社会的相互关系展开研究，显现出多维研究的活力和优势。

美国 STS 协会为了显示自己的开放性，特别选用伞的形式做协会标示，将各类学科的人都聚集到伞下，形成一个开放的学术共同体，自由地开展学术交流。

（二）交叉性特点

这是 STS 学科形成时固有的特点，因为 STS 并不只是研究科学，也不只是研究技术或社会，它的着眼点是三者之间的关系。这种关系不是抽象的，而是以活生生的形式存在于科学技术化，技术科学化，科学技术社会化，社会科学技术化、科学、技术与社会一体化的过程及雨后春笋般涌现出来的新兴交叉学科群中。科学—技术—社会这一关系链涵盖和贯穿于自然科学、工程技术科学和人文社会科学三大领域，形成了交叉纵横的层次网络结构。

交叉学科需要新的交叉学科方法，因此研究 STS 还需要打破学科界限，交叉、灵活地应用各个不同学科的思想、概念、资料或手段，在经过复杂的汇集、杂交、融合过程后，最终创新、升华而成一种崭新的方法。

所以，科学、技术与社会（STS）无论从学科性质还是研究方法上都具有鲜明的交叉学科的

① 殷登祥. 科学、技术与社会概论[M]. 广州：广东教育出版社，2007：20-27.

特点。

（三）综合性特点

STS具有非常丰富和复杂的内容，它的整体化趋势决定了它必须在分析的基础上进行综合性研究，才能逐步揭示其本质和规律，因此综合性是STS所必须有的特点。有些国外学者还非常有趣地指出在“综合”的英文词“SynTheSis”中包含了“S”、“T”、“S”三个字母，来隐喻综合性是STS本身所固有的特性。它不仅意味着对STS的多学科观点的综合，而且更重要的是表明对科学、技术与社会的整体论的综合研究。正因此，我们才把STS称为一门综合性学科。

（四）人本性特点

STS揭示了科学、技术与社会相互关系的本质和规律，为科技政策、科技管理、科技法律、科技伦理和科技教育等提供理论指导，规范和控制科技发展的方向，提高和丰富全体公民的科技素养，使科技与社会、科技与人文、人与自然协调、和谐地发展。

这对长期以来一直争论的关于科学技术的负效应是一个有力的纠治。实际上，STS的宗旨就是要充分发挥科学技术的积极作用，使科学技术真正成为人类的福祉。为此，美国宾夕法尼亚州立大学还在其编写的教材《科学、技术与社会》的扉页上用S、T、S三个字母拼画成一个人的形状，反映STS的人本性特点，其理念表达了STS的目的，即为人类的根本利益服务，是一门适应人类的需要和发展、开创人类美好未来的学科。

本章小结

科学、技术、社会（STS）三者虽各有其含义，但科学、技术与社会却是一个具有复合特征的整体性的概念，因而有自己的对象、内容和理念。STS既是研究科学、技术与社会相互作用、相互影响的一个领域，又是探求科学、技术与社会相互关系及其互动机制的新兴学科。这门学科无论从学科结构还是方法上都体现出其独特的开放性、交叉性、综合性、人本性的特点；它不仅在理论上，而且在实践上都产生了丰硕的成果，表现出了蓬勃的发展活力。

拓展阅读

1. 殷登祥.科学、技术与社会概论[M]. 广州：广东教育出版社，2007.（第一章，关于STS五大特点的说明）

2. Bridgstock.科学技术与社会导论[M].刘立等译. 北京：清华大学出版社，2005.（第二篇：

"社会中的科学技术",从经济、公共政策等角度对科学技术进行了全方位考察,系统勾画了科学技术的社会形象)

3. 金吾伦等.跨学科研究引论[M].北京:中央编译出版社,1997.(第三章:"图式性结构分析",对跨学科研究发展趋势的结构分析)

4. [美]希拉·贾撒诺夫等.科学技术论手册[M].北京:北京理工大学出版社,2004.(第3章:"成长中的STS——方法论问题的若干思考")

思考题

1. 科学的本质属性有哪些方面?
2. 技术的本质特征是什么?
3. 什么是社会,它的功能有哪些?
4. 何为社会组织结构,它经历了哪些变化?
5. 怎样理解STS的概念?
6. STS提出了哪些新的理念?
7. 科学、技术与社会的学科结构是什么?
8. 如何理解STS方法的特点?

第二章　科学、技术与社会的兴起

本章要点

科学、技术与社会兴起的历史条件、社会条件和学术条件；STS 的形成过程；STS 的三种基本导向；STS 的基本立场；21 世纪 STS 的发展趋势；科学、技术与社会建设的策略。

人类已经步入 21 世纪，这是一个充满活力和更多未知前景的新世纪。在 20 世纪人类给未来的伟大馈赠中，于 60—70 年代兴起的“科学、技术与社会”（Science, Technology and Society）无疑是最有前瞻性的成就之一，现在人们已经习惯简称其为 STS。虽然目前关于 STS 的许多问题学界还在争论，但这一领域和学科的存在及其影响却已是公认的事实。

第一节　科学、技术与社会兴起的背景

实际上，自古以来就存在着科学、技术与社会之间的关系，但为什么直到 20 世纪中叶以后 STS 才产生并获得迅猛发展呢？其原因就在于 STS 有一个孕育、发展的过程，它的产生和发展需要一定的历史条件、社会条件和学术条件。

一、科学和技术时代的呼唤

从历史条件的角度看，20 世纪下半叶，新一轮科技革命的浪潮扑面而来，人类社会开始进入科技新时代。STS 的产生和发展正是为了适应这个时代的新的需要。这集中体现在以下三个方面：一是科学技术成为社会发展的主导力量，二是科技发展带来重大的社会问题，三是对科技发展需要深刻的社会人文反思。

（一）科学和技术成为社会发展的主导力量

众所公认，科学技术对人类社会的发展具有重要的影响，随着科学技术的发展，其影响的广度和深度日益加强。

工业革命以来，科学技术就越来越表现出生产力的重要因素的作用。特别是 19 世纪出现了以科学为基础的技术，如建立在电磁学基础上的电力技术、建立在有机化学基础上的合成染料化工技术等，改变了整个工业的面貌。[①] 进入 20 世纪以后，科学技术对经济增长速度的贡献呈上

① ［澳］布里奇斯托克（Bridgstock. M）等. 科学技术与社会导论［M］. 刘立等译. 北京：清华大学出版社，2005：3.

升的趋势。世界上许多地区、国家先后进入了以“科学技术作为第一生产力因素的时代”。就科学技术对社会生产力的作用而言,人类的认识经历了三个大的阶段:第一阶段是英国的哲学家培根提出的“知识就是力量”,这里的知识主要指的就是科学,反映出当时人类已经看到科学的重要作用;第二阶段是马克思提出的“科学技术是生产力”,是人类历史上最高意义的革命力量,反映出近代的资本主义制度建立之后,资产阶级依靠科技的力量,使社会生产力得到了空前的发展;第三阶段就是邓小平提出的“科学技术是第一生产力”,反映出人类已经认识到科学技术在社会生产力的发展中起到了主导作用,正在成为社会发展的主导力量。

科技成为社会发展的主导力量,是与科学技术从“小科学时代”到“大科学时代”的变化分不开的。1963 年,英国著名的科学史家普赖斯发表《小科学、大科学》一书。通过对科学发展的大量数据的计量分析,他指出:现代科学不仅硬件如此璀璨,堪与埃及金字塔和欧洲大教堂相媲美,而且国家用于科学事业人力和物力的支出,也使科学骤然成为国民经济的主要环节。现代科学的巨大规模,面目一新,而且强大无比。它使人们不得不用“大科学”这一名词而美誉之。①

事实上,20 世纪中叶以后,重大科学成就大都是大科研集团的产物,或者是大集团协作的产物。科学的发现、技术的发明及其应用,一般已经不再是个人行为,而是一种社会活动,并且日益发展成为一种庞大的“社会工程”或“社会事业”,即所谓的“大科学”、“大技术”。大科学、大技术之“大”,已不仅表现为其规模和建制之庞大,而且表现为其对人类社会作用之巨大。正是由于大科学、大技术的蓬勃发展,从而使得科学技术对于社会发展的主导性日益明显。

(二)科学和技术发展带来重大的社会问题

科学技术显示出了对社会越来越强的作用,同时也加深了与社会各方面(经济、政治、军事、法律、文化、价值)的互动关系,从而涌现出了许多重大的实际问题和理论问题需要研究。

一方面,大科学、大技术作为一种“社会工程”、“社会事业”,需要社会多方面的参与、多渠道的支持。对于如何建构和推动科学技术事业有效发展的社会支持系统的研究,就产生了科技体制、科技政策、科技管理、科技规划、科技立法、科技奖励、科技投入以及科技发展的人文环境等一系列需要研究的实际问题。更为严峻的是,随着科技加速发展,科学—技术—生产的转化周期越来越短,科学技术商品化、产业化和全球化的速度越来越快,科技经济乃至文化的竞争越来越激烈、残酷。一个国家,一个部门乃至一个企业要在这样的竞争中求得生存和发展,就不能离开社会单纯研究科学技术自身,而必须研究科学技术与社会之间相互关系的规律性,并以这种规律为指导,自觉地为科学技术的发展创造良好的社会条件,使科学技术的发展紧密结合社会的需要,而不能听任科学技术盲目发展,给人类社会带来不必要的危害。

另一方面,伴随科学技术的积极作用不断增强,科学技术的负面影响空前突出。科技发展引起了许多新的问题,如是否应该发展核能,是否应该限制基因工程的研究,应怎样控制世界人口,怎样降低非再生能源的消耗率,怎样避免战争、环境污染,等等。更为深刻的是,由科技革命引发的工业革命,既为提高人类的物质福利作出了杰出的贡献,大大增强了人类征服自然的能力;同时,也带来了生态危机、资源匮乏、人口过度增长等威胁人类长期持久生存的严重问题。如何在发展物质生产力的同时,保持人与自然的和谐共处,从而实现可持续发展,如何自觉地发挥

---

① 赵红州. 大科学观[M]. 北京:人民出版社,1993:1.

科学技术的积极作用和克服科学技术的负面影响,即如何正确处理科学技术与社会的关系已成了一个严重的社会问题。

（三）对科学和技术发展需要深刻的社会人文反思

科学技术的发展提出了大量需要进行思考的社会人文问题,如计算机科学及网络技术发展的社会意义问题,生物科学与基因工程发展的伦理道德问题,环境科学技术发展所提出的人与自然关系的问题等。更进一步,科学技术的社会人文本质究竟是什么？科学技术发展的社会人文机制是什么？科学技术合理性的信仰基础又是什么？自然科学和技术知识与社会和人文知识存在何种关系？如何评价科学技术的社会功能及政治效应？科学技术与价值的关系如何？科学技术所产生的负面效应是它自身的必然结果,还是社会制度使然？科学技术与经济之间的关系怎样？在社会经济发展中应采取何种战略？如此等等,都需要站在时代的高度予以集中回答。

我们这个时代也因此而成为反思科学技术的时代。尽管对科学技术的反思不是始于今天,因为自从有了科学技术,也就有了对于科学技术的反思,但以往的反思需要从来没有像今天这样强烈和深入。正是由于科学技术成为深刻影响社会发展和人类命运的主导力量,而且这种力量兼具建设和破坏的两种可能,才使得对科学技术的社会人文反思具有了特殊的重要性。反思科学技术是为了更好地发展科学技术,让科学、技术更好地为社会发展服务、为人类进步服务。

总之,我们身处科学技术大发展的时代,科学技术已经成为塑造并决定人类社会的关键因素。正确认识我们时代的科学、技术与社会的关系特点,并善于具体把握和开发它们之间的各种各样的关系,即 STS 关系,将对当前和未来的科技、经济和社会发展产生越来越大的影响。

二、社会运动的推动

从社会条件的角度看,和平运动、环境运动、人权运动成为 STS 产生和发展的主要社会土壤。

（一）和平运动

20 世纪发生了两次世界大战,大规模杀伤性武器的使用给人类和大自然都带来了巨大的灾难。特别是二战中美国在日本广岛和长崎投下的两颗原子弹所造成的毁灭性破坏。越战期间（1965 —1973）,美国使用当时最先进的科技装备,包括生物武器和化学武器在内的各种高科技武器,使越南丧失了 300 万军民,同时也葬送了大批美国青年的生命。

化学武器、细菌武器的使用所带来的可怕后果,以及杀伤力越来越强的军事武器的不断出现,激起了许多科学家的极度不安和严正谴责。英国数学家和哲学家 B.罗素率先发起了和平运动,号召科学家们要关心科学研究成果可能给人类带来的危害。这一倡议得到了爱因斯坦的积极响应。1955 年 7 月罗素与爱因斯坦联合发表了反对战争、反对军备竞赛,号召用和平办法解决世界上一切争端的“罗素—爱因斯坦宣言”。在宣言上还有一批诺贝尔奖获得者和卓越科学家签名,掀起了以科学家为核心的反核战争的和平运动。同年,第一次由科学家讨论世界和平问题的会议在一个名为“普格瓦许”渔村举行,科学家们发起的和平运动以后就称为“普格瓦许运动”。这一运动以每年召开一次“普格瓦许科学与世界事物会议”的形式延续,其宗旨是要科学技术为世界和平服务，为人类的利益和进步服务。

（二）环境运动

20 世纪中叶以来，人们经历了一系列的污染事件，感受到了工业生产所带来的环境问题的严重性。就拿温室效应来说，主要是因为人类燃烧化石燃料，释放出了大量二氧化碳气体使温室效应不断加剧。石油和煤炭属于碳燃料，可以廉价地获得，所以我们形成了一种严重依赖于石油和煤炭这些化合物的生活方式。目前，世界上每年燃烧数亿吨的石油和煤炭。换句话说，维持你的生活方式每年需要燃烧一吨多的碳燃料。虽说已经有了回收工艺，但是，回收过程本身是一个很困难也很昂贵的，甚至可能是很痛苦的过程，至少从经济上来讲是如此。这些问题规模之大、性质之严重，令人望而生畏。①

1972 年 6 月，联合国在斯德哥尔摩召开了一次规模空前的“人类环境会议”。会议秘书处委托经济学家 B.沃德和微生物学家、病理学家 R.杜博斯主持撰写了一份关于人类环境问题的报告，这份报告的书名为《只有一个地球》。这次会议和这份报告的出版被称为“环境时代”的起点。此后，保护环境运动在世界各地如雨后春笋般地开展起来，对 STS 研究的兴起起了巨大的推动作用。

（三）人权运动

此外，为保护消费者权力和利益而爆发的消费者运动，为反对社会不公平而爆发的民权运动、妇女运动、黑人运动等，所有这些人权运动，也都构成了促进 STS 形成的社会条件。

科学技术不仅仅是科学家和工程师的事，而且是需要群众理解和积极参与的社会事业。科学技术的社会后果影响到社会的每一个人，其积极作用可以为人类造福，其负面影响则可以毁灭人类。对于这样一个关系到每个人的切身利益及其前途和命运的重大问题，群众有“知情权”和“参与权”。科学技术也只有得到群众的理解和积极参与，才能快速、健康地发展。

可见，20 世纪下半叶的和平运动、环境运动和人权运动结合在一起，汇成一股汹涌潮流，强烈地冲击着西方社会，动摇了科学技术造福人类的价值观，引起了人们对科技发展的普遍关注和担忧。人们对科学的价值、技术的作用产生了疑虑和困惑，也使得人们不得不重新考虑人、科技、自然、社会如何协调发展，这些最终都成为了 STS 研究的热点课题。

三、学术思想的演变

从学术条件的角度看，对 STS 的产生和发展具有重要影响的因素主要集中在三个方面：一是对科学技术的批判，二是对科学技术的研究转向，三是交叉学科的兴起。

（一）对科学和技术的批判

科学技术是人类文明的原动力。它创造了巨大的物质与精神财富，推动着社会不断地向前发展；但同时也暴露出越来越大的负面问题，给人、社会和自然带来种种的负面效应。在科学技术带来一系列深刻影响的背景下，科学技术开始成为一个严重的社会问题。一些学者从 20 世纪上半叶开始就敏锐地感觉到这个问题，也就开始了对科学技术的本质进行反思性批判，希望弄清

---

① ［澳］布里奇斯托克（Bridgstock. M）等. 科学技术与社会导论［M］. 刘立等译. 北京：清华大学出版社，2005：322.

这一问题的实质。

1. 对科学和技术的人文主义批判　这是指从科学技术与人的角度,用人文主义的观点解释科学技术的意义,对总是设法掩盖生活本质要素的现代科学技术所进行的一种批判。它主要揭示科学技术对人的负面影响,其重要代表有:芒福德、海德格尔、埃吕尔等。

芒福德(Lewis Mumford,1895—1990)是美国人文主义技术哲学家、社会学家、社会评论家。他在《技术与文明》(1934)、《历史上的城市》(1961)等著作中,对"技术与人性"的关系做了考察。他认为现代科学技术不是以生活发展为方向,而是以权力主义的单一技术为发展方向的。它对于技术的批判立场,并不是要否定一切技术,而是通过技术与人性的关系去批判"机器的神话",来追求一种合乎人性的技术。海德格尔(Martin Heidegger,1889—1976)是德国著名的哲学家、存在主义的创始人。他在《关于技术的问题》(1954)、《关于事物的问题》(1967)等著作中对技术的本质做了考察。他认为,在技术时代,不是人控制技术,而是人完全被束缚在技术的框架中,受到技术的控制和支配,自觉不自觉地按照技术的需要去行动。埃吕尔(Jacques Ellul,1912—1994)是法国人文主义技术哲学家、法律学家、社会学家。在《技术社会》(1954)、《宣传运动:人类态度的信息》(1965)等著作中,他指出现代社会本质上是技术社会,在科学的帮助下,技术已经成了一种无所不包的控制方法、一种使人异化的特殊力量,它渗透到社会的各个方面。由于技术本身日益自主化,并支配和控制人,从而使人丧失了一切自由而变得无所作为。

对科学技术的人文批判,揭示了科学技术与人类相异化的否定性本质,主张科技重回人性的轨道,特别是要加强对科技发展的人文约束,以不致使人被反向控制。

2. 对科学和技术的社会批判　这是指从社会角度,用"社会批判理论"对科学技术的社会功能、后果及由此而产生的社会条件和社会状况所进行的一种批判。它主要揭示科学技术对社会的负面影响,最具有代表性并产生了重大影响的是德国法兰克福学派,马尔库塞和哈贝马斯是其重要的标志性人物。

马尔库塞(Herbert Marcuse,1898—1979)是德国著名哲学家、社会学家、法兰克福学派的早期主要代表。在《爱欲和文明》(1955)、《单向度的人》(1964)等著作中,他从文化意识形态和经济、政治角度对"发达工业社会"进行了批判和反思,把晚期资本主义的单向度社会、单向度思想和单向度的人看成是科学技术异化的结果。哈贝马斯(Jurgen Habermas ,1929—2007)是德国著名哲学家、社会学家、法兰克福学派的第二代代表人物。在《作为"意识形态"的技术与科学》(1968)、《文化与批判》(1973)等著作中,他提出,科学技术作为生产力实现了对自然的统治,作为意识形态实现了对人的统治,并为国家对经济生活干预的合法化危机辩护。

对科学技术进行社会批判的目的,就是要摆脱单纯依赖工具理性的技治主义,强调价值理性和审美理性的主导作用,进而对科学技术的发展施加限制,使其重新回到社会历史领域,而这需要社会的自我改造,因为科技负效应的泛滥,归根结底是不合理社会制度的后果。

3. 对科学和技术的生态批判　对科学技术的生态批判是一些生态学家、社会理论家、哲学家等从生态角度对科学技术所进行的批判反思。它主要揭示了以科学技术为基础的工业化的发展模式造成了环境、生态危机,进而提出了拯救地球,实现人类可持续发展的思想。其中最具有影响的人物和组织是雷切尔·卡逊和罗马俱乐部。

雷切尔·卡逊(Rachel Carson,1907—1964)是美国著名的海洋学家。她在 20 世纪 50 年代从使用杀虫剂对生物和人体所造成的危害研究入手,考察了农药污染物迁移和转化的过程,于1962年出版了世界上第一步环境科学的研究力作《寂静的春天》。她指出,随着工业时代的来临,自然环境迅速被由许多化学、物理因素组成的人为环境所取代,其中很多因素具有引起生物学变化的强大能力,对生物和人类造成威胁,开始了从生态的角度对科学技术的批判反思。

罗马俱乐部(The Club of Rome)是1986年4月在意大利罗马山猫科学院成立的一个非正式的国际协会。成员近100人,他们认为由于科学技术的迅猛发展,他已经成了一个人类不能加以控制和评价的、占统治地位的独立要素,因此出现了一系列威胁人类生存的全球问题。从本质上说是一种社会结构和技术革命不相适应的危机。1972年,罗马俱乐部发表了第一份研究报告《增长的极限》,继而发表了《人类处在转折点上》(1974)、《人的素质》(1977)、《人类的目标》(1978)等一系列的报告。在这些报告中罗马俱乐部从生态、环境角度对科学技术进行了批判反思。他们指出在现代技术世界中人口生产、工业生产、农业生产、自然资源的消耗和污染是最终决定和限制我们星球增长的五个因素。而这些因素都呈指数增长趋势,这种结果最终会导致全球危机的出现。

此外,作为西方马克思主义一个分支的生态学马克思主义和生态社会主义也都试图摆脱科学技术与"资本的逻辑"的合谋,并诉诸未来社会主义的构想,寻求人与自然和解的出路。

生态批判思想发展到今天已成为一种社会运动,在发达国家甚至出现了绿党、生态社会主义等运动,目的就是防止人类生存环境的持续恶化。

(二)对科学和技术的研究转向

科学史、技术史、科学哲学、技术哲学、科学社会学和技术社会学等都是以科学技术作为自己研究对象的学科。从历史的角度研究科学技术,就是科学史和技术史;从哲学的角度研究科学技术,就是科学哲学和技术哲学;从社会学的角度研究科学技术,就是科学社会学和技术社会学。从20世纪中叶起,这些学科在研究方法上都经历了从"内在主义"向"外在主义"的转化过程。

1. 科学史和技术史　在科学史领域,长期存在着"内史论"和"外史论"之争。"内史论"着重研究科学理论发生、发展、更替的内在逻辑和过程。"内史论"的代表人物是萨顿(G.Sarton,1884—1956)和柯瓦雷(A.Koyre,1892—1964)。科学史的内史论方向把科学看做一个自主的体系,从内部考察科学的发生、发展的过程,从而忽视了科学的外部因素。"外史论"主要是指从科学的外部考察科学历史的观点,着重研究科学概念及理论产生的外部社会经济因素及科学对社会的影响。"外史论"的代表人物是默顿(Robert. K. Morton,1910—2003)和库恩(T. S. Kuhn,1922—1996)。20世纪60年代以前,"内史论"一直占据着统治地位,但是60年代之后科学史的研究主流逐渐地转向了外史论方向。

在技术史领域,1958年"技术史学会"成立并创办了《技术与文化》会刊。该刊声称它所关注的"不只是技术设备和过程的历史,而且还关注技术与科学、政治、社会变迁、艺术与人文科学以及经济学的关系"。① 美国学者施陶登迈尔(John Staudenmaier)曾对《技术与文化》杂志从1959年至1980年的论文做了统计。他指出在这20年之中研究技术外史论(讨论技术与社会环境的关系)和技术背景(讨论技术功能和社会环境的关系)方面的论文占到67%,而研究内史论

---

① 殷登祥.科学技术与社会概论[M]. 广州:广东教育出版社,2007:273.

(技术设计)方向的论文只占14%,其他的包括研究非历史和编史论方向的论文占到19%。从这一统计结果,很明显地能看出技术史的外史论研究方向已占据了统治地位。

显然,科学技术史由内史转向外史的过程,就是人们看到科学技术与社会密切联系的过程。

2. 科学哲学和技术哲学　科学哲学领域的内在主义向外在主义的转变大致可以分为三个阶段:第一,逻辑经验主义的研究方向。20世纪20年代兴起的逻辑经验主义,其代表人物有石里克、卡尔纳普、赖欣巴赫、亨普尔等。逻辑经验主义片面地强调了经验,否定理性,并把科学和哲学绝对对立起来,他们的观点是与现代科学和哲学的发展趋势相违背的,因而受到多方面的批判而走向衰落。第二,批判理性主义的研究方向。50年代兴起的批判理性主义,是以波普尔为代表的。波普尔强调证伪的作用,认为科学是通过不断发现和改正错误而发展的,强调批判精神是科学发展必然的、内在的要求。波普尔的错误在于他过分夸大了证伪和猜测的作用,全盘否定归纳。第三,历史主义的研究方向。60年代兴起的历史主义学派的代表人物有图尔明、库恩、费耶阿本德、劳丹等。历史主义学派把科学看成是一种历史的产物,把科学活动看成是一种社会事业。它强调从科学史来考察"科学革命"和"科学发现",这样可以把对心理的考察从个人扩展到社会,也就是研究"社会心理",它还认为科学发现是社会行为,"科学尽管是由个人进行的,科学知识本质上却是群体的产物,如不考虑创造这种知识的群体的特殊性,那就既无法理解科学知识的特有效能,也无法理解它的发展方式。"①这标志着科学哲学研究从内在主义向外在主义的倾斜。

技术哲学的研究大体上也经历了三个阶段:第一阶段主要以具体技术物的产生和发展以及技术的本质、技术设计、技术结构等问题为主;第二阶段主要研究的是技术发展的一般规律、技术的价值等问题;从20世纪中叶开始,技术哲学的研究进入第三阶段,此时人们开始深入探讨技术与自然、技术与文化、技术评估等问题,研究与技术有关的各个方面,从整体上把握技术,说明技术哲学外在主义导向时代已经到来。

3. 科学社会学和技术社会学　科学社会学中的内在主义以"默顿模式"为代表,其最初的轮廓是默顿在1942年发表的《科学的规范结构》时提出的,并在1957年发表的《科学发现的优先权》中得到了完善。"默顿模式"中关于科学界的"规范"、"优先权"、"分层"、"权威"等概念,都属于科学共同体内部的事物,一般与外部因素无关。1962年,库恩的《科学革命的结构》一书出版,使科学社会学的研究方向从内在主义转到了外在主义,形成了科学社会学中的库恩模式。他把科学发展放到了社会的背景中加以考察,这标志着科学社会学研究的外在主义导向的开始,也实现了科学史、科学哲学与科学社会学的汇流。从20世纪70年代以来,一些社会学家在库恩的激励下开始彻底超出传统的"默顿模式",其中最为典型的是爱丁堡学派的强纲领主张。它认为,所有的知识,不论是科学中的"真"信念还是"假"信念,都要由同样的社会原因来解释;不仅科学家的行为,而且科学解释的内容,都是被社会建构的。② 1975年成立的科学的社会研究学会是外在主义导向在科学社会学中正式确立的重要标志。

对于技术社会学的外在主义研究方向的转变,还只是一个趋势。在20世纪20年代,美国社会学家奥格本(Willam Fielding Ogburn,1886—1959)就开始对技术进行社会学研究,但由于多种

---

① [美]T.S.库恩. 必要的张力[M]. 纪树立等译. 福州:福建人民出版社,1981:Ⅻ.

② 殷登祥. 科学技术与社会概论[M]. 广州:广东教育出版社,2007:281.

原因，对于技术社会学的研究到今天还不太成熟，基本上集中在追踪技术的社会后果方面，把技术看做是一种促成种种社会调整和文化调整的外在力量。

美国著名的STS学者、前全美STS协会主席卡特克利夫曾概括论述了科学技术的外在主义研究导向对STS产生的作用。他说，在20世纪60年代到70年代初，“科学技术史家、科学技术社会学家和科学技术哲学家日益从内在主义导向的亚学科逐步地转向更加外在主义的或社会情景解释”，这种转变“显示出了一些相同智力的和社会的力量。这种力量促进了已得到更公开承认的STS交叉学科方法的发展”。①

（三）交叉学科的兴起

现代科学是高度分化与高度综合的结合，自20世纪20、30年代，特别是二战以来，现代科学的综合已占据了主导地位，出现了科学整体化的趋势，其主要表现就是交叉学科的兴起。中国著名科学家钱三强先生曾强调指出：可以预料，在某种意义上说，20世纪到下一个世纪是一个交叉学科的时代。

1. 交叉学科的特点　交叉学科通常指若干门单一学科相互结合、相互渗透交叉而形成的新的学科。一般认为，交叉学科的特点主要有：

一是研究问题的实践性。交叉学科是适应科技、经济和社会综合发展需要的产物。它主要是为解决社会实际问题服务的，它的主要任务是卓有成效地解决现实发展中所提出的，已经或可能面临的综合性问题。

二是研究对象的复杂性。交叉学科研究的对象大都不是某一单独的自然现象和社会现象，而是一个复杂系统，其中还包括系统的运行、宏观管理和决策等一系列复杂问题，并由此规定了其研究任务和研究手段的复杂性。

三是研究主体的群体性。交叉学科研究实现了研究主体的变革，使研究主体从个体发展到群体主体。这些群体由不同学科和领域的专家组成，既有利于有关学科的理论、观点、方法和价值观的整合，又便于将科学研究与实际经验有机地融合，从而保证研究成果的实用性。

2. 交叉学科的基本形态　交叉学科有多种类型或多种形态。比较通行的看法认为交叉学科主要有三种形态：

一是边缘学科。即对现实世界不同层次的交叉点进行研究，在两门以上的学科的结合点上成长起来的学科。如物理和化学边缘产生的物理化学，生物与化学之间产生的生物化学，物理与天体学之间产生的天体物理学等。

二是综合学科。即以特定的物质世界的客体为对象，采用多学科的理论知识对之进行研究的学科，如空间科学技术就是涉及力学、热力学、医学、计算机等学科的知识。

三是横断科学。即以许多种物质结构及其运动形式的某一个特定的共同方面为研究对象的学科。例如，系统科学就是研究抽象的一般系统，将各种系统共同具有的一般方面抽象出来形成理论客体，并进行数学描述，它把对象放在系统的形式之中加以考察，从系统的观点出发，着重从整体与部分、整体与外部环境之间的相互联系、相互作用、相互制约的关系中综合地、精确地考察对象，以达到对问题的最佳处理。同理，信息科学、耗散结构理论、协同学、突变论等都是横断科学。

---

① 殷登祥. 科学技术与社会概论[M]. 广州：广东教育出版社，2007：283.

3. 交叉学科的发展趋势　综合学科、边缘学科和横断学科这一系列交叉学科的出现，表明传统学科普遍受到其他学科的渗透，学科之间的界限已变得模糊不清，出现了跨学科研究的需要。学科间的交叉可以在不同层次上进行，最高层次上的交叉是在自然科学、工程技术科学、社会科学、人文科学之间的交叉，这样的交叉学科研究目前已经形成学术研究的国际性潮流。20世纪中叶以来的交叉学科蓬勃发展，形成了“自然的社会科学”和“社会的自然科学”这样明显的交叉学科结构，为科学、技术与社会（STS）这门新兴学科的诞生提供了肥沃的土壤。

第二节　科学、技术与社会的诞生

科学、技术与社会的诞生是一个过程，从20世纪60年代中期到70年代早期，一系列学术大事和研究计划的出现，催生了STS在美国和英国的创立。

一、科学、技术与社会的前奏

20世纪60年代中期，几乎同时在美国和英国发生的两件学术大事成了STS兴起的前奏。

在美国，IBM公司于1964年资助哈佛大学500万美元建立了“技术和社会”计划。其目的是“深入探索技术变化对经济、公共政策和社会特征的影响，以及社会进步对科技发展的性质、范围和方向的互惠作用”。这是历史上建立的第一个具有科学STS性质的计划。虽然这个计划没成熟就解体了，但是它出版了一系列的论文和著作，开创了STS研究的先河。

在英国，爱丁堡大学于1966年创办了跨学科的科学研究中心。该中心的目的在于适应社会发展面临的激烈挑战，正确理解和处理由科学技术所引起的社会问题，并形成自己的理论观点。该中心开设的课程从科学的“内部”和“外部”两个方面对科学进行考察，既把科学作为一种特殊的集合加以内部考察，又把科学看做一种社会建制进行外部考察。该中心日后发展壮大为STS研究和教育的国际重镇，形成了科学技术的社会建构论，在STS领域具有广泛影响。

二、科学、技术与社会计划的涌现

从1969年起出现了一批STS计划，标志着STS作为一门新兴学科的正式诞生。

1969年康奈尔大学制订了“科学、技术与社会（STS）”计划，这是第一个直接以STS命名的计划。该计划的宗旨是“开发在大学本科水平上与全球问题有关的交叉学科课程”，并提供科学技术研究学士学位，生物学和社会学学士学位，科技政策和管理学学士学位，还提供科学技术研究的硕士和博士学位。

1969年宾夕法尼亚大学制订的“科学、技术和社会”计划是另一个具有重要影响的早期计划。它诞生于教师与学生之间一系列关于美国社会性质的对话中，其目的是鼓励学生对社会的批判性思维和对科学、技术和社会的整体化之网的理解，以便造就有知识的公民，使他们有能力参与民主管理过程。该大学是全美STS协会的所在地，而且每年举办名为“全国技术素养会议”的年会，出版《STS通报》和《STS通讯》两种刊物，这个计划对建立全美STS共同体有特殊的聚合作用。

1971年斯坦福大学的一批工程师和人文社会科学教师制订了“价值、技术、科学和社会计划”，试图把科学、技术放到更广泛的社会和文化背景中加以考察，从哲学、历史学、社会学、经济学和行为学等侧面去分析、研究科学、技术与各种社会因素之间的相互影响和作用。

1972 年里海大学获得了一笔来自国家人文基金会的课程开发捐款，建立“技术的人文透视计划”，该计划在 1979 年改名为 STS 计划。它把科学技术看做是渗透价值的复杂过程，力图“创造把人文观念推广于技术应用和评估的教育经验。”该计划及其相联系的技术研究资料中心出版了《STS 课程开发通讯》、《课程样品大纲选》、《技术研究探索》丛书。

在此期间，英国也开始了 STS 的研究和教育活动。如 1970 年英国大学和工艺学院的科学教师协会开始提出要对科学教学进行实质性的改革。其主要目的是要提供有关科学的哲学性质和社会影响的课程和教材。从 1970 起，阿斯顿大学和里兹大学开始一起探索和开发新的 STS 课程——“社会情景中的科学(Science in Social Context, Siscon 是其缩写词)”。该课程计划吸引了 10 多个教育机构的参加，逐渐从大学水平的一般科学教育发展为中小学水平的科学教育。

三、科学、技术与社会的发源地

由以上介绍可以看出，美国和英国是科学、技术与社会的两大发源地。

美国的 STS 突破了过去研究科学技术较少联系社会的状况，从关注现实问题出发而展开探索活动，从根本上把研究对象转变为“科学、技术和社会的相互关系”，并形成了一系列从各种角度揭示这个新的研究对象内在本质的关系概念，以及适合于对该对象进行研究的交叉学科方法。

英国的 STS 把作为认识对象的科学技术放到社会文化的大背景中，使之成为“社会中的科学技术”，从哲学、历史和社会学等各个侧面进行反思和研究，发展出了一种把科学技术置于社会情景中的生动分析，形成了研究科学技术新的理论视野——建构主义视野，推动大中小学“社会情景中的科学教育”的开展。

美国和英国成为 STS 的发源地绝非偶然，因为科学技术与社会的关系作为一个重大社会问题在那里表现得最明显和突出，解决这个问题的社会需求最强烈和迫切，学者们对该问题的研究兴趣也最浓厚和高涨，同时知识和理论的准备也是最充分的。

四、科学、技术与社会的形成

从 20 世纪 70 年代初期到 90 年代初期，随着一系列科学技术如核技术、计算机、基因工程、人的生殖技术等的发展，引发了一系列惊人的事件，如三里岛核电站事故、美国国防计算机失灵和世界上第一个“试管婴儿”的诞生等。这些事件促使人类对科学、技术与社会的关系进行深入思考，进一步刺激了大批新的 STS 计划以及系、中心和课程的产生，从而使得 STS 不断壮大成熟。STS 形成和成熟的主要标志是获得学科化发展，形成三大导向，实现了基本立场的转变。

(一) 科学、技术与社会的学科化

学科是具有教育、训练、方法和内容等可传授的专门知识体系。根据通常看法，STS 的学科化发展主要表现在：

一是研究和教育的制度化。在美国，已经有 10 多个大学设立与 STS 有关的系，100 多个大学建立关于 STS 的计划或中心；在欧洲，英国、法国、德国、荷兰、西班牙、丹麦、瑞典以及俄罗斯、波兰等都建立了专门的 STS 研究与教育机构；在亚洲，日本、印度和中国也建立了专门的 STS 研究和教育机构。这些国家都开展了多种多样的 STS 研究和教育活动。

二是 STS 课程的开发。这些课程包括：科学、技术与社会导论，科学哲学，西方文明中的科

学,20 世纪的科学,国际科学史,科学社会学,社会中的技术,技术的社会建构,知识与社会,知识与政治学,生物技术与法律,工程学中的伦理问题,生物医学伦理,疾病与文化,法律、科学与公共价值,知识、技术与特性,创新理论与政策,生态政治学,科学、技术与劳动,科学、技术与环境,科学、技术与汽车文化,科学与人类的本性,科学与技术的公众传播等。以科学、技术与社会的相互关系探索为对象,不同学校根据自己的教学目标,形成颇具特色的基础课、必修课、选修课体系。

三是博士学位的出现。1979 年弗吉尼亚工学院和州立大学建立了美国第一个培养 STS 博士的计划。之后,美国康奈尔大学、英国爱丁堡大学、法国国家工艺美术研究院等许多机构都开始招收博士生。

四是学术交流渠道的形成。主要的专业学会有"科学的社会研究学会","全美科学、技术和社会协会","欧洲科学技术研究协会","日本 STS 协作网络"等。主要出版的刊物有《科学的社会研究》、《科学、技术和人类价值》、《社会中的技术》、《STS 课程开发通讯》等。

(二) 科学、技术与社会的三大导向

STS 自诞生以来可谓百花齐放,呈现出相当大的多样性。随着 STS 的学科化发展,它大体上形成了三种基本导向:①

其一,科学技术与公共政策导向。它侧重于现实中的科学技术问题,其职能是培训处于较为宽广的社会—政治背景中的科学技术和工程管理人员。

其二,科学技术研究导向。它侧重科学技术的社会文化背景及其作为社会功能的理论探索,主要集中在研究生层次,越来越倾向于从多种学科交叉的视野而不是仅仅通过单独的受学科束缚的窗口来考察科学技术。

其三,科学技术与社会教育导向。它本质上是适应教育的需求变化,即强调为高技术社会中有知识责任心的公民提供普遍教育,因而其侧重点在于提高学生的科学技术素养。

美国 STS 研究与教育的三种导向

类型	名称	所在学校	主要研究领域	授予学位
I	工程与公共政策系	卡内基-梅隆大学	工程与公共政策,社会与决策科学,工业管理与计算机工程等	理学学士、硕士、博士
	技术与政策计划	麻省理工学院	应用科学与管理,工业与政府中的技术政策等	理学硕士、博士
	技术与社会计划	纽约州立大学	工业管理,电化教育,环境与废物处理等	理学硕士
	工程与政策系	华盛顿大学	技术管理,环境管理与政策,工程与技术评估等	理学及文学硕士

① Stephen H. Cutcliff and Carl Mitcham, 1992, A Profile of College-Level STS Education and Programs in the United States, Article for European STS Yearbook.

续表

类型	名称	所在学校	主要研究领域	授予学位
II	科学、技术与社会系	康奈尔大学	科学技术的历史学与哲学，科学技术的社会研究，科技政策与法律等	文学学士、硕士、博士
	科学、技术与社会计划	麻省理工学院	科学技术的历史学，科学技术的社会背景，科学技术与政治等	博士
	科学与技术研究系	伦塞拉尔综合技术学院	科学技术的人文研究，作为社会过程的科学技术，科学技术的社会控制等	STS学士、硕士、博士
	社会中的科学研究中心	弗吉尼亚工学院与州立大学	科学技术的社会研究，科学技术的哲学研究等	STS硕士、博士
III	科学、技术与社会计划	理海大学	科学技术的历史学，科学技术与宗教，科学技术与社会进步，STS 课程开发	文学学士
	科学、技术与社会计划	宾夕法尼亚州立大学	科学技术的交叉研究，技术哲学，工程伦理学等	交叉学科硕士
	价值、技术、科学与社会计划	斯坦福大学	社会的科技素养，社会中的工程等	文学与理学学士
	科学技术与社会计划	瓦萨尔学院	工业背景中的技术应用，科学技术中的特殊政策等	文学学士

（三）科学、技术与社会的基本立场

在 20 世纪 60 年代以前，人们主要以乐观主义的态度看待科学、技术与社会的关系，普遍认为科学技术具有认识功能、生产力功能和强大的社会功能，能改变人们的思想观念，促进产业经济的发展并提高全社会的生活质量，造福于人类。

但是，二战之后科学技术对社会的影响，特别是核技术的阴霾以及生态环境的破坏，使人们采取一种批判主义的立场，学者和公众对科学技术都进行了猛烈的抨击，所以早期的 STS 具有反科学、反技术乃至反文化的强烈色彩，这一点可以从 STS 早期的运动、计划和文献中体现出来。

20 世纪 70 年代以来正是以信息技术为核心的新技术革命蓬勃发展的时期。在这种背景

下，全球范围内的科学、技术与社会的关系发生了明显的变化，从着重关注科学技术的负面效应，开始转向越来越重视科学技术的正面效应。STS也逐步摆脱了初期的简单与激进态度，开始基本立场的转变，汇入对科学技术施加更有力、更有意识和更加合理的社会控制，从而使之处于发挥更具建设性作用的时代潮流中。

美国学者温纳（L. Winner）发现，有四种令人鼓舞的不同的STS思考和研究“计划（project）”：“一是试图‘单纯了解现代科学和技术如何起作用，它们的各种实践、制度和有形产品如何发展’。二是涉及传统的社会科学和人文学科应用于科学技术研究，而传统观点认为，该研究论题是不能应用这种方法论的。三是‘需要回应许许多多变化着的科学知识和技术发展所产生的实践问题’。最后，温纳指出，哲学家和社会理论家对科学技术引起的现代生活和思想根本条件深刻危机的忧虑。”①

在STS学术领域，已经很少有人一味地批评科学技术，把现代社会的所有罪恶都归结于它。与此同时，人们也不再盲目地崇拜科学技术，不再相信科学技术的进步能自动解决我们所面临的一切问题。相反，人们已经认识到科学技术对社会功能的两重性，肯定其积极影响，否定它的消极负面结果，这是对科学技术与社会关系的一种全新的现实主义立场。

第三节　科学、技术与社会的发展

20世纪90年代以来，信息网络技术和生物克隆技术等高科技兴起，科技经济全球化浪潮汹涌澎湃，知识经济与知识社会初见端倪，在我们面前展现出一幅科学、技术与社会动态关系的活生生全球画卷。正是基于这种时代背景与需要，这一阶段的STS获得了蓬勃发展，形成了一般世界范围内的STS研究与教育高潮，相对以往的STS研究，新的运动在实践和理论两方面都有深入的发展。

一、科学、技术与社会的全球热潮

1991年美国《科学新闻》杂志在对世界重要科技新闻进行全面回顾时，将“科学、技术与社会”作为一门独立的学科列举出来。这预示着，STS在经历了诞生和形成两个阶段以后，终于迎来一个世界性的发展高潮。

就美国的情况而言，全国科学教师协会于1990年发表了一项新的宣言《科学、技术与社会：向所有人提供合适科学的新努力》，进一步强调STS是科学教育的新方向。同年，“全国社会研究委员会”发表《社会研究中的STS教育：21世纪公民的教育》，把STS教育作为中学社会科学教育的指导方针。全美科学、技术与社会协会，为了加强国际学术交流于1991年成立了国际联系委员会。不久，该协会为进一步体现国际性和适应STS国际化发展趋势更名为“国际科学、技术与社会协会”，并每年召开一次STS国际年会。

欧洲科学技术研究协会目前已发展到有750余名成员，其成员也不限于欧洲国家，而是具有了一定程度的国际化倾向。近年来，它与美国的“科学的社会研究学会”等机构联合发起并举办了一系列有重要影响的国际STS学术研讨会。如1996年在德国召开的“知识社会的特征”，

---

① 殷登祥. 科学技术与社会概论[M]. 广州：广东教育出版社，2007：133.

2002 年在维也纳召开的“转折中的世界，21 世纪的科学技术、公民和文化”，2006 年在瑞士召开的“再论人性：身体、技术和空间”等。

我国自 1992 年举办“中美 STS 讲习班”以来也迎来了 STS 高潮。中国社会科学院、中国科学技术协会成立了科学、技术与社会研究中心，至今全国已有 50 多个 STS 教学和研究机构。中国社会科学院、北京大学、清华大学、北京师范大学和复旦大学等单位已培养 STS 硕士、博士研究生，全国高校已开设数十门 STS 课程，先后举办了主题为“市场经济和技术进步”，“科学技术发展的社会条件”，“先进的科学技术如何对西部相对滞后地区的发展真正起作用”，“知识经济与可持续发展”，“全球化语境中的科学、技术与社会”、“科学技术与人类未来”等全国性学术研讨会。

二、对科学、技术与社会的反思和总结

经过 30 多年的发展，STS 作为一门新兴的学科已经积累了比较丰富的实践经验和理论成果。20 世纪 90 年代初以来，开始从整体上及理论与实践的结合上对 STS 进行反思和总结。

（一）科学、技术与社会研究的建制化

从整体上对 STS 进行反思和总结的一项典型工作，来自于具有国际影响力的“科学的社会研究学会”。该学会集中了 STS 领域的 100 余位专家经过 7 年的努力，编撰了一本具有百科全书性质的《科学技术论手册》。该手册于 1995 年出版，于 2004 年译成中文。该书对 STS 以往的发展进行了全面清理，提供了关于 STS 领域最具综合性的资料，对 STS 领域涌现的新鲜事物做了尽可能详尽的描述，提供了把握 STS 领域发展的丰富而有价值的引导。该书几乎囊括了 STS 领域的重大历史事件、主要代表人物及其理论观点、重大的学术争论和新的生长点，勾画出一幅 STS 领域的世界地图，它所展示的是一幅由众多独立的观点和集体的争论与反思所组成的缤纷画面。

从理论和实践的结合上对 STS 进行反思和总结的一项典型的工作，是关于 STS 教育规律问题。美国 STS 教育的先驱、全美 STS 协会会刊《STS 通报》主编 R.罗伊，在其撰写的该刊 1995 年第 1 期的社论《“STS”规律和科学规律》一文中，首次提出了 STS 的规律问题，主要包括 7 个方面的内容①：①社会是一个复杂的相互作用系统：没有任何一个要素可以从它内部长久地孤立出来，所有的分析和计划必须考虑它们的相互作用。②每个系统和亚系统都有内在的时间常数，在整个系统起作用时必须考虑这种时间常数。③权衡（trade-offs）是每个社会系统所固有的，但是在任何社会权衡中，代价和利益在时间和空间中的分布是不均衡的。④将总会有想不到的副作用，即所有社会结构都表现出一种不可预见性。⑤没有思考和行动；存在和做，知识是不完全的。⑥教育要求了解对象、效果、事件、威胁、机会的相对大小或规模。⑦变革的最强大的动力是人的目的。罗伊提炼的这些规律，使上 STS 课的学生应用实例和插图阐明 STS 原理被具体化了。尽管它有欠缺、含糊和不完善的地方，但还是有助于描述科学、技术与社会相互作用的方式和学生对 STS 的理解。更重要的是，它引发了一场长期的争论，激发了关于 STS 的规律以及 STS 的学科基础问题的探索。

---

① 殷登祥．科学技术与社会概论[M]．广州：广东教育出版社，2007：338-340.

（二）“科学大战”的深远影响

这一期间，在 STS 相关领域还爆发了一场发端于美国的所谓“科学大战”。学者们认为，“这是一场真正的科学与人文的大论战，在人类思想史上，还没有出现过涉及面如此广泛的论战，它几乎涉及人类文化的各个领域，吸引着全球如此众多的科学家、哲学家和人文学科的研究者的介入，而且这场论战已经进入到了大众传播媒介，引起了人们的广泛注意。”①

1994 年美国两位自然科学家——生物学家格罗斯和数学家莱维特合写了一本书，叫做《高级迷信》。在他们看来，一种蓄意诋毁现代科学技术的后现代思想已经在学术界乃至社会上扩散开来。此书就是他们对这种诋毁的公开回应。纽约大学物理学家索卡尔正是读了《高级迷信》引起共鸣，才动了一个怪念头，并于 1996 年向著名的文化研究杂志《社会文本》投了一篇题为《跨越界线：走向量子引力的超形式的解释学》的论文。论文发表的同一天，索卡尔在报道学界花絮的《大众媒介》上发表一篇谈话，说他送给《社会文本》的那篇文章只是“一个物理学家的文化研究实验”，旨在测试那批喧闹一时的对科学作文化研究的学者们够不够学术水准。他说，他那篇文章在科学内容上有明显的胡说八道，任何有能力的大学物理学或数学专业的学生都能识别这是一场恶作剧，然而竟瞒过了文化研究的著名教授和编辑。这样一个戏剧性事情，不但引起学术界大哗，还蔓延到新闻界和公众中，甚至上了《纽约时报》的头版，这就是“索卡尔事件”。针对索卡尔的挑战，《社会文本》的编辑罗斯写了篇应战的文章，还出版了题为《科学大战》的文集。由此，引发了一场范围极其广泛、其影响波及包括中国在内的许多国家的“科学大战”。

由于这场论战涉及 STS 的核心问题并影响着 STS 的发展方向，因而有几点特别值得关注：

（1）这场“科学论战”主要是以部分科学家为代表的科学阵营与以哲学家、历史学家、社会学家以及女权主义者和文化理论家为代表的后现代思想阵营之间的较量。其争论的核心是正统科学观与后现代科学观、科学与人文之间的分歧和独立，反映了在科学、技术与社会关系上的不同观点。

（2）论战中的自然科学家严格坚持基于理性和经验证据的传统观念，认为科学知识的客观性显然是毫无疑问的，它可以通过可重复性的实验检验及其推动的技术应用在社会上产生的巨大效果来表明。据此批判后现代学者“错误解释”和“厌恶”科学技术的不良倾向，这有一定的必要性和合理性。

（3）但是，格罗斯、莱维特、索卡尔等人把与 STS 有关的许多事情和人看做是反科学或“左翼分子”，把在学术上有广泛影响的后现代主义看做文化衰落的表现，甚至把弥合科学文化与人文文化鸿沟的 STS 看做是“反科学桥梁”，这是不客观，也不公平的。

（4）大多数 STS 学者认为，科学技术既来自自然又来自社会影响和文化变革，或者换句话说，自然实在约束我们能知道的东西，而知识基本上是由社会文化影响形成的。现在，大多数 STS 学者根本不是“反科学技术”，而是寻求理解科学技术和扩大围绕科学技术问题的公众争论中的民主参与程度，从而更好地发挥科学技术的积极作用。

（5）不同观点的争论绝不是纯粹偶然的个人意见分歧，而是有其深刻的社会历史渊源和重大的社会文化意义，它是斯诺所说的“两种文化”的当代反映。“双方应该超越各自的立场，站在

---

① 索卡尔，德里达，罗蒂等.“索卡尔事件”与科学大战[M]. 蔡仲，邢冬梅等译. 江苏：南京大学出版社，2002：7-8.

一个新的高度和视角，不断进行沟通和融合，在保持一定的合理张力的同时建立一种合作与双赢的关系，努力在科学文化与人文文化之上构筑和形成一种新文化。”①

（三）“第三种文化”

在 STS 发展过程中，曾出现过否定科技客观性的极端相对主义的个别观点，但遭到了大多数 STS 学者的批判，持极端观点的学者自己通过争论也在后退。在 STS 共同体内占主流的观点始终是，承认科技的客观性对科技建构的约束，甚至把自然的客观因素纳入到社会建构因素中。可见 STS 绝不是什么“反科学”的思潮，它所反对和“解构”的只是脱离社会研究知识的传统科学观，希望建构一种把具有客观内容的科学与社会紧密联系起来的新科学观。STS 作为一门自然科学与社会科学的交叉学科，其宗旨就是通过研究科学、技术与社会的关系，沟通和融合科学文化与人文文化。正因此，能把 STS 看成超越科学文化与人文文化的第三种新文化。

“索卡尔事件”和“科学论战”对我国也产生了很大的影响，特别是刺激了科学主义与反科学主义的争论。一部分学者主张，在中国应提倡发展科学主义，因为中国毕竟是发展中国家，“科学的时代”尚未真正到来，科学精神与科学方法并没有真正得到发扬和光大，希望用科学主义这剂猛药来弥补中国传统文化中科学精神的严重不足，而反科学主义将影响科学的发展和应用，影响科学精神与科学方法的普及，影响中国的现代化事业；另一部分学者却认为科学主义有很多弊端，认为科学主义是对科学方法普遍有效性、科学理论正确性、科学的社会应用价值的一种片面地肯定和夸大，同时贬低甚至否定人文社会学科的方法有效性、认识正确性以及对于人类社会生活的价值和意义，由此造成科学在社会文化中的霸权地位，造成科学文化与人文文化的对立和冲突，并使人们产生科学万能论和轻视人文社会学科，这是错误的，应予以反对。可见，中国的反科学主义主要是站在人文主义的立场，反对科学万能论和科技沙文主义。

客观地看，科学主义和反科学主义都有合理的一面，也有片面性的一面。科学技术与物质文明联系较多，人文与精神文明关系较密切，但这不是绝对的，它们又有相互包含的一面。为了化解当前中国科学主义和反科学主义的激烈争论，我们可以借鉴美国科学促进会对待“科学论战”的“平衡立场”及其基本态度。这种态度包括如下内容②：①科学既不是不加鉴别地实证的，也不是与其他非学科不相容的；科学和技术的应用既能够引起也能够解决社会和环境问题。②从悠久的科学史中收集最好的东西，既不是怀旧的，也不是赶时髦的。③科学不是孤立的事业，而是与“广泛的观念世界”密切联系的事业。④科学既不是权威主义，也不是独裁主义，而是每个科学家必须考察证据得出结论的东西。⑤科学是“独立思想”，而不是教化或无批判的赞扬和支持。⑥科学知识不是绝对的，而是实验的、近似的和需要修正的。

当然，我国与西方的国情不同，如果说西方国家的着重点是在普遍树立科技意识的基础上树立 STS 意识，克服科技的负面影响，那么我们的侧重点则应当是在 STS 意识的指导下树立科技意识，发挥科技的积极作用。

---

① 殷登祥. 科学技术与社会概论[M]. 广州：广东教育出版社，2007：141.

② 魏屹东.“科学论战”为哪般？[J]. 自然辩证法通讯.2005，27(1)：25.

三、科学、技术与社会的发展趋势

进入新(21)世纪以后,由于学术背景和社会条件的变化,STS具有了新的发展趋势。

(一) 全球化趋势

20世纪STS主要在北美、欧洲和澳洲的一些发达国家发展。但从20世纪90年代开始,中国、印度和拉丁美洲等一些发展中国家出于自身经济社会发展的需要,也在积极研究STS。另外,发达国家和发展中国家之间的STS国际会议和全球性的国际交流越来越频繁。这预示着新世纪STS研究全球化时代的到来。

(二) 多样化趋势

随着STS研究的全球化,必然导致STS研究的多元化,就像欧洲的技术的社会形成理论、美国的STS理论、日本的STS网络、中国的科学发展观一样。多样化表现的是STS研究的复杂化,它意味着在今天这样一个大科学时代,多层次性、开放性、非线性、不稳定性和不确定性等极度复杂的特征已经成为科学发展的常态,因此过去那种简单地分门别类的经典科学研究已经不能适应新科学的发展,人们必须适时地转变观念,跟上时代发展的步伐。

(三) 有机化趋势

当代科学、技术与社会与近代之初的科学各自并立、彼此不相往来的状况相比,表现出了明显的整合性、自组织性和动态演化性等有机特征,各门学科之间不仅相互联系增加,而且越来越多地按照自身的"规律"自主地向前推进并对社会构成影响,显示了发展的相对独立性。STS从诞生以来的30多年中,已经积累了丰富的学术资料和理论成果,已经有可能和必要,在新世纪对STS的丰富多彩的关系和科学技术的正、负面价值进行系统的整合研究,得出规律性的认识。

(四) 技术化(主导)趋势

在人与自然、社会的关系中,科学的作用比较间接,技术比较直接。20世纪中叶以来的科技革命实质上是技术革命。其中克隆人、转基因食品和计算机安全、隐私等问题上的技术的负面影响,已引起人们越来越大的忧虑。因此,在21世纪的科学、技术与社会体系中,科学是基础,技术是核心,社会是目的,技术尤其是工程技术将占有突出地位。

(五) 人文化趋势

20世纪中叶以后新的科技革命导致全球经济大发展,大大地满足了人类的物质需要。在新(21)世纪继续提高人类物质生活水平的同时,人类的精神文化需求将变得越来越重要和显著。为此,科学和技术也不再被简单地看做是价值无涉的,而必须越来越多地顾及存在的影响和应用的后果。虽然科学主义在今天依然是一种强势话语,但来自科学以外的批评之声从来没有像现在这样强烈和浩大,而社会各界对科学的某种人文化诠释如对科学发展观所作的"以人为本"的内涵说明,也是在人文的意义上扩展对科学的理解。这样,在STS框架内对科学技术与人文(如价值观念、伦理道德、审美情感、心理活动和语言符号等)之间关系的研究将占有一个新的重要地位,使其日益人文化。

(六) 生态化趋势

生态环境、能源、资源、人口和气候等关系人类能否生存和社会能否可持续发展的全球问题在新(21)世纪将更加突出和严峻。这些问题突出体现了科学技术的负面影响。因此,要使对科学技术与生态环境和人类可持续发展的关系的研究成为STS重要的课题,从自然科学和社会科学的结合、从人和自然的协调上深入揭示这些问题产生的根源和解决的途径,把技术应用的经济效益与社会效益、生态效益结合起来,探讨那些与有关全球问题有直接关系的课题和课程,如环境与社会、环境伦理学、环境与自然资源政策、当代的自然保护、世界资源与发展、能源与社会、能源与制度、技术世界中的生态运动、核时代、核武器与核战争的威胁和避免和环境科学技术等,实现STS的“绿色化”和“可持续化”发展。

无疑,认真把握这些趋势对于我国自觉地按照学科发展规律推进STS研究,具有重要的理论和实践价值。

四、科学、技术与社会的学科变化

科学、技术与社会研究的兴起不足半个世纪,因此在专一的“科学、技术与社会”(STS)的名词下,其研究对象和基本含义经历了比较大的变化,定义也多种多样。当然,不同的界说反映了对STS认识角度和层次的前后变化。

STS的最初人们只是在各自的领域进行分散地个别研究,关于STS的总的轮廓是在彼此逐渐联合之后慢慢被认识的。而关于STS的学科观念,直到晚近时候才发生质的跃迁。按照J.T.克莱茵的看法,STS的发展可分为多学科、交叉学科和超学科三个阶段。①

(一) 关于STS的多学科理解

早期的研究者在进行科学研究时,由于研究中的某种需要而经常聚到一起,如为了某项工作而各自独立地解决一些问题和提出一些见解,很像大工业生产中的流水作业,各工种完成自己的工序,彼此之间并没有明显的交互联系与合作。当时,学者们的理解也都是把科学技术的某一部分和社会联系起来,认为这种联系主要是功能上的关系,并没有显示出内在的关联。在这个阶段,STS被分别理解为科学哲学、技术哲学、科学史、技术史、科学社会学、技术社会学、科学技术经济学和科学技术政策学,等等。美国STS专家卡特克利夫把它们比喻为一群学科挤在一把伞下面,STS就是这些学科的混合物。

(二) 关于STS的交叉学科理解

后来,学者们在肯定科学技术作用的同时,开始把STS看成一个交叉学科领域,认为STS具有交叉学科性质。美国STS专家卡特克利夫把其中的各门交叉学科比喻为伞的骨架,它们至少有一端聚在一起,而且形成了STS整体。

在这一阶段的STS研究中,大多数人采取了社会学立场。对此,澳大利亚学者M.布里奇斯

---

① 殷登祥.科学技术与社会概论[M].广州:广东教育出版社,2007:15.

托克等在《科学、技术与社会导论》中指出："STS 研究中的一个核心观点是，所有科学技术活动都不是与世隔绝的，而是在特定的社会域境(context)、政治域境和经济域境中进行的。所以，如果我们想了解现代社会中正在发生着什么，我们必须了解科学技术是如何影响社会的。同时，我们还必须了解社会又是如何影响科学技术的。""所有这些不同的研究进路(Approach)，都有一些共性的东西，即它们都涉及科学技术在社会域境中的问题。科学是社会中的科学，技术是社会中的技术，科学技术塑造着社会，社会也塑造着科学技术。"当然，"'社会'这个词，既可以指科学共同体这个小社会，也可以指我们所有人都生活于其中的这个大社会。"①科学技术社会学家A.韦伯斯特(Andrew Webster)在《科学、技术与社会》一书(Science, Technology and Society: New Direction. New Brunswick, N.J.: Rutgers University Press, 1991)中也认为："科学和技术植根于创造它们的社会中"，因此 STS 研究需要考察"作为社会过程的科学技术的某些主要维度，以及科学技术对社会影响方面的一些争论。"并"利用一系列社会学分析方法，探讨科学研究文化、科学与技术的关系、科学技术争论的后果，以及工业化国家的政府日益尝试对科学技术进行管理。"

（三）关于 STS 的超学科理解

世纪之交蓬勃兴起的全球 STS 运动不仅拓宽了 STS 的领域，也加深了人们对 STS 的理解。与早期相比较，主要表现在两个方面：

1. 从交叉学科走向跨学科或超学科　此时，STS 研究已不在不同传统学科之间游移，把自己看做是不同学科的交叉或综合，而是超越旧的学科限制，把自己理解为一种单独的知识现象。如美国宾州大学的 R.第曲里奇(Richard Deitrch)和 R.沃克尔(Robert Walker)，就认为，科学、技术与社会是一个考察作为概念或建制的科学、技术与社会之间相互作用的整体化知识领域。②

2. 从领域走向学科　随着 STS 研究的深入，人们开始从 STS 对象的开放和复杂性出发理解其独特性，走出受传统学科观念束缚的"领域意识"，即不再把 STS 仅仅看做是个对象域，而是看做一个新的学科现象。甚至认为，STS 就是一个新学科。对此，中国 STS 的主要开拓者之一、中国社会科学院 STS 研究中心主任殷登祥教授总结了 STS 的概念史，包括他本人前后不同时期对 STS 的认识和定义，新近给出了最概要的一种学科性的定义，认为"STS 是一门研究科学、技术与社会相互关系的规律及其应用，并涉及多学科、多领域的综合性学科。"③

STS 的出现代表了一种新的科学发展现象，即消除学科隔阂与界限，呈现事物深层的内在、本然联系的学科现象。

五、科学、技术与社会建设的策略

STS 的如上特性表明它实际是比传统的科学、技术研究高一阶的大跨度综合性研究，因此要真正自如地进入这一研究并非易事。这除了具备传统科学研究所要求的比较高的专业科学素质外，还要有跨学科研究的严格训练，培育跨学科的意识、视野和情怀特别是人文社会科学的知识

---

① ［澳］布里奇斯托克(Bridgstock. M)等. 科学技术与社会导论［M］. 刘立等译. 北京：清华大学出版社，2005：8-14.

② 殷登祥. 科学技术与社会概论［M］. 广州：广东教育出版社，2007：5.

③ 殷登祥等. 当代科学、技术与社会(STS)前沿——技术的社会形成［M］. 北京：首都师范大学出版社，2004：4.

和素养等。

（一）积极开展 STS 教育

由于科学研究已经进入跨学科“范式”的时代，这是大科学时代的一个根本特征，因此当务之急是要有对 STS 的恰当理解和正确态度，掌握 STS 的基本规范和规程，将天才的想象与扎实的论证及有效的整合有机统一起来。人们常说要用素质教育取代应试教育，其实素质教育的科学基础之一就是跨学科研究。为此，就必须坚决改革现有教育的某些弊端，严格限制教育中不适当的过早分科，通过广泛的通识教育等努力消除分科给青少年知识与智能结构特别是知识心理和观念所带来的不良影响。这样才能真正在长远的意义上提高公民的 STS 素养。任何好的规划，没有公民的积极自觉的参与，是不可能实现的。因此，通过 STS 教育提高全民的 STS 意识和 STS 能力是实施科技与社会协调发展的重要条件。

（二）积极开展 STS 规范的研究

人文与社会科学是 STS 研究的“温床”，因为近代以来的人文与社会科学研究几乎可以说都是跨学科研究。但人文社会科学研究毕竟只是跨学科研究的一种类型，虽然不必简单地要求其完全遵守已经约定俗成的科学规范，但是无论何种研究，以必要的规范为基础进行对话和讨论仍然是基本的前提，否则就容易导致学术失范和出现大量“非法”越界，乃至许多著名的学者也经常作为“伟大的外行”在社会上一再制造误导。因此，鉴于跨学科研究在近年来引发的一系列问题，甚至在某些方面已经产生了许多不良影响，在科学技术和应用伦理学发展繁荣的今天必须探索 STS 研究的学科规范，在规范和多样性之间保持必要的张力，使人们学会和习惯从 STS 看 STS，以保证 STS 研究不仅在传统学科之内，也在新的地域之间都能有效实现。

（三）积极开展 STS 的哲学研究

在 STS 的哲学研究之前，人类已经有了各个单一学科的哲学研究，叫做科学和技术哲学等。现在，STS 的出现给学科带来了巨大变化的同时，也会给观念带来巨大的变化，当然就会给哲学带来巨大的变化，因而理应成为哲学反思的对象。

从科学哲学和技术哲学到 STS 哲学是哲学质的变化，因为 STS 不只是个新领域，也是一类新学科，带来学科概念的变化，当然也会给哲学带来新的气息。一方面，它是从科技哲学走向科技的社会哲学，因为 STS 更多强调科技和社会的关系，包括工程和产业的本质都是 STS，因此关于它们的哲学研究也就是 STS 哲学的一部分；另一方面，STS 的哲学理念是从预成哲学走向生成哲学，因为 STS 的学科形成就是以传统的学科交叉为基础，是交叉之后产生的多于原有各学科的新东西这是一种生成理念和规范，生成允许创造，创造就是自由，因此 STS 更多地体现了人的主观能动性；再一方面，STS 哲学可以为自然辩证法中的哲学传统提供一个新的延长线，使这一哲学传统在新的语境下复活，而不至于使 STS 研究完全导向社会学。STS 哲学研究的具体内容包括 STS 的存在论、价值论、知识论、活动论和文化论等多个方面，通过这些研究可以使 STS 活动产生更加广泛的学术价值。

（四）探索中国的STS道路

中国的STS与国际相比起步比较晚，但是这几年的发展速度比较迅猛，不仅成立了许多机构，也出版了许多著作，并且召开了许多不同层次和规模的会议。这些都是可喜的成绩，当然属于中国自己的STS规范的建立还有待时日，这也是今后努力的方向。为了推动这一事业的发展，除了一般性的措施以外，可针对中国问题的特殊性进行如下调整：

其一，国家积极进行有利于STS发展的学科调整。据说目前国家学科建设办已经正在进行新的交叉学科门的设计论证，如果顺利的话，STS有可能作为这一新的学科门的一级基础学科，这一建制性的工作对中国STS的学科化和快速发展将具有重大的决定性的意义。

其二，自觉地从STS视角探讨那些具有国计民生的重大问题。虽然这些问题人们一直研究着，但是否自觉地从STS视角进行研究，效果是显著不同的。它不仅涉及思路和眼界问题，也涉及不同的社会资源的开发利用问题，从根本上事关社会和谐发展的进程。

其三，开展国际STS研究的深度合作。在这方面国内的工作已经有非常大的起色，许多单位都与不同的国际机构建立了合作关系，学术交流也非常频繁。但是总体说来，初级的、面上的、效果比较一般的合作比较多，真正有深度的合作研究还不多见，对此有必要认真推进。

其四，发挥传统文化的优势。一般而言，传统并不具有笼统的优势，但是针对西方思想的薄弱处特别是分科造成的弊症，传统文化经常有出人意料的奇特功效，因为中国传统文化具有过程和生成思想，既坚持事物连续发展，又主张生生不息的不断创新，因而可以矫正由于主客二分所造成的发展失偏状态。

本章小结

科学、技术与社会（STS）的产生有着特定的历史条件、社会条件和学术条件，它们是STS兴起的背景。科学、技术与社会有自己的形成历程，特别是从20世纪60年代中期到70年代早期，一系列学术大事和研究计划的出现，催生了STS在美国和英国的创立。而从70年代初期到90年代初期，科学技术的发展引发了一系列事件，如三里岛核电站事故、美国国防计算机失灵和世界上第一个“试管婴儿”的诞生等，这些事件促使人们对科学、技术与社会的关系进行深入思考，进一步刺激了大批新的STS计划的产生，使得STS不断壮大成熟。STS形成和成熟的主要标志是获得学科化发展，形成三大导向，实现了基本立场的转变。90年代以来，高科技的兴起及其对社会的深远影响，进一步推动了科学、技术与社会研究的全球热潮，STS呈现出全球化、多样化、有机化、技术化和人文化的发展趋势，STS学科开始从多学科向交叉学科、超学科阶段发展，认真把握这些发展趋势对于我国的科学、技术与社会建设具有重要的理论和实践价值。

拓展阅读

1. Bridgstock等.科学技术与社会导论.刘立等译.北京：清华大学出版社，2005.（第一章，对STS的起源和发展进行的梳理）

2. 马尔库塞.单向度的人.张峰等译.重庆：重庆出版社，1988.（这部著作从文化意识形态和

经济、政治角度对以技术进步为标志的“发达工业社会”进行了深刻的批判和反思)

3. 芬伯格.技术批判理论.韩连庆等译. 北京：北京大学出版社，2005.(本书通过对技术设计案例的具体分析,阐明技术的发展是由技术标准和社会标准共同决定的,提出需要把人的全面发展作为内在因素融合到技术的设计中,从而避免技术产生的负面效应)

4. 贾撒诺夫等.科学技术论手册.盛晓明等译.北京:北京理工大学出版社，2004.(本书是由国际科学的社会研究协会组织编写的一本论文集,它从不同角度、不同侧面向读者展示了一幅生动的科学图景,涉及科学哲学、科学社会学、科学经济学、科学政治学和科学人类学等多个领域)

思考题

1. 简述 STS 学科产生的背景。
2. 科学技术的发展带来了哪些社会问题?
3. 对于科学技术的批判主要来自哪几个方面？其主要观点是什么?
4. 简述 STS 的形成历程。
5. 简述 21 世纪 STS 的发展趋势。
6. 简述科学、技术与社会的学科变化。
7. 简述科学、技术与社会建设的策略。

第三章　历史中的科学与技术

本章要点

古代的博物学范式的科学和技术成就；16 世纪以来数理学范式的科学技术产生于欧洲；近代以来，发生了三次科学革命与三次技术革命，其中社会是科学和技术革命产生的根源；当代科学和技术革命呈现出新的特点和趋势。

科学革命和技术革命是人们在科学活动与技术文明创新过程中的重大变革。自从 16 世纪以来，人类历史上经历了三次科学革命和三次技术革命。与每一次的科学和技术革命相伴随，人类的社会面貌也发生了巨大的变化，呈现出科学、技术与社会一体化的趋势。

第一节　古代的科学和技术

古代科学技术是指近代科学产生之前世界各文明古国所产生的科学技术，它包括东方四大文明古国、古希腊、古罗马和古阿拉伯的科学技术知识。古代的科学是以博物学范式存在的，这是在古代的采集、观察、亲知基础上所形成的经验知识类型。由于博物学是基于初民在大地上最基本的生存经验而形成的，因而它就具有自然性、本土性、个体性、涉身性(embodied)和具体性等特点，并体现为和人安身立命直接相关的根性。① 其中，古希腊的科学思想和中国的四大发明，分别为近代科学的产生做了思想理论和物质技术上的准备，正是借助于古代阿拉伯的科学技术知识，欧洲实现了从古代科学技术向近代科学技术的过渡。

一、科学技术知识的萌芽

迄今为止，有文字记载的人类历史约 6 000 年。在此之前的人类历史是通过考古学家对当时遗留至今的考古发现来再现人类的史前史的。一般来说，史前史的考古学分期是按照制造工具的原料以及制造技术来划分的。如此，可将人类进化的谱系、分期、时间对照如下页表②。

人类的进化是一个漫长的同恶劣的自然环境作斗争的过程。“新石器时代”的到来，标志着人类适应和改造自然能力的不断提高。人类早期关于自然界知识的积累和在此基础之上出现的技术的发展，是一个十分艰难、极其缓慢的过程，大约从 10 000 多年前的新石器时代人类开始定

---

① 刘华杰.博物学论纲[J].广西民族大学学报.2011(6):2-11.

② 吴国盛.科学的历程(上卷)[M].长沙:湖南科学技术出版社,1995:56.

人类进化谱系	考古分期	绝对年代/(万年)
直立人	旧石器时代早期	300—30
早期智人	旧石器时代中期	30—5
晚期智人	旧石器时代晚期	5—1B.C
现代人	新石器时代	1—0.4B.C
	青铜器时代	0.4—0.1B.C

居生活。他们制造工具，开垦土地、种植谷物；他们保存火种照明、取暖、烧煮食物；他们驯养家畜、缝织衣服、储存食物、繁衍人口。特别是在几个土地肥沃的地区，浮现出最早期的发达文明。

（一）古代两河流域和古埃及的科学技术

“两河流域”指的是地处幼发拉底河与底格里斯河中下游一带（即今伊拉克及其邻近地域），在公元前数千年的历史中，有好几个民族先后在这一地区创立了高度发达的苏美尔文化、巴比伦文化和新巴比伦文化，直到公元前 6 世纪为波斯人所占领，被并入波斯帝国的版图，才结束了古代两河流域的文明史。古埃及指的是非洲东北部的尼罗河中下游（即今埃及）地区，在这里孕育了另一个文明古国。在公元前 3500—公元前 3000 年，上埃及国王美尼斯统一埃及建立第一王朝，直到公元前 332 年亚里山大大帝征服埃及为止。3 000 年间，不论是古代两河流域还是古埃及都创造了灿烂的文化，在科学技术上取得了丰硕成果。

1. 文字和书写技术　文字是文明发展的重要条件，有了文字，人类的知识才能记录下来并得以传播。在苏美尔人建立起奴隶制城邦时期他们就发明了文字，开始时是象形文字，后来演变成楔形文字。他们以湿软的泥板为文字载体，用小木棒或芦苇秆在上面斜压一些笔画组成文字。有些泥板书保存至今，被考古学家发掘并译读。古埃及人的文字是象形文字和拼音文字并用，这种拼音文字传到了欧洲，对西方文字的发展有很大的影响。古埃及人的书写技术与两河流域不同，他们是用芦苇之类作笔，蘸上由菜汁和黑烟末混合制成的墨，将文字写在一种草纸上。这样写成的草纸书也有不少留存到现在。

2. 农业和手工业技术　古代两河流域和古埃及的主要农作物有大麦、小麦和亚麻等许多品种，农具也多种多样，人们已能利用牲畜牵犁耕地。在公元前 19—公元前 16 世纪，人们就掌握了青铜冶炼技术，金属工具登上历史舞台；到公元前 7 世纪，发明了冶铁技术，铁器取代铜器的地位。其他手工业技术也有了很大的进步，纺织、制革、制陶、酿酒和榨油等技术达到了相当的水平。建筑技术在这个地区达到极高的水平，留下许多建筑奇观，如古埃及人建于公元前 27—公元前 16 世纪的作为帝王陵墓的金字塔，今伊拉克境内的巴比伦城遗址和塔庙等。

3. 天文学和数学知识　当人们发现季节变化与天文现象有关而开始有意识地观察天象时，最早的天文学就产生了，制订历法也就成了天文观测的一项重要内容。两河流域的人们和古埃及人分别以月亮运行的周期（阴历）和以太阳运行的周期（阳历）作为他们的历法。当时的天文观测达到了相当的精确程度，两河流域的人已经能区分行星和恒星，对恒星也进行了观测，绘制了世界上最早的星图。数学知识源于天象观测、土地丈量和商品交换的需要，两个地区很早就有自己的数学知识。两河流域的记数法是十进制与六十进制并用；他们编制了许多数学表，像乘法表、倒数表、平方根表和立方根表等，不但能解一元一次、多元一次方程，也能解一些一元二次和一些特殊的三次和四次方程，也有许多几何学方面的知识。古埃及人记数用的是十进制，能解一些代数方程，他们在几何学上的成绩似乎更大一些，但保存下来的文献不多。

4. 医学和生物学知识　在古代两河流域，医生已经成为一种职业，并用许多方法治病，所用的植物药物已有 150 多种。古埃及人已经具有内科、眼科、妇科等多方面的知识，也具有解剖学、生理学和病理学方面的知识，使用许多药物和药方治病，他们制作的木乃伊显示了当时的医学水平。生物学知识在当时也相当丰富。在两河流域的泥板书上可以看到约 100 种动物和 250 种植物的名称，还对动物做了世界上最早的分类；古埃及人对于动物也做过许多解剖研究工作，取得不少成果。

（二）古印度的科学技术

古印度是指南亚次大陆及其邻近岛屿，其历史从史前史的哈拉巴文化时代（公元前 2500—公元前 2000 年）开始，经过吠陀文化时代和史诗时代（约在公元前 600 年结束），以及列国争雄时代，直至 19 世纪中期沦为英国殖民地为止。古印度人创造了有自己特色的科学技术和文化。

1. 技术　在哈拉巴文化时期，古印度人已经发明畜耕，青铜制的农具也已使用，冶金技术达到相当水平，畜牧业也相当发达。到吠陀时代，他们懂得了人工灌溉和施肥，铁器的使用，使农业生产有较大发展。作为棉花的最早种植者，古印度人有相当高的棉纺织和染色技术。他们是最早使用烧制的砖建房的人，在哈拉巴文化时代，城市建设就有相当的规模。在佛教流行和伊斯兰教盛行之时，相继出现了许多宏大精致的宗教建筑。

2. 科学　在吠陀时代，古印度人已有不少天文历法知识，比较著名的天文历法著作出现于公元 1 世纪以后；到公元 505 年，天文学家彘日汇集了古印度五种最重要的天文历法著作编成《五大历数全书》，在天文学史上很有参考价值。古印度人的数学成就主要是在算术和代数方面，在哈拉巴文化时代，他们就采用了十进制记数法。公元 5 世纪初，印度数学家创造了零的概念及其符号 0，在《圣使历数书》中出现了平面图形的求积，他们还引进了负数、无理数的运算，学会处理二次方程的求根问题和解不定方程。在医学方面，古印度人达到相当的水平。他们识别了黄疸、麻风、天花、关节炎等许多疾病，有关于临床治疗、人体解剖学、植物药学等方面的知识，还能做剖腹、断肢、眼科、耳鼻唇整容等外科手术。约在公元前 6 世纪，印度已出现了医科学校和专职医生，在以后几千年间，印度医学逐渐发展，形成了自己独特的医学体系。

二、古代中国的科学技术

中国长达 2 000 多年的中央高度集权制的封建专制政治格局，保证了在此之后的各朝代在极长时期内政治稳定，以及经济和科学文化的稳定发展。在欧洲开始进入黑暗时期时，中国却达到了历史上的盛唐时代，在随后的宋朝达到了科学技术发展的高峰，此时的欧洲，才刚刚开始文化的复兴。古代中国在辉煌的历史文化中创造了独具特色的科学技术，构成这一独特的科技体系的有农、医、天、算四大学科，以及陶瓷、丝织、建筑三大技术和闻名于世的四大发明。

(一) 技术

1. 陶瓷技术　中国瓷器经历了从陶器到瓷器,从青瓷到白瓷,再到彩瓷的发展过程。早在1万年前,中国人就开始制造陶器,先是手制陶器,后来又发展为轮制。“釉”的发现,使烧制后的陶器更显光洁。在商朝,我国已出现内外涂釉的陶器,唐朝出现了“唐三彩”。瓷器是陶器的进一步发展。与制陶相比,制瓷在选材、烧制深度和釉的使用上都不相同。原始瓷器大约在商代就已出现,随后瓷器业不断发展,在宋代以前,青、白、黑毯已进入炉火纯青状态。从宋代开始出现彩瓷,其中的“青花”瓷后来成为我国瓷器的主流。造瓷技术于11世纪传到波斯和阿拉伯国家,1470年传到意大利及西欧国家。

2. 丝织技术　丝织品是中国人民的发明和创造。早在3 000多年前的殷商时代,我国就开始养蚕和织丝,周代出现官办的丝织业,长沙马王堆汉墓中发掘出的大量丝织品,展现了汉代初期我国丝织技术所达到的水平。唐代丝织品产地主要在北方,安史之乱后,江南的丝织业也迅速发展起来。这时丝绸的染色、印花技术和纺织机械都有很大改进,制出的丝织品相当精美。在此之后的宋代、元代和明清,丝织技术又有进一步的发展。约在公元前4世纪我国的丝织品就远销国外,汉代以后形成了著名的“丝绸之路”。

3. 建筑技术　中国古代建筑技术达到过很高的水平,雄伟壮丽的万里长城,历史悠久的赵州桥以及代表各时代建筑最高水平的宗教建筑和历代皇宫,都是华夏建筑的杰作。中国传统建筑是以木结构为主体的建筑风格,这一风格大概在汉代就已形成。世界上现存最高的古代木结构建筑是山西应县佛宫寺释迦塔,它建于公元1056年,高达67.31米,有9层,经多次地震而无损。明代在北京修建的皇宫,是传统木结构建筑技术的最高体现。我国古代建筑技术著作以北宋李诫所编《营造法式》(1103年)最为著名,该书对建筑的设计和规范、工程技术、生产管理等都有系统的论述,是我国和世界建筑史上的珍贵文献。

4. 四大发明　中国古代的四大发明——造纸、印刷术、火药和指南针,对整个世界近代文明和科学的发展做出了巨大贡献。马克思曾说:“这是预告资产阶级社会到来的三大发明,火药把骑士阶层炸得粉碎,指南针打开了世界市场并建立了殖民地,而印刷术则变成新教的工具,总的说来变成了科学复兴的手段,变成对精神发展创造必要前提的最强大的杠杆。”①

(二) 科学

1. 农学　大约在公元前五六千年前,黄河长江流域已开始了农耕作业,在此后数千年中,农业一直是中国的立国之本,并形成具有特色的农学体系。我们的祖先对时令、土壤、选种育种、耕作、施肥、灌溉和田间管理等各个方面都有深入的研究,积累了丰富的经验,有许多发明创造。中国文化典籍中农书很多,其中最著名的有西汉氾胜之的《氾胜之书》、南北朝贾思勰的《齐民要术》,南宋陈旉的《农书》,元代王祯的《王祯农书》和明代徐光启的《农政全书》等。另外,作为农业命脉的水利工程,在古代中国也达到了极高水平。大约建成于公元前3世纪的都江堰至今仍然发挥作用,它使成都平原成了“水旱从人”的沃土良田,四川由此成为“天府之国”。

2. 中医药学　中医药学是我国古代发育最成熟的学科。春秋战国时期,医学体系得到初步

① 马克思恩格斯全集(第29卷)[M].北京:人民出版社,1972:459.

建立；公元前 5 世纪的扁鹊代表那个时代医学的最高成就，他所采用的切脉、望色、闻声、问病四诊法一直沿用至今；《黄帝内经》是当时医学的集大成著作，书中提出的脏腑学说和经络学说为中医药学理论奠定了基础。东汉张仲景在他所著的《伤寒杂病论》中提出“辨证施治”的原则，又为中医的临床医学奠定基础。从此，中国传统医药学大踏步前进。在中药学方面，现存最早的药物学专著是汉代的《神农本草经》，在此之后的各朝代都有这方面的专著，而最为著名的是明代李时珍的《本草纲目》。针灸疗法为我国所独创，现在已越来越受到世界医学界的重视。

3. 天文学　据考古发现和文献记载，约公元前 24 世纪的帝尧时代就有专职的天文官，从事观象授时；到春秋战国时期，中国天文学开始由一般观察发展到数量化观测，出现专门的天文学著作；到了汉代，形成自己独特的天文和历法体系。以后历代天文学家不断修订历法，使其更为精确。与制订历法工作密切相关的天象观测构成了中国天文学的主要内容，在恒星、行星、日月和异常天象观测方面都有杰出的成就。自秦汉以来，我国出现一大批杰出的天文学家，像张衡、祖冲之、郭守敬，他们不仅有精湛的观测技术、高超的计算水平，还制造出许多传世的天文观测仪器。

4. 数学　汉代出现的《周髀算经》是现存我国最古老的数学著作，其中叙述了勾三股四弦五的规律。汉代出现的另一本著作《九章算术》标志着我国古代数学体系的初步形成，书中载有 246 个应用问题及其题解，涉及算术、几何、代数等许多方面的问题，被公认为是世界数学史上的名著。后来，我国数学的发展一直侧重代数学方面，至宋元时期达到高潮。北宋贾宪在他的《黄帝九章算法细草》中提出求任意高次幂正根的方法和指数为正整数的二项式定理系数表；南宋秦九韶在《数书九章》中讨论了对数方程的解法，能解许多二次和二次以上的代数方程。宋元时期的计算技术也有很大改进，最主要的表现就是珠算的正式出现与普及应用。

三、古希腊罗马的科学技术

古代希腊是包括希腊半岛本土、爱琴海东岸的爱奥尼亚地区、南部的克里特岛以及南意大利地区在内的广大地域。古代希腊文化是从爱琴文明，经过“荷马时代”发展而来的，伴随着早期城邦制开始于公元前 800 年，在公元前 5 世纪时达到顶峰，并一直延续到公元前 232 年亚历山大大帝的死亡。在其鼎盛时期，以雅典为代表的城邦，注重发展手工业、商业和海上贸易，政治上推行民主体制，文化上呈现出百花齐放、百家争鸣的局面，为科学和哲学的发展提供了良好的社会环境。

（一）技术

古希腊的文化虽然也是从农业开始的，但由于地理条件的限制，希腊本土的农业并不很发达，社会的经济支柱主要是手工业和商业。人们种植葡萄酿酒，种植橄榄榨油，这些都是他们换取粮食和其他农产品的出口物。因而，他们的手工业门类众多而且技术精良，采矿和冶金、造船、制陶、制革和家具制造等都是比较发达的行业。特别是铁器工具的广泛使用，带动了古希腊社会的经济繁荣。

古希腊的建筑技术别具一格，对日后整个西方建筑的发展有着重要的影响。建于公元前 5 世纪的雅典卫城是雅典建筑最杰出代表。生活在公元前 1 世纪的维持鲁维写出 10 卷本的《论建筑》一书，总结了古希腊以来的建筑经验，涉及建筑的理论、设计原理、建筑师的教育等各方面的问题，是世界上第一部建筑学专著。

希腊化的亚历山大里亚时期在建筑工程方面有许多建树，尤其是在机械制造方面，被称为“古代科学巨匠”的阿基米德有许多创造发明。亚历山大里亚的工程技术在公元1世纪达到高峰，希罗在他的《机械术》中记载了许多机械发明，包括杠杆、滑轮、斜面、轮子、尖劈等机械工具的组合使用。

在罗马帝国时期，罗马人的手工业技术有了进一步的发展，特别是建筑工程技术方面，达到了相当高的水平。建于公元70—82年的古罗马最大的建筑物罗马大角斗场，建于公元120—124年的罗马万神庙都是当时的杰作，至今尚存。

（二）科学

1. 数学　古希腊的数学成就与毕达哥拉斯学派的数理思想直接相关，该学派把主要精力集中在几何学方面，证明了几何学中关于平行线、三角形、圆、球和多面体的许多定理，包括勾股定理在内。公元前5世纪智者派中的一些数学家提出了只用圆规和直尺作某些几何图形的问题，使几何学得到进一步的发展。亚历山大里亚时期的欧几里得，把古希腊以来的数学成果加以系统的整理和总结，写出传世著作《几何原本》。该书以严密的演绎逻辑把建立在一些公理之上的初等几何学知识构成一个严整的体系。其后的阿基米德，注重数学的实用性，在逻辑论证上更加严密，他研究了许多比较复杂的几何图形的面积和体积的计算方法。再稍后的阿波罗尼在圆锥曲线的研究上做出了突出的贡献，他的《圆锥曲线》一书被认为是古代最杰出的数学著作之一。

希腊数学几乎可以等同于希腊的几何学，直到希腊化时期的晚期，一个叫做丢番都的人写出六卷本的《数论》，表明代数学作为一门独立的学科开始出现。他收集了189个代数问题，还首先提出了三次以上的高次幂的表示法。

2. 天文学　古希腊的天文学，除了为制订历法服务外，主要是在宇宙模型的构思上。

毕达哥拉斯学派以数的观点最先开始构想宇宙模型，认为整个宇宙是由一系列半径越来越小的同心球所组成，每一个球都是一个行星的运行轨道；宇宙中心是“中心火”，所有的天体都绕“中心火”转动，并作匀速圆周运动。公元前4世纪的欧多克索以实际观测数据为依据，构想了一个以地球为中心的同心壳层球宇宙模型。亚里士多德曾试图改进这个模型，增加了更多的同心球，但仍不能得到满意结果。

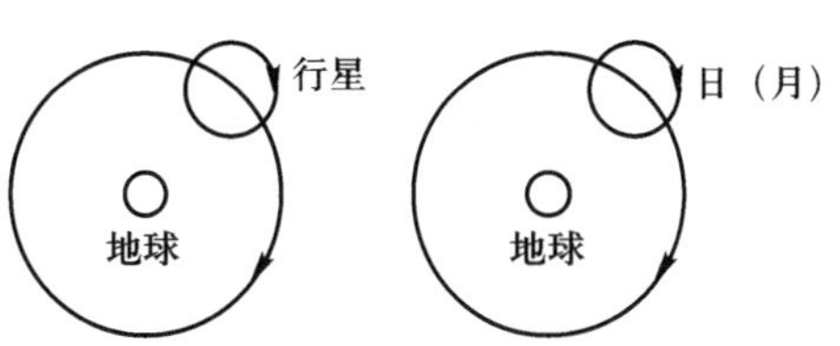

本轮—均轮模型

公元前2世纪的伊巴谷建立“本轮—均轮模型”（右图），他设想恒星都在远离地球的天球之上，日月和行星则沿着各自的圆形轨道（本轮）匀速运行，而它们的圆心又在围绕地球的不同的圆形轨道（均轮）上匀速运行。对于日、月来说，它们在本轮上的运转方向与本轮中心在均轮上的运转方向相反而速度相同；对于行星来说，它们在本轮上的运转方向与本轮中心在均轮上的运转方向相同而速度各异。① 公元2世纪的罗马人托勒密进一步改进这个模型，增加了更多的轮子，使其模型与实际观测相符合，因而在西方被奉行了1 000多年，直到16世纪才被哥白尼的日心说所代替。

---

① 潘永祥，李慎.自然科学发展史纲要［M］.北京：首都师范大学出版社，1996：13-14.

3. 医学　毕达哥拉斯学派的阿尔克芒可能是古希腊最早研究人体解剖的人；公元前6—5世纪，希波克拉底将医学从原始巫术中拯救出来，以理性的态度对待生病、治病，创立"四体液说"，成为西方医学的理论基础。公元2世纪间的盖伦，是古希腊医学的集大成者。他系统地总结了古希腊医学自希波克拉底以来的成就，创立了自成体系的医学理论，写了大量的医学著作，在解剖实践和临床实践的基础上，对人体结构和器官的功能有比较正确的描述和说明，其理论对后来整个欧洲近代医学的发展产生了深刻的影响。

4. 生物学　在古希腊早期的自然哲学中，有一些有关生物学知识的朴素思想。在生物学上贡献最大的是亚里士多德，他在实践观察的基础上，收集和整理许多资料，研究和解剖了许多种动物，还对所知动物进行了分类，开创了生物学分类之先河。

四、古代阿拉伯的科学技术

（一）古代阿拉伯科学技术的兴起

生活在阿拉伯半岛的阿拉伯人，直到公元5世纪还过着部落游牧生活，从6世纪后期开始，阿拉伯人在伊斯兰教的名义下逐渐组织起来，形成一股政教合一的势力。经过不断的征战，至8世纪，他们的势力已囊括中东、北非以及西南欧洲地区，成为独据一方的强大帝国，其文化事业开始兴盛起来。他们从波斯、拜占庭那里获得许多希腊书籍，在首都巴格达广泛收集和整理古希腊文献；他们广泛地从希腊语、波斯语、叙利亚语翻译希腊科学著作，也从梵文翻译印度的数学和医学著作。这一翻译运动不仅使阿拉伯人很快掌握了最先进的科学知识，也为进一步的科学创造打下了基础。正当学术在西欧中世纪被人遗忘之时，阿拉伯人却迎来了学术的黄金时代。

（二）古代阿拉伯科学技术的主要贡献

阿拉伯人在科学技术上的成就主要表现在数学、天文学、医学、物理学和炼金术等方面。

他们在数学上的一大贡献就是把古印度人的十进制位记数法传遍欧洲，在欧洲演变成现今世界上通用的"阿拉伯记数法"；阿拉伯人在代数学方面有很好的成绩，研究了许多代数方程的解法；他们还把三角学看做是数学的一个分支来研究，证明了许多三角学的基本公式，为三角学的建立与发展奠定了基础。

在天文学方面，阿拉伯人在吸收印度和波斯人成果的基础上，通过天文观测，对托勒密体系进一步完善。他们还编制许多天文表和星图，在西方也很有影响。在医学方面，阿拉伯人广泛地吸收了希腊、印度和中国的医学知识，建立了有自己特色的医学体系，有许多著名的医学家和医学著作。9—10世纪的拉齐据说有100种医学著作，他最重要的著作《医学集成》很早就被译成拉丁文在欧洲流传；10—11世纪的伊本·森纳的《医典》是阿拉伯医学的一部百科全书，既论述了卫生学、生理学和药物学，又记载了大量临床实例，在17世纪以前一直是西欧医科学校的教科书和主要参考书。这部著作对后来欧洲近代医学的初期发展起了奠基性作用，伊本·森纳亦被誉为"医学之王"。

在物理学方面，阿拉伯人在光学上的工作最为突出，10—11世纪的伊本·海赛木的《光学》一书是古代物理学最重要的著作之一。该书问世后不久即传入欧洲，成为其后相当长时期内光学著作的蓝本。

阿拉伯人的炼金术是在吸收希腊和中国的炼金(丹)术之后才开始的,他们很重视定量研究,并有使它向实用化学发展的趋势。该技术后来传入欧洲,对近代化学在欧洲的产生有重要影响。

虽然古代阿拉伯人的科学文化繁荣只经历不长的历史时间,它的历史进程又被打断了,但他们从几乎一无所有的状态,在这短暂的历史时期之内所达到的水平也是历史的一个奇迹。

从历史的发展进程上看,正是在古希腊的学术几乎已被欧洲人所遗忘、大量典篇散失殆尽之时,阿拉伯人强盛起来,并有意识、有组织地致力于收集和翻译古希腊文献,使其得以在阿拉伯人的手中保存下来。就在阿拉伯文明开始衰退之时,欧洲又从 11 世纪开始,掀起了学术的复兴运动。在十字军东征中,欧洲人从东方带回了阿拉伯的科学、中国人的四大发明、希腊人的自然哲学文献,在 12 世纪掀起了翻译阿拉伯文献的热潮。欧洲人像当年阿拉伯人吸取古希腊文献一样学习和研究阿拉伯文献,大约到 13 世纪,古希腊的学术思想大体上已为欧洲人所知。从此,欧洲人的眼界大开,为后来的文艺复兴和近代科学的产生打下了良好的思想理论基础。因此,阿拉伯人是希腊科学文化遗产的传承者,是希腊思想和西方近代文明的中介,是西方近代科学文明的秘密所在。

第二节　近现代科学和技术革命

自古以来,人类社会经济与文化的每一次重大发展都依赖丁科学的重大发现和技术的重大发明与应用,历次重大的科学发明所引起的技术突破,都引发了生产力的巨大进步和社会的深刻变革。16 世纪以来,人类科学技术发展史上主要发生了三次科学革命与三次技术革命。

一、科学革命与技术革命的界定

科学革命与技术革命是指人们在科学活动与技术发明创新过程中的重大变革。

我们可以从狭义和广义来理解科学革命。狭义的科学革命是指某一学科领域发生的重人变革,即一个新的科学理论取代或推翻原有的科学理论。如哥白尼日心说推翻托勒密地心说。广义的科学革命是指一个历史时代的科学活动中所发生的重大变革,因为自然科学在某一领域的划时代重大发现不仅会引起这一领域内科学理论体系的根本变革,而且还会带动其他相关科学领域的重大变革。如哥白尼的天文学革命,通过伽利略、开普勒、牛顿的发展建立起了完整的力学及天文学理论体系。科学革命的实质是科学事实、科学观念和科学原理所构成的整个科学理论体系的根本变革,在这一变革过程中科学事实是引发科学革命的导火线,科学观念的变革是科学革命的开始,科学理论体系的变革则是科学革命的形成标志。科学革命一旦发生,它将从根本上改变人们对整个世界图景的传统认识,改变人们的思维方式方法,改变人们的自然观、宇宙观、价值观、世界观和方法论。

技术革命亦可从狭义、广义上理解。狭义上的技术革命是指某一技术领域内或某一技术系统中的重大突破,广义上的技术革命是指改变社会生产技术基础的整个技术体系的根本性变革。但并不是任一单一技术的重大突破都会引起技术革命的,只有在技术体系中居主导地位或起关键作用的技术发生重大突破、改变技术规范、引起相关技术一系列变革、导致整个技术体系的根本性变革,才会引发技术革命。可见技术革命的实质是主导技术的突破及相应的技术规范的改变而导致整体技术体系的变革，表现为新技术体系取代旧技术体系、新技术规范取代旧技术规范，人类改造世界的活动和手段的飞跃，人们行为方式的变革。①

20世纪以来，科学技术一体化进程中科学和技术的关系越来越密切，以致界限越来越模糊。至此，人们不再把科学革命和技术革命分别加以称呼，而是用一个词结合起来，即现代科技革命。

二、近现代科学和技术革命的总体进程

（一）近现代科学革命的总体进程

1. 第一次科学革命的总体进程　为了将实验的、理论的、并得到系统全面发展的“科学的自然科学”同“经验的、零散的古代科学”加以区别，恩格斯把哥白尼的天文学革命作为近代自然科学的起点。由于以20世纪初相对论和量子力学为代表的物理学同牛顿经典物理学在科学观念和科学规范上有本质区别，人们通常将20世纪以后的科学技术看成现代科学技术。

第一次科学革命的起点是天文学革命，高潮是牛顿力学理论体系的建立。这次科学革命的大体进程是：1543年天文学家哥白尼的《天体运行论》出版，用日心体系代替托勒密在《至大论》中的地心体系，即用日心说取代地心说。同年维萨留斯的《人体的构造》一书出版。1576年第谷·布拉赫建立天文观测站，系统观测天体。1583年伽利略发现摆的等时性，1590年又发现落体定律。1599年开普勒开始研究火星运行，1619年发表行星运动三定律。1628年哈维的《心血循环运动论》出版，标志着人体血液循环理论的建立。1669年和1680年牛顿和莱布尼茨先后创立微积分。1687年牛顿的《自然哲学和数学原理》出版。1738年伯努利《流体动力学》出版。1744年莫泊图的《自然规律的一致性》和欧勒的《求极大极小的方法》，均提出最小作用原理。1743年达朗贝尔的《力学原理》发表。1748年欧勒的《无限解析概论》发表。

1543年—1755年的第一次科学革命长达两个多世纪，尽管科学革命发生在天文学、力学、物理学等领域，但这次科学革命对人类思想史、文明史、认识史的意义是巨大而深远的。这次科学革命之后，科学的范式发生了转变，科学从古代的博物学范式转到近代的数理范式。后者是以近代数理科学为基础所形成的重实验数据、逻辑和公理的理论知识类型，因为近代科学的规范是以数学整合物理（实验）所获得的新经验形成的。这样，当数理科学或实验科学话语主导权确立之后，在完成自然知识规范一统的同时，人类对自然的理解和感受变得技术化和形式化。②

2. 第二次科学革命的总体进程　第二次科学革命是以星云说发表引发的又一次天文学革命为开端，继而引发地质学、生物学、化学、热力学、电动力学及电磁学等各个学科领域的全面变革，自然科学出现了全面发展的态势。

这次科学革命的大体进程是：1755年康德的《宇宙发展史概论》发表，提出星云说，打开了形而上学自然观的第一个缺口。1796年拉普拉斯发表《宇宙体系论》。1783年拉瓦锡创立了氧化燃烧说，引起化学革命。1803年道尔顿创立原子论。1811年阿伏伽德罗创立分子论。1830年查理·赖尔发表《地质学原理》提出地球缓慢变化的学说，又一次打开了形而上学的缺口。1837年施莱登发表了《植物的发展》，提出细胞是植物的基本单位。1839年施旺提出同样的观

---

① 刘则渊. 现代科学技术与发展导论［M］. 大连：大连理工大学出版社，2003：15-29.

② 刘孝廷.STS视野中的科学传播［J］.科普研究.2012（5）：35-36.

点。1824 年卡诺《谈谈火的动力和能发动这种动力的机器》发表，提出卡诺循环。1842 年罗伯特·迈尔发表《论无机性质的力》，最先发现能量守恒定律。1840 年焦耳发现焦耳定律，1843 年测定热功当量，发现热力学第一定律。1847 年亥姆霍兹出版了《论力的守恒》，论证能量守恒定律，并建立了这个定律的数学公式——热力学第一定律。1850 年、1851 年克劳修斯、开尔文分别提出热力学第二定律。1859 年达尔文提出生物进化论。1823 年、1837 年维勒、凯库勒、李比希先后建立有机化学、合成化学与农业化学。1820 年奥斯特发现了电流使磁针偏转的效应，第一次展示电和磁的联系。1821 年安培建立电动力学基础，电磁理论的奠基人法拉第建立电动机原理，继而发现电磁感应定律、电解定律，并提出《力线概念和电磁场概念》。1873 年麦克斯韦完成了电磁理论的经典著作《电磁学通论》，建立了电磁场的基本方程，即有名的麦克斯韦方程组，建立了完整的电磁理论。1869 年门捷列夫发现元素周期律。①

这次科学革命从 18 世纪中叶到 19 世纪末，经历了一个半世纪，研究重心由自然界的状态转向自然界的过程，实现了自然科学的全面革命，不仅揭示了自然界的演变过程和普遍联系，而且还引发了第二次技术革命，使世界科学中心重新回到欧洲大陆，并同整个欧洲的哲学革命、民主革命和产业革命一起成为欧洲社会发展的动力。

3. 第三次科学革命的总体进程　19 世纪末 20 世纪初，自然科学的发展进入一个令人意想不到的新的历史阶段——现代阶段，并持续至今。这次科学革命可以分为两个阶段，从 19 世纪末到 20 世纪 50 年代以前，以 20 世纪初的量子论提出为标志掀起了一场物理学革命。第二阶段 50 年代后，分子生物学重大发现，60 年代粒子物理学提出，科学发展进入一个新阶段。由于这两个阶段是紧接着发生的，之间并没有明显分开的界限，故在学术间存在某些不同的看法，有学者将此两个阶段看成两次科学革命。

第一阶段的主要成果有：1895 年伦琴发现了能穿透物体的射线 X 线。1896 年贝克勒尔开创了天然放射性的研究。1897 年汤姆逊发现了电子的存在，同年居里夫人定量地测定了铀的放射性强度，发现钍也具有放射性，1898 年居里夫妇发现了放射性很强的新元素——钋和镭。1900 年普朗克向德国物理学会宣读了一篇论文《关于正常光谱的能量分布定律的理论》建立了量子论，引入普朗克常数 h，量子论的诞生宣告过去经典物理学那种无限连续的观念的破灭，在微观世界中，原子存在着不连续性。1900—1913 年开尔文（即威廉·汤姆逊）、长冈半太郎、约翰·汤姆逊、卢瑟福和玻尔先后建立了原子结构模型。1905 年爱因斯坦提出狭义相对论，10 年后建立广义相对论。1923 年德布罗意提出“物质波”，1924 年奠定波动力学基础。1925 年海森堡建立量子力学理论，1927 年还提出著名的测不准关系。1926 年薛定谔在波粒二象性的基础上提出薛定谔方程，建立了波动力学。1932 年查德威克发现中子，安德逊发现正电子，考克饶夫特及沃尔顿发现原子核的人工嬗变，海森堡建立原子结构理论。1935 年汤川秀树引入介子概念。1936 年内特麦耶、安德逊发现宇宙射线中的 μ 介子。1937 年佩利亚等用回旋加速器得到锝 Tc（43 号元素）。1938 年哈恩和史特拉斯曼发现铀原子核裂变现象。1939 年玻尔、惠勒建立原子核裂变理论。1942 年费米实现原子核链式反应。②

第二阶段的主要成果大体表现在以下三方面：首先，在分子生物学领域取得了重大发现与突

---

① 刘则渊. 现代科学技术与发展导论[M]. 大连：大连理工大学出版社，2003：15-29.

② 刘则渊. 现代科学技术与发展导论[M]. 大连：大连理工大学出版社，2003：15-29.

破。1953 年沃森和克里克发现和建立了脱氧核糖核酸(DNA)分子的双螺旋结构模型,揭开了生物遗传密码。1955 年奥巧阿、孔勃首先用酶促法人工合成了 DNA 和 RNA。1986 年杜伯克主张从整体上研究人类基因组程序列,1988 年美国政府投资 30 亿美元进行此项目研究,2000 年人类基因组的工作框架已全部完成。

其次,在宇宙学领域取得了重大发现与突破。20 世纪 60 年代以后,河外星系的谱线红移、微波背景辐射等的发现,使多数天文学家认可宇宙大爆炸假说。天文学的研究范围由几十亿光年扩展到 100 亿~150 亿光年。粒子物理学创立并发展至今,先后提出了基本粒子结构的"夸克模型"、"层子模型"等,400 多种基本粒子被人们发现。

再次,跨学科研究成果不断出现。申农《通讯的数学原理》、维纳《控制论:关于动物和机器中控制和通讯的科学》、贝塔朗菲《生命问题》的发表,提出了信息论、控制论和系统论。1968—1972 年托姆建立突变论。1969 年以耗散结构为中心概念的系统自组织理论由普利高津提出。1977 年哈肯出版《协同学导论》、1983 年出版《高等协同学》,至此协同学的理论框架基本建立。1971 年艾根的《物质的自组织和生物大分子的进化》发表,建立超循环论。1963 年洛伦兹研究了"对初始条件有敏感依赖性"的非线性系统,混沌科学也被提出。1983 曼德布罗特出版《大自然的分形几何学》,推动了分形概念的建立和分形问题的研究。①

自第三次科学革命开始,科学革命和技术革命迭次发生、紧密结合,相互渗透、日趋融合,造成科学技术彼此推进的连锁反应,并越演越烈。科学技术之间的交叉、渗透、互动作用超过历次科学革命和技术革命,导致科学和技术一体化。科学的发展态势表现出高度分化又高度综合的特点,科学活动也日益社会化、国际化。

(二) 近现代技术革命的总体进程

1. 第一次技术革命的总体进程　第一次技术革命以 1782 年瓦特蒸汽机的发明为标志,至 19 世纪 40 年代在英国宣告完成。但第一次技术革命并没有首先发生蒸汽技术革命,而是首先发生了工具革新,工具革新首先从纺织工具革新开始。

纺织工具革新的大体进程是:1733 年钟表匠凯伊发明织布用的飞梭,使手工织机效率提高一倍多。1738 年约翰·惠特和路易斯·鲍尔制造了滚轮式纺织机。1765 年哈格里夫斯发明了"珍妮"纺纱机。1779 年克隆普敦设计出了骡机,同时能转动 2 000 个纱锭的纺纱机。1787 年卡特赖特制造了蒸汽织机。

纺织工具革新引发了动力机革命,蒸汽机的发明与创新也经历了一个历史过程。1695 年丹尼斯·巴本发明用作抽水装置的活塞蒸汽机。1698 年托马斯·萨弗里发明蒸汽抽水机。1705 年托马斯·纽可门发明常压蒸汽机。1765 年瓦特发明分离冷凝器,1776 年第一台实用型瓦特蒸汽机开始使用,1783 年又制成第一台实用的旋转式蒸汽机。

工具的革新,蒸汽机的发明,使技术革命的浪潮迅速推向其他部门,引起机器制造和相关技术领域的重大发明与创新,最为突出的是蒸汽动力运输工具的发明与实用化。1802 年特里维西克发明蒸汽机车。富尔顿 1807 年发明蒸汽轮船,1814 年发明蒸汽军舰。1814 年史蒂文森发明蒸汽火车头。1819 年美国萨凡纳号蒸汽帆船横渡大西洋。1825 年英国"旅行"号火车在斯托克

---

① 刘则渊. 现代科学技术与发展导论[M]. 大连:大连理工大学出版社,2003:15-29.

顿和达林顿之间的第一条公用铁路上行驶。①

第一次技术革命几乎与产业革命同步发生,这次技术革命的直接前提是纺织工业中发生的技术革命。这次技术革命是以第一次科学革命中的牛顿力学为基础的,造就了科学与技术之间的新型关系。假如说古代发明是经验性的试错和改错,是农夫和工匠在生产过程中的自发行为,发明只是在工匠或农夫的经验基础上的偶然结果,那么近代发明是实验性的试错和改错,是发明者为发明一种新技术的有意识的活动,技术发明的成功概率主要取决于发明者的科学知识的存量。这次技术革命在建立工场手工业的英国,首先从纺织工具的革新开始,进而爆发了以机器大工业为特征的第一次产业革命,在科学技术发展史上开始了一个重大的转折,科学和技术终于携起手来共同前进,科学推动技术,技术促进科学。

2. 第二次技术革命的总体进程　随着大工业的发展,蒸汽技术越来越暴露出它的局限性,这些局限性影响着资本主义大生产的发展。由于社会化大生产的需要,在第二次科学革命的作用下迎来了第二次技术革命——电力技术革命。

这次技术革命的先导是在热力学的指导下的内燃机的发明和热力技术的创新。1823 年布朗发明最初的实用内燃机。1876 年奥托发明奥托循环内燃机。1883 年戴姆勒发明用于汽车的燃油发动机。1893 年狄塞尔发明柴油机。

这次技术革命的主角是电工技术革命,第二次科学革命中的电磁学理论的发展为电子技术革命奠定了科学基础。1829 年亨利发明最早的电动机,发现降压、升压变压器原理。1832 年皮克希发明最早的发电机。1835 年达文波特制造实用电动机。1840 年巴贝奇设计机械式计算机,阿姆斯特朗制作水力发电机。② 1866 年西门子制成了世界上第一台自激式发电机,1879 年在德国柏林博览会上首次展出了西门子发明的电动机做动力的机车。1870 年格拉姆发明环状电枢,1873 年第一台直流电动机问世。1882 年德普勒发明了远距离输电法。1882 年爱迪生在美国建立第一个发电站,并把所发出的电通过线路输往它处。1888 年发明了交流电动机,1891 年布洛制造了第一台 30 千伏电压的高压油浸变压器,高压输电网迅速发展起来。通讯用的电器设备也在 19 世纪上半叶进入实用阶段,1842 年电磁电报投入实际使用,1846 年英国成立电报公司,1852 年英国的电报线已达 4 000 英里(6 347 千米)。1835 年莫尔斯制成了电报机的最初样品,1851 年莫尔斯的电报系统已出现在美国的铁路线上。19 世纪中叶起,世界又掀起了铺设海底电缆的热潮。1876 年贝尔发明了电话,建立了第一个电话公司,1891 年美国人发明了自动电话交换机,电话进入了普及阶段。1877 年爱迪生发明了电灯,1893 年发明电影放映机。1896 年马克尼发明了无线电,1901 年无线电也进入了远距离通讯的实用阶段,1906 年费森登利用调幅波第一次实现空中播音,同年,德福雷斯特发明了三极管。1916 年世界上首次出现了无线电台。

在这次技术革命中还交织着化工技术革命与钢铁技术革命。1840 年李比希提出合成肥料理论。1855 年贝塞麦发明贝塞麦炼钢法,1860 年他又发明了贝塞麦转炉。1862 年索尔维发明氨碱法。1865 年马丁发明平炉炼钢法。1870 年西门子发明电力炼钢炉。1890 年德国格雷斯海姆公司创建电解制碱法。③

---

① 刘则渊. 现代科学技术与发展导论[M]. 大连:大连理工大学出版社,2003:15-29.

② 刘则渊. 现代科学技术与发展导论[M]. 大连:大连理工大学出版社,2003:15-29.

③ 刘则渊. 现代科学技术与发展导论[M]. 大连:大连理工大学出版社,2003:15-29.

在第一次科学革命中，长达200多年的力学革命似乎没有引起技术上的重大变革，但第二次技术革命科学对技术的作用显著加快了，加强了。第二次科学革命超前第二次技术革命不到半个世纪，作为主导技术的电气技术主要是依赖于电磁感应现象的发现和电磁学基本规律的确立，科学技术与社会的关系有了时代新特征。

工业技术的特点在以前是以杠杆、齿轮、凸轮、轴和滑轮等这样一些有形的成分组成的，因而工人、技师凭借积累的经验就可能实现发明创造。但1875年以后，基础科学开始大量应用于工业生产之中，工业技术开始转变为以原子、分子、电子流、电磁波、感应、电容、磁力、电量、电压、细菌、病毒、基因及智能等一些无形的研究成分为其基础，这使新的发明创造如果离开了受过专门训练和专门教育的科学家和工程师的努力，就难以做出。由此，工业企业为获超额利润所推动，开始重视基础科学的研究。从19世纪末以后，发达国家许多大企业都相继建立起自己的科学实验室。

3. 第三次技术革命的总体进程　二战以后，特别是20世纪60年代之后，科学技术出现了空前繁荣的景象。自然科学领域中的各种发现和发明以令人吃惊的速度增长，各种发现与发明的总数竟超过前2 000年的总和。① 据美国学者德·普赖斯的研究，17世纪的发现和发明为106项，18世纪为756项，19世纪为546项，20世纪前50年为961项，后50年还不到其总数已超过2 000多项。②

这次技术革命形成了以原子能技术、计算机技术、空间技术等为核心的技术群，崭新的原子能时代、计算机时代、空间时代、分子生物学时代及微电脑技术时代已到来，这次技术革命所形成的核心技术群中主导技术是智能技术，这一技术可以同历史上的蒸汽技术和电力技术相衔接。前两次技术革命解放了人手即人的体力，而这次技术革命则开始人脑即智力的解放。这次技术革命在五大领域出现了创新高潮，引发了革命性的变化。

（1）原子能技术方面的创新高潮　1934年，居里夫妇发现了人工放射性，证明原子核也是可以变化的。20世纪初，英国著名物理学家卢瑟福首先获得成功，1919年，他用人工方法第一次实现了原子核的嬗变，发现了质子，还做出了关于中子存在的预测。12年后，中子由他的学生和助手英国物理学家查德威克找到了。中子的发现为核物理学开辟了一个新纪元。此后，经过了意大利罗马大学的青年物理学家费米，以及德国、奥地利物理学家的共同努力，终于发现了核裂变现象。爱因斯坦1905年提出的$E=mc^2$的质能关系式，成为研究原子核裂变现象转化为原子能技术革命的理论基点。公式表明一个铀核裂变时会释放出2亿电子伏特的能量，或者说1千克铀释放出来的能量相当于2万吨烈性炸药TNT的爆炸力。原子核裂变的这一系列发现具有划时代的意义，它为人类开辟了一种新的能源——核能，成为20世纪最激动人心的科学成就。这一变革正如原始人学会用火、近代人发明蒸汽机一样，带动了整个社会生产和生活的革命性变化。

（2）航空航天领域方面的创新高潮　以1957年的苏联第一颗人造卫星上天为标志，人类终于可以摆脱地球引力的束缚，实现人类千百年来的梦想。1961年4月12日，苏联航天员加加林，乘坐宇宙飞船进入太空轨道，绕地球飞行一圈，历时108分钟安全返回地面，开辟了载人航天的新纪元。1969年7月16日，美国“阿波罗11号”载人登月飞船启程，7月20日下午4时

①② 德·普赖斯. 小科学、大科学[M]. 哥伦比亚大学出版社，1988：5.

17分，美国宇航员尼尔·阿姆斯特朗左脚终于在月球上踏下了第一个人类的脚印，说出了此后常被引用的名言："对一个人来说，这只是一小步，但对人类来说，这是一个巨大的飞跃。"1971年4月19日，苏联发射了第一个空间站——"礼炮一号"，并且用"联盟号"飞船把宇航员送入空间站。1973年，美国发射了一个可供宇航员在空间能较长时间工作的科学活动空间站——"空间实验室"。继"阿波罗"登月之后，20世纪又一个航天技术的重大突破是航天飞机的诞生。1969年美国提出了研制航天飞机的计划，1971年开始正式实施，1981年4月12日第一架航天飞机"哥伦比亚"号载着两名宇宙员首航成功。以后，美国又相继制造了4架航天飞机，每架航天飞机至少可以重复使用100次，这是航天技术在20世纪80年代取得的重大突破。中华民族也做出了令人刮目相看的成绩，载人航天飞行的圆满成功，再一次向世人宣告中华民族是一个自主创新的民族。

（3）分子生物学领域方面的创新高潮　这一领域革命的突破点是1953年英国的两位青年科学家沃森和克里克解析了遗传密码，搞清了细胞核中的脱氧核糖核酸是遗传密码。1972年发明了分子生物学的人工装配技术，现代生物工程也由此崛起，它的重要意义绝不亚于原子裂变和半导体的发现。作为现代新技术革命的关键技术之一，现代生物工程包括四大工艺系统，即基因工程、细胞工程、酶工程和发酵工程。

从1985年开始，日本、美国等又着手研究新一代生物技术——蛋白质工程。它是根据蛋白质的立体结构，采用基因工程的多种手段，按照人们的意愿对天然蛋白质进行修饰改造，使之在多种性能方面优于天然蛋白质，这项技术将可用来开发多元疫苗、新抗癌药、激素、由生物分解的高性能塑料及超稳定的多功能酶等，具有广阔的发展前景。

（4）微电脑技术方面的创新高潮　1946年2月第一代电子计算机问世，尽管这台计算机重176吨，占地近380平方米，用了18 000个电子管，而且耗电大，运算速度只达5 000次/秒，但它却开创了人类历史的新纪元——标志着智能革命时代的到来。20世纪50年代第二代计算机问世，60年代，集成电路的诞生使第三代计算机出现。70年代，出现大规模集成电路，此后，电子元件的集成度直线上升，平均每3年翻一番，计算机出现了微型化趋势。90年代初，出现了10亿次/秒的计算机，1994年出现了1 000亿次/秒，到1997年5月24日3 000亿次/秒的计算机又问世了。这一飞跃，使微电脑真正深入到经济生活的深处。数控机床以及各种家用电器的自动控制等都得益于此。由于电子计算技术的无所不在，它像一根红线，把前述的所有创新统统串了起来，20世纪科技革命因此如虎添翼。

（5）以信息电子科技为主导的智能方面的创新高潮　1985年至今，以信息电子科技为主导的智能方面的创新——全方位、多领域气势展开。当代新科技革命的前沿有六大学科，信息电子学科是带头学科，其余依次为分子生物学、材料科学、能源科学、航空航天科学和海洋科学。

第三次技术革命是在第三次科学革命的直接作用下，在一系列重大科学理论创新的基础上开始的，在整个发展进程中两种革命交互作用。技术革命与科学革命的迭次发生、紧密结合，加速了科学技术化、技术科学化、科学技术产业化。这次技术革命的技术体系不仅更依赖于科学知识，而且科学向技术转化的周期也越来越短，相互渗透、相互融合日趋显著，科学技术与社会的彼此推进越来越紧密，科学技术之间的交叉、渗透互动超过历次科学革命和技术革命，导致科学技术一体化。这次革命使科学活动日益社会化、国际化，出现了许多跨国性的研究机构。

三、科学和技术革命的社会根源

科技革命何以发生,许多人以为是科学技术自身发展规律所致:即科学理论和技术由量变导致的质变。公认的“内史论”代表人物萨顿(G·Sarton,1884—1956),就把科学史看做是客观知识的理性积累。是什么力量引起并推动了这一积累,萨顿并未做出回答。1894年1月25日,恩格斯在回答柏林大学学生瓦·博尔吉乌斯同类问题时在回信中写道:“如果像您所说的,技术在很大程度上依赖于科学状况,那么科学却在更大得多的程度上依赖于技术的状况和需要。社会一旦有技术上的需要,这种需要就会比10所大学更能把科学推向前进”①。可见,社会需要对科技进步有巨大的推动作用。

近代历史上出现的两次科学革命、两次技术革命进而推动两次产业革命,使社会面貌发生巨大变化,使人们深刻认识到科学、技术对经济、社会发展的作用,由此怎样发展科学技术成了人们关注的重点。

科学技术是社会中的科学技术,它们是社会大系统中的一个子系统,它们的发展离不开一定的社会条件。不仅社会这个大系统对科学技术有影响,而且社会的其他子系统如经济、政治、文化、教育等也对科学技术有影响。科学和技术活动不是孤立的,它们都植根于创造他们的社会之中,都是在社会、政治和经济情景中实现的。从事科学和技术两类活动的人们都不是孤立地进行工作,不可能超越其时代的生活条件和实验室之外更广阔的世界,他们都要受到社会历史条件的制约,因为人们总是在一定的社会历史条件下从事自己的认识活动与实践活动。当然,科学与技术作为两个相对独立的领域也一定会有自己独特的发展路径,因此我们应该从内外两方面去探究科学技术发展的动因。我们不仅要从智力和技能的角度,即从科学技术发展的内在机制和规律去研究,还需要从社会角度即科学技术发展的社会条件和社会因素去分析。

第三节　当代科学和技术革命的特点与发展趋势

当代科技革命同以往的科技革命相比,规模宏大、涉及科学技术的各个重要领域,其广度、深度、速度都是以往的科技革命所无法比拟的。当代科技革命有着新的特点与现时代人们还不能完全预见的新的发展趋势。

一、当代科学和技术革命的特点

当代科技革命的特点,首先表现在这场革命中技术的特点上,人们用“高技术”(High-Tech)来指称当代科技革命中所产生的那种在质上有别于传统技术的新技术,从一个侧面显示了当代科技革命的某些新特点。总体上看,当代科学和技术革命的特点主要表现在以下方面:

(一)主导技术群体化

1. 当代科技革命所产生的高技术具有群体化的特征　所谓主导技术,是指在技术体系中那些其存在和发展决定着时代技术发展的方向和趋势的技术。任何一个时代的技术,总是由该时

① 马克思恩格斯选集(第4卷)[M].北京:人民出版社,1995:731-732.

代为数较多的不同门类的技术以一定的方式构成一个体系，在该体系中每一门技术的地位和作用是不一样的。群体化中的主导技术不是一项技术，而是由信息技术、生物技术、新材料技术、新能源技术、新制造（加工）技术、激光技术、海洋技术和空间技术等高技术组成的一个技术群。

2. 当代科技革命中的主导技术群体有自己的内在结构　主导技术群中的新材料技术、新能源技术和信息技术分别对应着人类文明的三大支柱——物质、能量、信息，它们是整个高技术群的基础；空间技术、海洋技术和生物技术则是人类向外部自然和人自身自然探索的三个角度；而新制造技术和激光技术则是一种实践活动的技术手段。主导技术群体化与当代科学的高度分化又高度综合的特点密切相关。各学科在更深层次上的相互交叉、相互渗透，形成了一系列新的学科生长点，同时也使一系列新的技术得以产生。

3. 在当代主导技术群中信息技术是核心　所谓信息技术，是应用信息科学的原理和方法研究信息产生、传递、处理的技术，其中最主要的是传感技术、通信技术、计算机技术和控制技术，它们相当于人的感觉器官、神经系统、思维器官和效应器官。其之所以能够成为主导技术群的核心，首先源于信息技术应用的广泛性，因为自 20 世纪 70 年代微电子技术发明以来，信息技术的具体应用已达上万种，有人称之为“3 C”（即通信 Communication、计算机 Computerization、自动控制 Control）革命，三者已相互联成为一个整体。“3C”革命又引起了“3A”（即工厂自动化 FA、办公室自动化 OA、家庭自动化 HA）革命。其次，是由于信息技术与其他技术的高相关性，因为信息技术既是在其他技术的支持下发展起来的，又推动了其他新兴技术的进展，没有信息技术，就没有当代生物技术、航天技术、海洋工程技术等诸新技术。事实上，各种新兴技术都是以信息技术为基础或是为了信息技术的需要才得到发展的。

（二）科学技术一体化

当代科技革命所产生的“高技术”是一种“以科学为基础的技术”，是科学与技术相互渗透达到了科学技术化和技术科学化的“一体化”境地。“科学技术化”是指科学越来越离不开技术的支撑，“技术科学化”是指高技术都是以深厚的现代科学理论为基础。显然，没有微观物理学的发展，原子能技术就不能产生，没有无线电电子学和数理逻辑的重要进展，电子计算机的诞生也不可能。当代许多尖端技术，如超导技术、纳米技术、基因重组技术等都是在现代科学理论的基础上产生和发展起来的。因此，在当代出现了科学和技术的关系越来越密切，彼此界限越来越模糊的“一体化”趋向。

科学技术一体化最深刻的根源在于当代科技革命，本质上是场技术革命。与以往的科技革命相比较，在第一次科技革命中涌现出来的新技术，虽然也有一定的科学因素，但并不是主要的，当时其他技术如纺织机的发明是经验的，技术对科学的依赖性并不强；在第二次科技革命中，商品生产的需要推动了科学成果主动与生产实际相结合，产生了用科学理论研究技术的新取向，当时的电力技术、无线电技术、热机技术，无一不是在电磁学、电工学、无线电电子学、热力学的指导下形成发展起来的；而当代科技革命中科学革命成为技术革命的先导，科学成果成为技术发展的关键，使技术越来越科学化了，信息技术、超导技术、纳米技术、克隆技术无一不如此，使技术科学化与科学技术化两者难分彼此，同时也使各种技术出现了极强的群体性，它们几乎是在很短的时间内同时出现的。现代科学技术一体化的发展，促成了许多新科技群的建立，如遗传工程的发展使量子生物学、量子遗传学、量子生理学和基因重组技术、生化技术及结构分析技术等成为一个新科学技术的集合。

（三）科学技术与社会彼此耦合联动化

历史上的科学、技术、社会三者往往是相对独立发展，彼此存在作用与反作用。在当代科技革命中，其相对独立性正在逐步减弱。随着科学技术一体化，科学技术与社会的关系呈彼此耦合（或彼此渗透）的联动状态。科学的突破有赖于技术的突破，而社会价值取向又决定了技术的发展方向，以科学为基础的高技术成为新时代人类发展的直接动力。

19 世纪 50 年代以前，应该说科学、技术、生产之间的关系已经很密切，但这种密切不是通过有组织的社会活动实现的，无论是瓦特对蒸汽机的研制，还是马可尼建立无线电通讯，在他们成功之前，仅仅是一种个人的努力，而不是社会、国家有意识地组织。二战以后，人们通过大量的与公司、企业结合的科研、技术、生产一体化的“科学—工业综合体”，或“科学技术研究中心”一类的组织，使科学和技术之间的联系以及从技术到工业应用之间的连接变得空前密切。科学通过技术变成直接的现实生产力。激光技术从发明到实际应用只用了一年的时间，由固体物理萌生的电子技术等也都很快形成了相应的生产部门。由于科学和技术密切联系，新科学成果一旦产生，就会立即开辟出全新的技术领域，并迅速形成新的产业部门，这已成为当前科技发展的一种趋势。美国从 20 世纪 60 年代着手建立促使科学、技术、生产迅速转化的组织，如“科学—工业综合体”、“科学技术研究中心”等，到 1973 年已有约 100 多个，这些组织强化了科学、技术、生产之间的联系，成为科学技术直接转化为生产力的现实途径。美国经济从 70 年代开始平均每年递增 3.5%，其中一半以上靠科学技术取得。正是由于科学与技术、生产的紧密联系，使世界从 20 世纪 50 年代中期开始出现技术进步的系统化趋势，即在各专业技术高度分化基础上的高度综合，如航天技术系统就是在动力推进、信息、控制、微电子、微波、材料和能源等技术基础上的综合。而且，二战后由于多技术之间的相互渗透和促进，与过去以单一技术形式出现不同，现在往往是以新技术群体如信息技术群体、新材料技术群体等的形式出现，这是过去任何时代所没有的。

二、当代科技革命的发展趋势

第三次技术革命由于以微机处理机和微型计算机的发明为开端，以信息技术为核心的技术群及其在国民经济、军事、文化领域的广泛应用而发展起来的新兴产业为特征，使得“大科学”和“高技术”成为当代科学技术发展的新态势。“大科学”概念是美国已故科学史家 D・普赖斯在 1962 年根据对科学技术发展规律的研究而提出的。他认为，“不仅现代科学硬件如此光辉不朽，堪与埃及金字塔和欧洲中世纪大教堂相媲美，而且用于科学事业人力、物力的国家支出也骤然使科学成为国民经济的主要环节，现代科学的大规模性，面貌一新且强而有力，使人们以‘大科学’一词来美誉之。”

（一）从“小科技”向“大科技”发展

“小科技”主要是指以个体或小规模方式从事的科学技术研究，而“大科技”主要是指一种包括大量人员、巨额资金、昂贵设备和“巨系统”复杂组织在内的科学技术研究。“大科技”具有以下六个特征：

1. 科研项目规模巨大　大型研制项目，只有靠各类学科协调并花费大量人力、财力、物力，才能实现。美国在1955年12月开始研制的北极星核潜艇和舰射弹道导弹(代号为FBM系统)就是一项美国人引以自豪的大科学。参加该项目研制的约有8家总包公司、250家二包公司、9 000家三包公司,加上研究所和大学,一共有10 000多个单位,投入了上百万工作人员,耗资数十亿美元。20世纪60年代美国"阿波罗计划"研究前后参加400万人,最多一年动员42万人,参加研制的计200家公司,120所大学,花去300亿美元。1969年该研究终于使人类第一次到达月球。此外,美国20世纪80年代中期制定的"星球大战计划"(现改名为'弹道导弹防御计划')、欧共体的"尤里卡"计划,直至20世纪末"人类基因组计划"都是全球闻名的大科研项目。

2. 靠大型科研集团联合攻关　全部科技史向我们表明,作为社会化生产的知识部门只是20世纪以来的事。16世纪中期到19世纪中期的近代科学技术处于初步独立的过程中,这个时期科学技术人员的工作属于"自由职业"性质的个体劳动者。哥白尼、伽利略、牛顿、瓦特及法拉第等人的科技成果,大都是他们个人从事长期科学研究的结晶。19世纪中后期的近代科学技术已初步独立,科学工作者的工作以个体研究转变为少数人的集体协作。1817年英国建立了拥有几十人的"卡文迪许实验室",1825年爱迪生建立了拥有百余人的被誉为世界上的第一个研究所。这些科研组织尽管规模小,人数不多,但却是近代科学技术初步独立的标志。此后,科学技术研究逐步由少数人的集体协作过渡到独立的社会化生产的知识部门。

当今世界的任何一项重大科学发现或发明都是依靠科研群体的力量取得的,如美国现在搞的"火星探测计划",研究它需要火箭技术、电子技术、计算机技术、超微缩技术、无线电技术、力学、热物理、等离子体物理、化学和光学等技术的配合,因此仅仅依靠一两个科研机构是无能为力的,必须动用社会许多部门组成研究网络,才能奏效。正因为如此,科研主体队伍也迅速壮大。1869年全世界从事科研的人只有5万,而到1970年则猛增至600万,增加近120倍。20世纪初全世界可称之为科学家的只有1.5万人,而现今约200万人,其增长速度比人口增长速度快3倍。

当代一些巨型项目的研究不仅需要国内联合,还需要国际联合,如参加"尤里卡"计划的成员国就达20个;而"人类基因组计划"从1990年被美国批准后,由六国科学家共同协作开始启动,美国承担54%的工作,日本为7%,法国为2.8%,德国为2.2%,我国为1%的测定任务。到2000年6月,由六国科学家参加测定的人类基因组草图宣告完成,2001年2月正式向外公布了人类基因组图谱的初步分析结果。2003年4月14日六国政府首脑联名发表了联合声明,宣布"国际人类基因组测序协作组已经解读了人类生命密码书中所有章节的秘密"。现在,全世界都可以通过互联网上的公共数据库不受限制地免费获取这些信息。可以说,没有科研集团国际间的合作,这一项目是不可能完成的。

3. 所需经费投入总额巨大　前已提及的"星球大战"计划原计划耗资8 000亿到1万亿美元;"人类基因组"组计划也准备投入30亿美元;欧盟的"尤里卡"计划预计242亿美元,年度平均25亿~30亿美元。"大科技"的竞争也是一个国家财力和综合实力的竞争。美国政府和企业1985年用于科学研究和技术发展的投资达1 090亿美元,超过当年国民生产总值的3%,其中政府投资532亿美元,占国家预算的5.3%;而在1950年时政府投资30亿美元,1960年时也不过130亿美元。往往这种投资的增长幅度超过了国民经济生产的增长率。有材料证明,世界各工业国家用于科研的经费每5年增加一倍。

4. 科研设备尖端、庞杂　这是与大项目、大投入、大队伍相匹配的另一个特点。例如,西欧核子研究中心与1983年开始兴建的CEP工程(政府电子对撞机工程)拥有几千台精密设备,包括超高能质子加速器、储存器、控制室、电子对撞机及计算机中心等。其中,电子对撞机全部建在环状的地下隧道中,隧道周长27千米,直径3.8米,并装有巨大磁铁,宛如一座地下长城,整个工程耗资5亿美元。

5. 科研管理网络宏大巨型 “大科学”是与“高技术”联系在一起的,是“高技术”发展的内在要求。在“大科学”与“高技术”的背景上,从20世纪40年代开始,一批大企业、大工程相继出现。它们使科学研究和生产的规模达到空前高度,进入到了科学社会化、技术社会化、管理社会化、生产社会化和教育社会化的新阶段。如美国洛克希德飞机公司,在其公司下设有飞机制造、宇航火箭、电子、空中管制和海底石油等分公司,拥有职工62 000人,1978年销售额达35亿美元。该公司在世界各国设有13个办事处和100多个服务点。日本的“松下电器公司”也是个大企业,在公司下属的有53个事业部、89个营业所、14个研究所,另有110多家关系公司生产5万多种电器用品,为130个国家和地区供应电器和电子设备。这样的大企业实际上是一个自成体系的“经济王国”。在大企业的基础上通过合股经营又形成一种企业集合体,美国称为“利益集团”,日本称为“企业集团”。日本就有三菱、三井、住友、芙蓉、第一劝业和三和六大企业集团。这些建筑在“大科学”基础上的大企业与大工程,规模庞大,结构复杂,功能综合,从性质上具有广博性、多结构性、多分支性和综合性。其参变量之多,活动规律之复杂,输入和输出信息量之巨大是过去小生产下的自然经济和工业化初期的工业经济所无法比拟的。大科学的发展也使得当代科技的发展呈现出了新的特点。

(二) 产、学、研一体化趋势

产、学、研一体化趋势与知识经济的崛起密切相关。自20世纪后半叶起,知识的生产、传播和应用进入了一个新阶段,逐步导致了知识与经济的一体化,知识的经济功能日益增大,逐步成为经济增长、社会发展和国际竞争力的首要的决定性因素。

“产、学、研一体化”指产业界、高校和科研院所组成科研联合体,这种一体化的模式体现了强强联合的优势。在“产、学、研一体化”的趋势中,科研机构是科学技术生产和再生产的实体,也是科学技术的实体,它不但出科研成果,也通过招收硕士生、博士生及成为博士后流动站等形式,使产、学、研紧密联系。此外,大学的科研机构,也通过提供成果和人才的形式,与社会加强了联系,在此趋势上,类似“硅谷”、“科学城”等大规模网络巨阵的科研中心,甚至跨国科研机构,也纷纷出现,成为实现产、学、研一体化的“绿色通道”。

(三) 科、工、贸联动趋势

科、工、贸联动趋势是上述两大趋势发展的必然。

1. 科技革命引起了产业革命 现代科技革命中高新技术群的出现导致一系列高新技术产业的出现,如生物工程产业(包括微生物、酶、细胞、基因四大产业)、生物医药产业(包括人工脏器与各种诊断仪器)、光电子信息产业(包括光、电、声、磁物理特性的综合利用、全息图像处理)、智能机械产业、软件产业、超导体产业和太阳能产业等,产业化必然走市场化之路,通过市场开发和销售,以获取高经济效益为目标;另一方面,随着科学技术的发展,科学技术本身也成为一门产业,科学技术成为生产元素,进入流通领域,技术贸易成为国际贸易的重要组成部分。以在国际技术贸易中专利、商标和专有技术为内容的许可证贸易为例，1955 年，世界许可证贸易总额为 5 亿~6 亿美元，1965 年达 25 亿美元，1975 年为 110 亿美元，1985 年超过 400 亿美元，平均年增长率为 15%。除此以外，据不完全统计，全世界购买计算机软件的支出，仅 1985 年就达 225 亿美元，1987 年上升至 550 亿美元。1990 年世界高技术贸易成交额达 2 300 亿美元。20 世纪 70 年代以来，随着国际技术贸易迅速发展。美、英、法、德、日五国的技术转让价值也持续增长，1973 年只有 270 亿美元，到 80 年代中期达 2 220 亿美元，在 80 年代中期，发展中国家向主要发达国家支付了 60 亿~70 亿美元的技术转让费。这些技术转让活动，虽然受到技术输出国的保密制度的种种限制而具有局限性，但发展中国家利用它使自己直接获得不少先进技术和设备，而且还有助于本国的技术进步。跨国公司举办的内部培训和脱产培训等也使发展中国家可以用来提高生产率、提高产品的附加值及出口商品的技术含量，由此推动本国的技术进步。

2. 产、工、贸联动直接表现是科学技术产生经济效益的周期在缩短　调查研究表明，这个周期在 18 世纪为 100 年，19 世纪为 50 年，一战前 30 年，两次世界大战之间为 15~16 年，二战后为 7 年，目前一些发达国家更新产品只需 2~3 年，因此新产品、新品种日益增多，它成为开拓市场的重要手段。如日本松下电器公司只用 20 个人和一台计算机能生产 18 个型号、1 000 万种不同款式的自行车，顾客如果提出自己的要求，3 分钟后自行车蓝图就出来了，再过 3 个小时自行车就生产出来了，这就被人们称为"产品人格化"。

3. 政府干预强度加大　如在日本，政府强烈的干涉是其经济成功的一个主要因素。近些年，日本政府的消费政策总括产生出强有力的财政刺激，包括 1992 年 8 月被核准花费 1 000 亿澳元在公共事业和基础设施上，还有大学的 R&D 设备以及对中小企业的政府贷款。日本政府在大学建立应用科学学院，资助公共工程，如修船厂、造船设备和铁路，给企业提供低利率贷款，成立类似国际贸易和工业部——MITI（二战后设立的）这样的机构帮助日本产品熟悉海外市场。

1983—1984 年，MITI 的总体预算（ASTEC 的最新数据，1989）高达 2 244 亿日元，其中 20% 直接用于各个中心的基础研究，如东京大学固态物理学研究所、京都数学科学研究所、大阪大学蛋白质研究学会。日本基础研究的主要资助者——教育、科学和文化部（Monbush），负责大约 47% 的国家科学和技术支出，1993 年此项来源的大学基础研究年预算大约是 65 000 万澳元（Lewis，1994）。

1989 年，42% 的 MITI 资金用于支持工业实验室的研究，21% 的资金用于低迷的私人企业工业研究。MITI 内有一个专门机构工业科学和技术社，负责促进工业 R&D，1992 年预算达 1 190 亿日元。MITI 越来越多地和企业联系，支持那些"为了更长久的技术发展，国家关注加强研究基础"的项目（ASTEC，1989）①。

本章小结

科学技术的历史是人类社会历史的重要组成部分。古代的科学技术的辉煌成就主要体现在东方四大文明古国、古希腊、古罗马和古代阿拉伯的科学技术知识上。其中，古希腊的科学思想和中国的四大发明为近代科学的产生做了思想理论和物质技术上的准备，借助于古代阿拉伯的

① ［澳］布里奇斯托克（Bridgstock. M）等. 科学技术与社会导论［M］. 刘立等译. 北京：清华大学出版社，2005：199-203.

科学技术知识，欧洲实现了从古代科学技术向近代科学技术的过渡。

16世纪以来产生于欧洲的科学技术，共发生了三次科学革命和技术革命，科学革命的实质是科学事实、科学观念和科学原理所构成的整个科学理论体系的根本变革。技术革命的实质是主导技术的突破及相应的技术规范的改变而导致整个技术体系的变革。社会是科学和技术革命产生的动力根源。

当代正在经历一场新的科学技术革命，其特点主要体现为主导技术群体化、科学技术一体化及科学技术与社会彼此耦合联动化；当代科学和技术革命的发展表现出，从小科技向大科技发展，产、学、研一体化与科、工、贸联动的趋势。

拓展阅读

1. [美]托马斯·K.麦克劳. 现代资本主义——三次工业革命中的成功者[M]. 赵文书，肖锁章译. 南京：江苏人民出版社. 2006.（第二章："乔塞亚·韦奇伍德与第一次工业革命"，主要对第一次工业革命早期的英国商业做了总体描述，对英国成为第一个实行工业化的国家的原因做了多方面的探讨；第三章："英国资本主义与三次工业革命"，阐释了英国从第一次工业革命转变到第二次工业革命面临什么困难，及在第三次工业革命期间又有何种上乘表现；英国国民在其国力及其对他国的影响力强大时和衰减时是如何应对的等内容）

2. 段瑞华. 科学技术革命与社会主义之历史演进[M].武汉：华中理工大学出版社.1996.（第七章："智能技术革命与传统社会主义的困境"；第八章："智能技术革命与社会主义的勃兴"）

3. 吴光宗，戴桂康. 现代科学技术革命与当代社会[M]. 北京：北京航空航天大学出版社. 1995.（第四章："现代科学技术革命与社会变革"，以近现代的社会变革即资本主义与社会主义两种社会制度的建立、发展为线索，研究现代科学技术革命如何影响当代社会的发展与变革）

4. [澳]布里奇斯托克(Bridgstock.M). 科学技术与社会导论[M]. 刘立等译. 北京：清华大学出版社. 2005.（第八章："科学技术与经济理论"，主要是对科学、技术与经济之间的关系所做的探索）

思考题

1. 简述古代中国的主要科学技术成就。
2. 简述古希腊罗马的主要科学技术成就。
3. 简述古代阿拉伯的科学技术成就及其对世界科学技术发展的贡献。
4. 研究近现代的历次科学革命与技术革命有何现实意义？
5. 当代科学和技术革命的特点？
6. 当代科学和技术革命的未来发展趋势。

第四章　科学和技术发展的模式

本章要点

科学发展的三种模式：知识论模式、历史主义模式和综合实践模式；技术发展的典型模式：仿生学发展模式、科学拉动模式、社会需求模式和技术发展实践综合模式；科学、技术与社会的互动模式。

科学技术作为人类社会发展到一定阶段出现的重要社会现象，其运动变化的机制、规律一直是人们研究的重要对象，也是本课程的核心内容之一。本章从科学技术发展的基本模式入手讨论与科学技术发展规律相关的主要问题。

第一节　科学发展的模式

所谓“模式”，是事物发展的动力机制、表现形式、主要特征和内在机制等规律性问题的概括和描述。一个合乎实际的科学技术发展模式，不仅能合理地解释科学技术发展的历史过程，而且对于现代科学技术创新，也将有重要推动作用。一般所谓的科学发展模式主要有知识论模式、历史主义模式及综合实践模式三大类模式。

一、知识论模式

知识论模式因其具有极强的抽象性和逻辑性而得名，其中波普尔的证伪主义模式和拉卡托斯的研究纲领模式是典型代表。

（一）证伪主义模式

证伪主义模式的创始人是英国奥地利裔犹太哲学家波普尔（K·R·Popper，1902—1994）①。波普尔以“证伪”概念为核心，借助于可“证伪度”（可检验程度）、理论的“逼真度”等重要概念构建了他的“证伪论”或“证伪主义”科学发展模式。他认为，科学始于问题，由问题引出猜想性理论，经过批判性检验，排除猜想中的失误，暂时达到为大家确认的理论。

1. 证伪与证伪度　“证伪”是证伪主义模式的核心概念。波普尔不仅把有无“可证伪性”作

---

① 波普尔的代表作有：《科学发现的逻辑》、《历史决定论的贫困》、《开放社会及其敌人》、《猜想与反驳》、《客观知识》和《物理学和哲学》。

为科学与非科学的界线标准，而且把“证伪”作为他方法论的基础。为此，他又提出与“证伪”方法不可分的“证伪度”概念，用“证伪度”概念量度一个理论的经验内容和信息内容；理论的可证伪度越高，即该理论排斥、禁止的东西越多，它的潜在证伪者就越多，该理论给我们提供的关于世界的知识也就越多，也就是说，一个理论的经验内容就是它的可证伪性，可检验性。因此，一个理论传达的经验内容（信息内容、信息量）随它的可证伪程度而增加。例如，“明天这里有雨”和“明天这里可能有雨也可能无雨”这两句话，前一句话可证伪，而后一句话不可证伪，即百分之百正确，那么后一句话就没有向我们提供任何知识。因此，波普尔认为，可证伪度问题的存在，说明我们在科技研究中不该提出不可证伪的理论，因为它没有提供给我们更多的知识。当然，我们也不应该提出百分之百自相矛盾的理论。

2. 确认度与逼真度　以上述为基础，为说明在何种情况下可称为科技进步，在何种情况下辨别一个理论的好与次，波普尔提出了把确认度作为理论实际进步的标准。

所谓确认度，是指一个理论所经受的检验的严格程度。确认度和证伪度之间的关系是，证伪度高的理论确认度不一定高，因为它可能很快被实验证伪了，但确认度高的理论必须有很高的证伪度。波普尔强调，确认与证实不同，确认并不证实理论一定是真理，确认是对理论迄今为止所经受住的检验的评价，所以任何曾经经受住最严峻检验的科学理论，对未来必须从“零”开始。至此，波普尔认为，科学知识的进步是表明人们日益接近对客观世界的真实证明，接近真理。波普尔反对把真理看作一种特殊信仰的主观真理论，认为有客观的绝对的真理，真理就是符合事实。科学的目标就是通过批判以找到越来越逼进真理的理论。为此，他提出“逼真度”的概念来比较理论，认为一个理论越进步，它就越合乎事实、就越接近真理，它的“逼真度”就越高。理论的逼真度的量与其所含真内容的量成正比，与它所含假内容的量成反比。

波普尔认为，一个理论在下列情况下可以认为其逼真度比旧理论高：①

（1）比旧理论作出更为精确的断定，而且这些更精确的断定经受住了更准确的检验。

（2）比旧理论说明更多的事实，比旧理论更细致地更详尽地描述或说明事实。

（3）能通过旧理论所不能通过的检验。

（4）能提出旧理论没有提出过的或者对旧理论是不适用的新的实验检验，并且通过了这种检验。

（5）能把旧理论无法统一的问题统一起来或联系起来。

如上，就可以说明新理论比旧理论包含更多真内容、更少假内容而有了发展。

3. “P_1—TT—EE—P_2”科学发展模式　波普尔从证伪主义出发提出了一个著名的科学发展模式：“P_1—TT—EE—P_2”（英文原文 Problem-tentative theory-elimination of error-problem）具体表述为：科学始于问题，由问题引出许多试探性理论，经过批判性的检验，排除试探性理论中的错误，得到暂为大家确认的理论。在新的认识基础上又会产生新的问题，从而开始了新一轮的发展循环。如此往复不已，推动科学不断发展。② 波普尔认为在这一过程中，“证伪”起了关键性的作用。在上述公式中，作为理论发展的第一环节，提出了问题，有了问题就要谋求解决，于是进入第二个环节，即提出试探性理论，在各种试探性理论提出后，就要进行前验评估。所谓前验评估，就

① 卡尔·波普尔. 猜想与反驳——科学知识的增长[M]. 上海：上海译文出版社，1986：323.

② 卡尔·波普尔. 猜想与反驳——科学知识的增长[M]. 上海：上海译文出版社，1986：323.

是运用注释逻辑的方法，从每一个试探性理论中推导出若干个结论，然后对这些结论在它们之间并与其他陈述加以比较。通过证伪，而排除站不住脚的观点，此为第三个环节。

上述进程的第三个环节——排除错误环节，也被称为后验环节。在这一环节，对已通过检验评价的理论，用演绎推理，从最可检验的理论中推导出预见并对之观察、实验的结果加以比较，如果理论推断与观察和实验结果互相矛盾，那么这个理论就被排除，反之，则被保留。于是在前验评价中可证伪度越高者，通过后验评价以后得到的确认度也就越高。但波普尔认为，任何理论不管曾经受过何等严格的检验，获得过何等成果，最终也会被推翻的。这样的理论一旦被推翻，便会有更新的问题出现。科学技术就是在如此不断被证伪中获得永续发展。

4.“证伪论”科学技术发展模式的特点　“证伪论”或“证伪主义”的科学技术发展模式，区别于传统的“理论积累观”而独辟蹊径，其在推动人们认识科学发展内在机制方面，其启迪之处在于：

一是强调科学始于问题，认为问题是推动科学发展的动力。波普尔从人的认识是感性与理性交织的特点出发，认为观察并无实质意义，因为观察者都是带着问题的，没有问题就没有观察。他认为，是问题激发人们去学习、去发展知识、去实验、去观察。问题中“浓缩着”“知与未知”的矛盾、“理想与现实”的矛盾，以及“应然与实然”的矛盾，问题是科技创新的起点。

二是强调了科学技术发展中“否定的辩证法”。在证伪主义方法论中，体现了勇于接受检验，勇于否定自己、否定旧有的理论框架的无畏的科学探索精神，这对于强调走自主创新发展之路的我国科学技术界，也是有益的。

三是“P_1-TT-EE-P_2”发展模式中，强调科学发展的不断推进，并敢于为追索真理而不断革命的精神。从第一阶段推向第二阶段、第三阶段的不竭动力就是对科学知识的追索精神，也就是“不服输”，这是“证伪论”科学技术发展模式的精神内驱力。

（二）研究纲领模式

研究纲领模式是由波普尔的学生和同事、生于匈牙利的犹太裔学者拉卡托斯（I.Lakatos，1922—1974）①提出的。波普尔退休后，由他接任伦敦经济学院逻辑和科学方法系主任，并成为伦敦科学杂志的主编。拉卡托斯否定波普尔的“证伪说”，他认为各种理论陈述之间并不像波普尔所说的是各自独立的，而是由彼此间有一定联系的科学的最基本结构单元所组成的有严密内在联系的理论系列。这就是他所说的研究纲领。拉卡托斯通过对研究纲领静态结构和动态变化规律的研究，提出了另一种科学发展模式——研究纲领模式。

1. 研究纲领　拉卡托斯把发展中的理论称为“研究纲领”。他认为“研究纲领”是科学最基本的结构单元，是具有严密的内在结构的理论体系。对“研究纲领”的理解有三点：

（1）研究纲领内部是有结构的。

（2）研究纲领是可以发展变化的。

（3）研究纲领是理性的产物，而不是心理上的信念。

2. 研究纲领的结构　研究纲领的结构包括硬核、保护带和助发现法。它们是彼此密切相关

① 拉卡托斯的代表作有：《证明与反驳》、《归纳问题的变化》、《科学研究纲领方法论》、《科学史及其理性重建》和《波普尔论分析与归纳》。

的三个组成部分。

硬核是研究纲领的核心。所谓“硬”，就“硬”在“基本”二字上，硬核是研究纲领的基本理论部分，包括基本原理、定律和基本假设。硬核犹如一座宏伟建筑的“重心”所在，“重心”被毁，大厦必倒。因此，“硬核”是不容反驳与否定的。如果改变硬核就是放弃研究纲领。举例来说，牛顿经典力学理论作为一研究纲领，其硬核是运动三定律和万有引力定律。这些定律是不容反驳和否定的，如果它们被反驳或否定了，那么牛顿经典力学理论也就被否定了。

“保护带”又称为“保护法”，它是“硬核”的外围部分，它视“硬核”为基础，围绕着“硬核”，保护“硬核”免受冲击。但是，“保护带”是软的，有柔性，可以通过修改或增加新的辅助性假设加以调整，以保护“硬核”。拉卡托斯指出，调整“保护带”的办法是多样的，如可通过修改或增设辅助性假设来达到。

任何一个科学研究纲领都禁止人们怀疑他的硬核，助发现法实际是指发现的艺术、发现的方法。助发现法作为一种前瞻性方法，它一般关心如何做出发现，如何取得进展等，在拉卡托斯的著作中，助发现法与我们所说的方法论差不多，拉卡托斯将方法论与其助发现法并用。

“助发现法”包括“正面助发现法”和“反面助发现法”两种。

“反面助发现法”就是消极的助发现法，实质上是一种禁令，告之科学家不要做什么。当经验事实与某个科学家提出的研究纲领发生矛盾时，反面助发现法会引导科学家通过调整保护带以消除矛盾，保护“硬核”。如矛盾一时无法解决，就将矛盾搁置起来，坚信以后能解决。

“正面助发现法”是得到一组明确表达的提示或暗示所组成，告诉人们如何改变、发展研究纲领，如何修改及精练保护带的一些指令。任何研究纲领一开始总是被大量反常的现象弄得心烦意乱，正面发现法将帮助人们可以按照其提供的指令，集中于建立、发展、完善越来越复杂的模拟实在的模型上，而不被实际存在的反例所干扰。正面助发现法有两个功能：一是决定科学家对所研究问题的选择；二是通过辅助性假说的“保护带”来消除反常，保护“硬核”。如在牛顿派观察不到哥白尼预言的恒星视差时，牛顿派就提出假定，这是由于其他行星干扰所致，从而保护了“硬核”。如果一个研究纲领的“正面助发现法”失灵了，就标志着它已经进入了退化阶段。

3. 研究纲领的发展表现为进化与退化　拉卡托斯认为，可以用一个理论的经验内容作为权衡该理论进步的客观标准。

如果一个理论的研究纲领，经过调整辅助性假设后，它的经验内容增加了，那么它就是个进步的研究纲领。进步有理论上的进步（即整理后的理论比调整前的理论具有更多的经验内容）和经验上的进步（即理论上进步的纲领所预见的经验内容得到了实验的证实）两种。只有在理论上和经验上均表现出进步的研究纲领，才是成功的研究纲领。

相反，拉卡托斯认为，任何研究纲领都有一个发生、发展、退化和消亡的过程。如果一个纲领产生的一系列理论，并非其中每一个都比它前面的理论得到更多事实的真正支持，这个纲领就是“退化的”。但确定一个研究纲领的“退化”绝非简单，是观察和实验中出现“反例”，实验不是研究纲领退化的“最终裁决者”。只有当一个纲领长期处于退化状态，并有一个新的研究纲领去代替它时，人们才淘汰退化的纲领。但新理论代替旧理论，必须具有如下特点：新理论能解释旧理论的先前的成功；新理论比旧理论具有更多的经验内容；新理论多于旧理论的经验内容，已得到了观察和实验的证实。

4. 科学研究纲领进化模式　经过以上分析，拉卡托斯提出了他的科学发展模式：科学研究纲领的进化阶段→科学研究纲领的退化阶段→新研究纲领取代旧研究纲领→新的科学纲领的进化阶段……

从这一模式可以看出:科学发展过程总是经过量变到达质变,其发展过程也如黑格尔所说是"结果包含开端",新纲领只有继承旧纲领的全部合理的经验内容,并且还要有新的预见,才能取代旧纲领。"科学研究纲领"模式与其他科学技术发展模式的不同之处体现在三个方面:

(1) 该模式坚持了科学理论的坚韧性与整体性,"研究纲领"发展的三阶段论,体现了科学发展中从量变到质变的完整过程。

(2) 该模式坚持了科学理论发展中理论的继承性和必然进步性,因新纲领必然继承旧纲领的全部合理经验内容,有新预见性才能替代旧纲领,由此使科学发展展现一个结果包含着开端的辩证过程,较之库恩和波普尔的理论更符合实际。

(3) 该模式的"助发现法"所阐述的"方法论原则",发展了与亚里士多德动力学完全不同的新动力学,因为具有正反两方面的助发现法使科学家在经验事实与理论"硬核"发生矛盾时,能调整保护带以消除矛盾,即使矛盾一时无法解决,也能采取搁置矛盾,并为日后验证留有余地的辩证方法,直到上面助发现法更能帮助科学家按照它的指令把思路集中于建立、发展、完善越来越复杂的模拟实在的模型上,而不被反常所左右。

二、历史主义模式

历史主义模式把科学理论的发展视为一个不断发展的动态过程。在历史主义模式中库恩的"范式论"与马诺·邦格的"进化论"较具代表性。

(一)"范式论"发展模式

托马斯·库恩(Thomas Kuhn, 1922—1996)[①]毕业于哈佛大学物理系,后为麻省理工学院教授。"范式"是库恩科学技术发展理论的关键词,他认为"范式"概念是他对科学哲学贡献的两个主要成果之一。

1. 范式与科学范式　"范式"一词来源于希腊文 Paradigm,原意为"词尾变化",库恩借用此词在于说明"范式"的"范例"、"模型"以及"模式"的意义。在《科学革命的结构》中,"范式"一词具有 22 种意义,有些专家认为这 22 种意义的"范式"可分为三类:元范式、社会学范式、人造范式。元范式也称为形而上学范式,如一组信念、有效的形而上学思辨、标准、看法及统率知觉的条理化规则等;社会学范式指公认的科学成就、具体科学成就、一套科学习惯等;人造范式指科技书或经典著作、工具仪器、类比及格式塔图像等。

库恩认为,不同学科都有自己的范式,同一科学在不同的发展时期也有不同的范式。如地心说、日心说,就是天文学在不同时期的范式;经典力学和相对论是物理学在不同时期的范式。"科学范式"与科学共同体是紧密相连的,一个范式是一个科学共同体成员共有的东西;科学范式在科学共同体中的作用也是多方面的,它既是该共同体科学家的"理论框架",又是共同体的"精神工具",是促使共同体成员投入科学研究的精神动力,也是帮助科学家解决具体问题的实用工具。

---

① [美]库恩的代表作有:《哥白尼革命》、《科学革命的结构》、《必要的张力》。

2. 范式更替模式　在科学发展模式上库恩既反对逻辑实证主义的归纳主义科学发展观，也反对波普尔的证伪主义科学发展观。他认为前者用静态的、渐进主义的观点研究科学发展史，看不到科学发展历史中的革命和质变；后者虽强调革命，但把间断性的科学革命看作是科学发展的全部历史，忽略了常规科学发展的长期积累。在扬弃前人的基础上，他提出了自己对科学发展模式的观点，即应从历史的视野和动态的角度来认知科学发展的规律。

库恩在其《科学革命的结构》中提出了他的科学技术发展模式："前科学—常规科学（形成范式）—反常—危机—科学革命（新范式战胜旧范式）—新常规科学"。

在前科学阶段还没有形成该学科的范式，人们对共同研究的问题各执一词还没有形成为大家所接受的公认理论。

在常规科学阶段，某一理论由于科学实验的重要支持以及取得某些重大成功而战胜其他理论，成为该学科研究成员公认的典范。典范（或范式）的形成是常规科学阶段的特征，典范的产生也是一门具体科学达到成熟的标志。

在反常阶段，出现了与已有典范模式相矛盾的现象。这个过程由反常的发觉、反常的扩展与反常的作用、调整、适应和同化等小阶段组成。库恩认为，重要的科学发现都始于反常。随着反常的证实、扩大和作用，就出现了一个原有典范模式与反常是否相容的问题，同时也就启动了调整原有典范模式以达到使范式能适应反常、同化反常乃至达到反常转化为正常即转化为预期现象的过程。这一调整往往通过修改或补充原有范式中的一些理论假定或增加一些辅助假说或放弃旧范式，另立新范式的方式解决。

科学革命就是旧范式被新范式所代替。库恩认为，科学革命不是积累性的发展，而是飞跃，是突变，是旧范式一下子被全部或局部新范式所取代的过程。例如，经典物理学在牛顿力学之前属于前科学阶段，之后才成为牛顿力学的常规科学阶段。19 世纪末 20 世纪初经典物理学发生危机，直到相对论和量子力学改变牛顿确立的旧规范，建立新规范，才进入新的常规科学阶段。因此，科学发展本质上是常规科学与科学革命、规范积累与规范变革的变替运动过程。

3. "范式论"发展模式的特点　库恩在《科学革命的结构》中阐述了"范式论"科学技术发展模式，其主要特点是：

（1）以动态的历史主义方式看待科学技术发展，具有证伪主义发展模式所没有的优点，避免了证伪主义割断历史，忽视实际存在的科学发展的长期积累的弊端。如果说波普尔所强调的是发散式思维对科学发展的促进作用，库恩则强调了收敛式思维对科学发展的促进作用。

（2）突出了科学革命发生的主体性条件，突出了新生力量、年轻人在科学发展中的地位与作用，具有鲜明的面向未来，着眼于未来的积极的科学研究心态。库恩提出了科学革命得以发生的主体性条件有两个：其一是只有深谙危机的人才能提出新范式；其二是年轻人或者新手由于对旧范式信念不牢，也就是平时所指的"不保守"，他们更容易提出新范式。科学革命的历史也对此做了证明。当新范式建立起来之后，一场科学革命预告结束，同时在新范式的指导下，又开始了新的常规发展时期。

（3）把"范式"变革作为科学技术发生的标志，突出了认知结构和学科思维方式在科学研究中重要的关键性作用。

（二）进化主义模式

进化主义模式的代表人物马诺·邦格(Mario Bunge)(1919—)①出生于阿根廷的布宜诺斯爱利斯,1979年曾任联合国教科文组织顾问。邦格认为,知识的进化是一个不断变化更新,但又前后相继、连续的历史过程。他在分析了经验论、唯理论、心理学社会主义和社会学社会主义等四种传统知识观之利弊得失的基础上,提出了他自己的生物心理社会学的科学发展模式。

1. 生物心理社会学的知识观　邦格的生物心理社会学的知识观着重于对知识做整体的、历史的各因素综合的考察,这些因素既包括宏观的,也包括微观的,既涉及社会历史文化,也涉及心理生理,着重于用系统论的思维,分析形成知识对各种因素间的联系与影响。例如,在分析哈维何以能发现心血管循环系统这一重大成果时,邦格提出了9方面的因素:哈维和盖伦·维萨里等人的渊源关系;他所接受的早期机械论世界观;他对机械装置(例如水泵)的兴趣;他的好奇心与冒险精神;在他生长的时代,社会对发现发明的宽容;大学、学会、教会、政党等社会组织和团体对他的影响。邦格认为,只有这种综合研究,我们才能说明问题的答案。他进一步给出了在研究者共同体中,对于研究对象,其认识领域中的概念框架$\sum\alpha$由以下7个部分组成:

$\sum\alpha=$(G、F、B、P、K、A、M)

其中 G——普遍观点和哲学背景

F——形式背景(逻辑或数学假定)

B——特殊背景(借用来的知识)

P——问题集(可能在$\sum c$中研究的问题和集合)

K——研究共同体、成员以前获得的知识

A——研究的对象或目标

M——方法集($\sum\alpha$中方法的集合)

邦格指出,在一个成熟的研究领域中,几种互相竞争的概念框架之间,有一个占主导地位的概念框架(或典范、范式、思想风格);而在不太成熟、正在发展中的研究领域,就不存在这一现象。邦格还提出了常规研究和非常规研究的概念,任何研究者都离不开常规研究,科学家也只有在提出新范式的时期进行非常规研究,之后在新的概念框架中进行理论革新。

2. 知识进化的三种模式比较②在下面三幅图中,左图为知识发展的渐进式模式,中图为知识发展的革命式模式,右图为邦格所主张的知识发展的进化模式。从图中可以看出,邦格的进化模式认为知识的发展既有连续(遗传),又有间断(变异)。在邦格看来,发展来自新的需要,不一定有竞争对手,不一定推翻旧理论,而只是部分改变旧理论。因此,这种科学技术发展模式不同于以往模式,它强调了推动知识发展因素的综合性 ,凸显了各种因素对知识发展的联系与影响;不仅考虑外部的社会文化因素,同

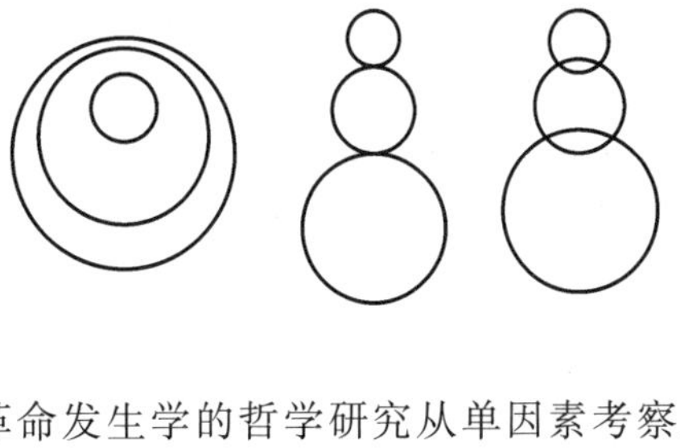

时也考虑内部的一个人成长的心理物理因素,使对科学革命发生学的哲学研究从单因素考察发

① 马诺·邦格的代表作有:《因果性》、《科学研究》、《物理学哲学》和《心身问题》等。

② 丁长青等. 科学技术学[M]. 南京:江苏科学技术出版社,2003:216.

展为系统考察,推进了研究的宽度与深度。

三、综合实践模式

以强调实践为基本立场的综合实践模式主要有两类代表性观点。

(一) 作为社会文化综合实践的科学发展模式

这是皮克林等人所持的主张。在米歇尔·卡龙所著的《科学动力学的四种模型》一文中社会文化实践模式被列为四种代表性模式之一。① 该模式的基本观点是:

1. 科学生产的社会文化本性　该模式认为,科学生产的本性是实践,这一实践的文化与社会成分不亚于对“语境”的描述。众所周知,如果没有语境,语句将丧失意义,而文化与社会成分对于科学的重要性,就像语境对于语言。科学事业依赖于地方性的能知(know-how)职业技巧和那些无法被替换的规则。科学哲学家弗兰克(Flerk)及后来的拉韦茨都认为“在任何方面,科学研究都是一项技能性活动,它依赖于大量非形式化的、部分具有意会性质的知识(tacit knowledge)”。对这种意会性质的知识和学习机制的强调,把人们的目光引向了社会群体,这才能产生互动,互动只有在某个共同的文化框架中才能得到发展,科学活动也如此。

2. 对科学“行动者”的理解　在科学知识发展的动力学中科学实践的行动者并不局限于实验人员和理论家。学者科林斯认为,在科学生产过程中除了科学共同体之外,制造商和销售商、传媒、国家机构、拥有工程师的工厂甚至外部压力集团(哲学家、伦理委员会等)——任何或所有这些群体都可以参与其中,局内人和局外人的边界是变动不居的,在实验室从事工作的人自然受到关注。但社会文化模式进一步认为,那些做实验和准备样品的人都应包括在内。行动者的学习能力赋予他们以历史的深度和发明的才能。对于此点,在皮克林 1990 年的著作中也没有区分科学家和其他以目标为导向的社会行动者。皮克林在他的论文中说:“科学是一种实践,对他的分析类似于其他所有的实践。”②

3. 共识的形成路径　该模式认为,对科学家之间共识的解释方式必须等同于对其他社会行动者共识的解释。由于科学与其他人类活动没有差别,科学家与其他社会行动者类似,所以共识、分歧、成功和失败无须按照不同的方式加以解释。

该模式认为,作为科学发展结果的共识有两条进路给出答案:第一条进路认为共识从来不依赖于毫无争议的论据,共识的建构仅仅取决于社会力量的状况。爱丁堡学派的案例研究说明政治、经济或文化利益影响某种权力平衡,而这种平衡对某一特定的结果具有促进作用。这种研究进路有时候可能具有决定论和机械论的色彩。第二条进路运用了诸如信任这样的概念。在设计和指导实验的过程中,通过不同学科代表之间的联合,通过把他们所遇到的反对意见纳入思考的范围之中,使这一研究项目变成了集体性事业,对研究结果的共识是这一日益增长的信任所带来的成效。

另外,工具的标准化和通过校准缩小的差异,规则的作用(规则确保了最低限度的连贯性,规则使预测的讨论成为可能),学习的作用(学习促进了技能传播和师徒间的依赖关系以及实验

---

① [美]希拉·贾撒诺夫等编. 科学技术论手册[M]. 盛晓明等译. 北京:北京理工大学出版社,2004:43.

② [美]希拉·贾撒诺夫等编. 科学技术论手册[M]. 盛晓明等译. 北京:北京理工大学出版社,2004:36.

室中具有不同技能的不同行动者之间的依赖关系)，都对共识的形成起了重要作用。

由此，社会文化实践模式最终认为，科学并不是以线性的形式进步的，它的内容是按照不同的、不断变化的社会形态组织建构起来的。知识打上了知识生产条件的烙印。因此最终认为：科学之所以不断发展，恰恰因为知识的传播本质上涉及了转变和传递。由此，皮克林得出结论："科学动力学确立了一个真正的历史过程；工具和科学制度、事实与现象以及概念与理论，必定是发生之事的舵轮。"

作为社会文化实践的科学发展模式重视社会历史因素、文化因素对科学理论发展的影响以及把科学家以外的社会群体，也纳入创造理论的"行动者"的范围之内，都将之誉为科学发展的动力之一，这些观点合乎唯物史观的基本精神，是值得借鉴的。但是，第一，该模式在关注科学理论发展的外因条件时，对推动这一发展的内因关注不够；第二，该模式在强调科学实践与一般实践的共性和普遍性时，忽视了科学理论发展的内在逻辑分析；第三，共识不一定是真理，而该模式把达成"共识"作为目标，并认为科学是按照不断变化的社会形态组织建构起来，具有"多数人同意即真理"的主观真理论的倾向。

（二）实践主义模式

实践主义模式由日本物理学家、哲学家武谷三男(1911—2000)提出。他以马克思主义理论为指导，以毛泽东的《实践论》为蓝本，提出了科学发展"三阶段"理论。

科学发展的"三阶段"为：现象论阶段、实体论阶段和本质论阶段。

在作为第一阶段的现象论阶段，许多互不相干的自然现象在实践中被陆续发现，引起科学家的兴趣与思考。

在作为第二阶段的实体论阶段，人们在实践中又发现了联系着这些现象的物质实体结构，并对现象间的一些带规律性的联系也有所认识，但并未认识隐藏在现象背后的规律。

在作为第三阶段的本质论阶段，则以实体为中介逐步认识了现象背后的规律。按照武谷三男的模式，物理学的力学理论，从哥白尼、伽利略→开普勒行星运动规律→牛顿三定律及万有引力，是较为典型的"三阶段论"。按"三阶段论"的发展逻辑，基本粒子物理就处于力学理论发展过程中实体论阶段，20世纪中叶以后发现的夸克模型、层次模型也是实体论阶段的反映。

实践主义发展模式的内容与毛泽东《实践论》的基本思想的合拍是浅层次的，除了强调实践的重要地位是一致的以外，其"三阶段"理论与马克思主义认识论所讲的实践、认识，再实践、再认识并不相同，武谷三男的第二阶段是一种实体论阶段(即发现了反映现象的实体结构)，而认识论的第二阶段，实践—认识—实践中的"认识"，是指人们在实践基础上形成了"理性认识"，即对事物发展规律的认识，从而为第三阶段的实践确立了方向。但武谷三男通过"三阶段"论的发展模式企图把科学发展的过程与科学认识的活动统一起来，还是有启发意义的。

第二节　技术发展的模式

技术是人们在改造客观世界过程中积累起来，并在实践活动中体现出来的操作性手段、程序和方法。从历史上看，科学进步和技术进步基本上是平行发展的，尽管两者时而相互交错，但总体上是有机联系的。技术发展有其相对独立的发展模式。

一、技术发展的经典模式

（一）仿生学发展模式

仿生学发展模式是起源最早的技术发展模式。德国技术哲学创立者卡普（Emst kapp，1808—1896）提出的人体器官投影说，揭示了技术手段是人体外化和自然人化的结果，认为技术进化的过程是人体不断外化和自然不断人化的过程，实际就是技术发展的仿生过程，如按人手的关节弯曲，制作了钩子。工具是人手的延长，这种仿生发展到高级阶段就是电脑对人脑的仿生设计，电脑成为人脑的延伸。在仿生学发展模式中自然万物的天生结构（其实这种结构也是自然长期演化的结果）都给人以启发，从原始人制作第一个钩子到今天，这一过程仍没有结束，“自然之物”的精巧神奇激起人类的好奇与崇拜，引发创造性的灵感，是人仿生制造的不竭动力。

（二）科学拉动模式

这一模式直至近代才产生，这是由技术的自然属性，即技术的科学规定性所决定的。由于人们认为“技术是科学的应用”或“科学是技术之母”，并基于科学理论向技术转化速度加快的现实，于是推断技术发展的主要动力是科学的推动作用。

科学对技术的推动作用表现为：

第一，科学理论所揭示的自然规律为技术原理提供了科学依据，新技术就在此原理上被发明出来，如电力技术完全是在电磁理论形成发展的基础上完成的。电力技术的关键设备是电动机、发电机和变压器，它们的制造都涉及电与磁的关系。电动机原理是由丹麦物理学家奥斯特于1820年发现电的磁效应后建立的，1834年德国科学家依据此原理制成了15瓦的棒状铁芯发动机，1837年制成了一种功率较大的电动机。同样，发电机的制造也是在法拉第等人发现电磁感应定律的第二年（1832年），后来经过改进，终于由德国技术发明家西门子用15年时间完成了自激式发电机。

第二，科学发展的程度决定了技术发展的水平。就国际范围看，目前的超导技术与纳米技术反映的都是这一种情况。目前超导理论尚在深入研究中，而我国的超导技术还处于起步阶段。

第三，科学定律揭示的自然极限规定了技术功能的局限，如热力学定律阐明了永动机是不可能的。

（三）社会需求推动模式

这是由技术的社会属性，即技术的社会依存性所决定的。由于技术的最终成果是产品，而只有满足社会需要，为市场接受的产品技术，才有生存和发展的机会。因此，一般而言，社会需求、市场需求是技术发展的根本动力。

社会需求拉动市场需求，社会与市场的需求对技术起了关键性的推动作用，主要表现为：

社会的实际需要提供了技术发展的方向，就如家喻户晓的手机功能不断更新，社会的市场规模决定了技术及其产品的容量大小，社会的经济条件与政策环境规定了技术发展的支持能力。社会需求多种多样，包括物质生产、社会生活和精神生产的需要。同一种技术的基本原理因需求不同而形成不同的技术方向及最终产品。例如，核裂变技术因军事需要而用于核弹，因民用需要而用于建设核电站。所以社会需求的推动作用是十分巨大的。

实际上,技术发展同时受到科学推动和社会拉动的双重作用。因为技术具有自然属性和社会属性这双重属性,既具有科学规定性,又具有社会依存性。因此,自然科学的推动和社会需要的拉动这两者的合力,是技术发展最根本的宏观动力。只不过在不同的具体条件下,这两者的作用大小有所不同而已。例如,核技术、激光技术等现代技术,大都既有科学理论作为基础或背景,又有社会及市场的现实需求和潜在需求,才得以发展起来。在实际发展过程中各模式之间存在着彼此渗透现象,一般以何种情况为主就被归类为何种模式。经济利益作为最终驱动力,在其中发挥着重要作用。

二、技术发展的实践综合模式

自二战以来,世界的政治、经济格局发生了重大变化。美国成为资本主义世界的"龙头老大",日本、德国也在战败后重新崛起。战后50多年资本主义世界创造出史无前例的经济增长。普林斯顿大学垄断与组织大师、前美国经济学会会长鲍莫尔经过大量实例与数据分析,在《资本主义的增长奇迹》一书中指出:增长背后的推动力是科技创新。他认为这种创新是以三方面的结合为特点:首先,企业内部系统化的创新活动;其次,创新行业中的所有企业在生产新产品和创建新工艺的过程中都争先恐后地投入竞争;再次,企业之间在创造和运用创新上的协作。也就是说,他们的科技发展实践经验是成功的。以下是对美国、日本和欧盟的促进技术发展的实践综合模式的总结和概括。

(一)"基础研究、应用研究、开发研究"三者并重的美国模式

美国为了实现经济、军事长期处于世界领先地位,不但注重应用技术及产业化的研究,而且加强了基础科学的研究,保持了"基础研究、应用研究、开发研究"三者并重的科技发展模式。

首先,从研究经费的配置看,二战以来,其基础研究和应用研究一直保持着稳定的比例,从20世纪60年代至今,其基础研究的经费一直稳定在12%~15%,资金投入是科技发展的重要物质基础。从20世纪70年代以来,美国研发总投入呈不断增加趋势,在1970—1995年的25年间美国GDP增长的速度为2.8%,而同期R&D的增长速度为2.78%,与GDP保持同步增长态势。这一比例同其他国家比较,是处于全球领先地位的。应用研究经费基本稳定在21%~24%之间,开发工作经费基本稳定在61%~67%之间,正是三者并重、稳定的经费安排使美国的基础研究在世界上具有一流水平,拥有多项一流水平的成果。

其次,从人才保证看,美国除了正规的国民教育外,还有强大的国家实验室作为人才培训基地。一批著名的国家实验室为科技人才的成熟提供了很好的实战场。这些实验室有新墨西哥州的洛斯阿拉莫斯国家实验室、田纳西州的橡树岭国家实验室、佛罗里达的肯尼迪国家航天中心等。

再次,在科技开发方面,企业的科技工作在美国占有重要地位。从经济学的角度看,企业在科技进步中处于十分有利的地位。它既了解市场需求,又有利于在实战中积累成功所需的经验,加之企业有制造、营销、科研、会计等各种人才,有利于形成一个高效的创新团体。在美国大约3/4的R&D工作是企业部门完成的,3/4的科研人员分布在企业科研单位,这里还吸纳了全国60%以上的R&D总经费。企业在美国科技投入中占据70%的资金投入比例,联邦政府与高等院

校分居二、三位。企业研发工作中，大型企业发挥着重要作用，其中贝尔实验室等享有盛誉。20世纪70年代以来，中小企业的科技开发作用也显著增加，特别是在科技工业园发展中，中小企业及其技术创新活动起了决定性作用。

（二）"拿来主义"与"自主创新"相结合的日本模式

日本走的是一条以应用研究和技术开发为重心，注重发展民用技术，通过创造性地引进国外先进技术，即技术引进创新型的科技发展道路。日本的大企业一般都设有专门的科学研究与技术开发机构，配备了雄厚的科学技术力量和设施。从统计看，日本的科技人员主要分布在企业，1970年全日本科研人员总数为94.1万人，其中大学生占12.3%，政府研究机构占32.1%，产业部门占54.7%。20世纪80年代以来，日本现有的1.5万个实验室大部分分布在企业和大学。日本科学研究与技术开发经费主要来源于企业，而且使用主体构成亦以企业为主导。1970年日本的研究费总额为11 953亿日元，其中企业占68.9%，政府研究机构占11.7%，大学生占18.2%。经费主要来源于民间企业，占经费来源的74.7%，政府只占25.2%，其中1979年日本民间企业科研经费的98.5%是由民间自筹的。一些大型企业的科研费均占其销售总额的7%至10%，为国家的研究与发展开拓了经费源泉。日本企业在大幅度增加科研经费的基础上，不断扩大固定资本投资，仅1985—1987年两年间日本企业新设立的大中型研究中心就多达160多所。由此可见，日本企业已成为国家科研开发的主力军。日本依托企业，采取"拿来主义"、"外为内用"和"自主创新"相结合的科技政策，在充足经费的保障之下，终于使其以一匹异军突起的黑马之势，从2000—2002年连续三年，有4人次在"物理"、"化学"领域获诺贝尔奖。

（三）政府适度干预及跨国联合创新的欧盟模式

二战之后，欧洲经济发展有过曲折。初期欧洲经济一度低迷。20世纪50—60年代后欧洲经济开始复苏，1958—1969年欧共体六国国内生产总体年均增长率达5.5%，高于美国同期的4. 3%；但到70年代中期后欧洲出现"滞胀"现象，欧洲各国通货膨胀率，财政赤字、社会福利开支以及失业率等都居高不下。90年代初欧洲出现了"后冷战经济综合征"现象。显而易见，欧洲相对落后了。究其重要原因，科技相对衰落是欧洲落后的重要原因。在反思历史、痛定思痛中欧洲决心发扬其重视科技的优良传统，运用联合起来的力量重振雄风。这是一个磨合与分离不断交替上演的痛苦过程，经过25年的努力，欧共体终于成为一个有统一议会、统一武装力量、统一货币，令世界不容小视的经济共同体。欧共体的实践模式就是政府适度干预、以企业为主体、跨国联合创新。

1. 制订发展高技术的中长期跨国科研合作计划　从1982年开始欧共体就第一次制订出一个科技发展和研究的总体规划，此后欧共体的合作不断发展。1984—1995年欧共体共制订了34个《科技发展和研究框架计划》，以此推进共同体各国的科研合作，发挥欧洲科技的整体优势。在欧盟总体规划下各国制订了一系列合作计划，如欧洲工业技术基础研究计划（1985—1989）、技术教育培训联营计划（1986—1989）、欧洲通讯技术计划、促进企业技术创新与技术转让计划等。

欧洲实践模式的着力点是放在"高技术"——信息技术上，以信息技术的领先建设"知识化欧洲"。为此，他们的举措有：1985年2月欧共体通过了《欧洲信息技术研究和发展规划》（即

“尤里卡计划”）;1993 年秋法国电信公司同德国电信局结成“战略联盟”,共同建立全欧洲的电信基础设施,欲投资 1 500 亿欧元建设“欧洲信息空间”;1994 年初欧盟在《振兴经济、提高竞争力和创造就业机会》的“白皮书”中提出“创造欧洲信息社会,迎接 21 世纪挑战”的战略纲领;同年 2 月欧盟正式公布了建设欧洲“信息高速公路”计划,并在 1994—1999 年拨 670 亿欧元的专项资金用于此项目建设;1995 年 2 月欧盟在西方 7 国集团“信息社会部长会议”上获得 9 个兴建信息高速公路的牵头项目。为推动科技发展,欧盟委员会在 10 年前(1997 年)秋就公布了第 5 个框架项目计划,该计划调整了重点投入领域,将原来 18 个减少到 6 个,包括环保、信息技术及与提高竞争力和可持续增长有关的国际合作、科研成果有效利用与传播、科研人员的流动与培训等。

2. 提出欧盟新目标:建设知识化欧洲　1997 年 7 月欧盟公布了《2000 年议程》,提出“将知识化放在最优地位”,强调全面推进科研,革新、教育与培训将构成欧盟内部政策的柱石。

1997 年底欧盟委员会又发表了题为《走向知识化的欧洲》的文件,提出了欧洲跨世纪发展战略思路,在此战略思路中引人注目的是提出了建设“知识欧洲的基本任务和目标”:

(1) 鼓励获取新的知识,为此,成员国要建立“知识来源中心”,在地区一级建立新的“个人知识能力登记卡”,推广多媒体等新的教育手段。

(2) 促进学校和企业联系,积极发展各层次的实习制度和职业培训,提出对培训的无形投资要像有形投资一样投入计划,要大力资助研究人员从事科技发明,包括鼓励青年研究人员到中小企业去实习,加强大专院校与企业的联系,加强对高技术中小企业投资。

(3) 加强学校和科研机构的网络建设。仅 1998 年一年就在网上推出了 300 多项教学项目。通过网络组织较大规模的跨国信息技术普及活动。

(4) 反对社会排斥,不分国家和地区、不分性别、不分种族、不分年龄、不分正常人和残病人及不分智商高低,所有人都有接受教育和培训权利。

(5) 掌握三种欧盟成员国语言。

(6) 建立欧洲教育空间。

据统计,在 1988—1998 年的 10 年中欧盟对各项交流计划的投资已增加了 10 倍。

此外,实行统一货币强化欧洲经济一体化进程。

从 1997 年开始,经过 10 多年的努力,知识欧洲已初具规模,欧洲终于崛起成为新技术革命浪潮中不可轻视的一方力量。

第三节　科学、技术与社会的互动模式

无论是作为一种知识体系,还是作为一种社会活动,科学和技术之间既有很大的区别,也有很大的联系。但是在 19 世纪之后,由于社会的需求和科学技术两者自身逻辑发展的需要,科学和技术之间的联系日益密切。现代科学与技术已呈现出相互依赖、相互促进的发展趋势,即科学的技术化和技术的科学化,使得科学和技术逐渐一体化。科学、技术与社会之间的互动模式指的是科学技术社会化和社会的科学技术化。

一、科学、技术与社会的关系演进

在古代科学和技术各自独立发展，并受到社会的支配与控制。人们为了算账和丈量土地，发展了数学；为了制订历法和占星求卦发展了天文学，为了使自己的生活过得更好，人们发明了犁、轮车、船舶、玻璃，懂得了冶炼铜和青铜合金，这两类活动似乎是各自独立的。整个中世纪学术传统轻视经验探索，学术传统与工艺传统是相互分离的，科学和技术关系基本上还是各自按照自己的传统独立发展。到了中世纪后期，一些学者提出用观察和实验的方法研究自然，促进了科学和技术的结合。进入近代以后，科学、技术与社会的关系发生了革命性的变化，尽管科学和技术还是作为相对独立的领域而发展，但建立了日益密切的科学—技术—社会关系。

在第一次技术革命中的发明，经验知识是主角，科学知识是配角，作为这次技术革命起点的纺织机的技术发明，起主导作用的是手工工场中熟练工匠们积累的经验知识，科学革命中已经成熟的力学只是在机器特别是蒸汽机的发明中起到了作用。这是因为技术越复杂，通过试错方法来发明这种技术的可能性就越小。从瓦特蒸汽机的发明说明，一个只懂得实际操作的工程师不可能做出如此重大的发明，这一创新不仅要具有非常好的技术才能，而且要具有非凡的科学才能。

在第二次科学革命的带动下，在电磁理论的基础上发生了电力技术为标志的第二次技术革命，进而发生了以电气工业为主要标志的第二次产业革命。此次科学革命与技术革命的互动表明科学可以促进技术，科学为新技术提供理论基础，技术提出的问题制约着科学发展的方向、内容甚至形式。在解决日益复杂的物质生产问题的过程中，如果没有科学发现做先导，便不可能有技术发明。①

第三次科学革命使人类对自然界的认识从宏观进入微观，广义相对论、狭义相对论、量子力学、原子结构和基本粒子理论及分子生物学等基础科学方面的重大突破，推动了第三次技术革命进而发生了第三次产业革命，人类社会进入信息时代、核时代、空间时代。这次科学革命与技术革命迭次发生、紧密结合，形成科学技术彼此推进的连锁反应，并愈演愈烈。以发现 DNA 双螺旋结构引发的分子生物学革命，量子物理学的重大突破，导致了微电子技术、激光技术与生物基因技术一系列高技术的发明，推动了 20 世纪 90 年代以来一场以高技术产业群为主体的新产业革命到来。

随着当代科学技术革命的不断推进，科学、技术与社会的关系日益紧密，不仅社会需要成为科学和技术发展的动力，而且科学和技术的发展也加速了社会的进程。科学、技术、社会三个方面，形成科学—技术、科学—社会、技术—社会、科学—技术—社会的双元关系与三元关系，使整个科学、技术与社会的关系既是一个以双元为基础的多元关系，又是一个以科学为基础，以技术为核心，以社会为导向的多层次的复杂的网络结构关系。技术的发展要以科学为基础，科学的突破也将有待和依赖于技术的突破，社会价值决定技术发展的方向，以科学为基础的高技术成为人类社会发展的原动力。② 总之，社会的需要是科技发展的动力，科技的加速发展又促进了社会生产力的加速发展，体现了科学—技术—社会一体化的特征。科学—技术—社会的互动关系已成

① 黄顺基. 科技革命影响论. 北京：中国人民大学出版社，1997：239.

② 殷登祥. 科学、技术与社会概论. 广州：广东教育出版社，2007：250.

为当代科技革命的一个显著的特点。

二、科学、技术与社会的互动

科学、技术与社会三者之间的互动，主要形成以下几种互动模式：

（一）科学技术化

马克思和恩格斯对科学与技术的互动关系做过深刻的分析，指出科学发现是新的技术发明的基础，技术进步离不开科学理论的发展和应用，科学的发展也依赖于技术的状况和需要。

科学的技术化是指在总体的科学活动中包含着大量的技术科学研究、技术发展研究和技术应用研究作为其辅助部分。这些辅助的技术活动并不是用于科学研究的成果向相应的技术领域的转化，而是服务于科学研究活动的需要，即为科学研究活动提供先进的、复杂的技术支持。

科学技术化是科学实验发展的需求所导致的必然结果。也就是说，科学技术化是随着当代的科学实验的发展，其实验规模越来越大，所用设备越来越复杂，而且越来越难以应用现成的工艺技术制造而导致的必然结果。

近年来，不但科学实验要解决大量的工程技术问题，而且像数学等传统的非实验性基础学科也要借助大型的计算机来证明定理。计算数学、量子化学、大气空气动力学等基础科研现在都在使用运算速度极快、精度极高的巨型计算机，需要专门的科学家和计算机软件、硬件工程师的密切配合才能完成计算机的工作。

总之，在当今社会科学研究方面的技术性工作已经成为科研活动中必不可少的一部分。

（二）技术的科学化

技术科学化主要有两层含义：

第一，指已存在的技术上升到技术科学，在其相对应的基础科学的指导下，形成系统的技术知识体系，反过来再完善和提高已有的技术。例如，工程结构力学和材料力学的出现使当今建筑工程师们不必像古代工匠那样反复的试验才能找出建筑的最佳结构，只要正确的运用这些科学的原理就能设计出轻巧、美观、实用的新建筑。

第二，指技术发明创造在已有的基础科研成果之上做出，即技术创新以科学进步为先导。如19世纪的下半叶出现的电力技术，20世纪发展起来的计算机技术、激光技术、核技术、生物技术等都是在一系列理论的成果基础上发展起来的。

此外，科学技术一体化是在当今科学技术高度分化的基础上出现高度综合的趋势。首先科学技术的发展使学科分化日益精细，学科分支不断增多。另一方面，科学技术的发展使学科间的联系越来越密切，越来越朝着综合的方向前进，日益表现出在相互的联系中发展的特点。

现代科学技术一体化首先表现在科学技术的发展日益求助于多学科融合战略解决各种问题，这就导致了新的跨学科研究领域的出现，最终结成了具有确定的特有概念和方法论的新学科和新领域，而且开辟了一系列全新的研究领域。如物理化学、分子生物学、地球化学等边缘学科就是在现代科技的相互渗透和综合过程中产生的。

现代科学技术一体化使得学科交叉点成为科技发展的前沿，如遗传物质DNA分子双螺旋结构模型的建立，就是物理学、信息学、生物化学和X线晶体衍射技术等多学科交叉的结果。

现代科学技术一体化还表现在与现代科学各门学科相互交叉、相互渗透的整体化趋势相联系,现代各种技术融合出一系列的新技术。如机电技术就是机械技术和电子技术的结合;光电技术是材料技术、半导体技术、激光技术、微电子技术和光学技术结合而成的。

可以说,21 世纪将会是不同领域科学和技术创造性融合的时代,科学和技术会更加接近,各种不同的科技领域之间将会发生共鸣作用和共振现象,随时都有可能产生爆炸性的波及效果。

(三) 科学技术的社会化

当代科学技术与社会的关系日益密切,其根本的原因在于科学技术本身发生了重大的变化。在现代社会中,科学已经成为社会化的科学,成为社会和国家大力发展的事业。科学技术的社会发展趋势集中表现在两个大的方面:科学技术活动的社会化以及科学、技术、生产的一体化。

1. 科学技术活动的社会化　19 世纪科学的重大进展及其产生的深刻社会影响,使得科学作为一项社会事业而日益引起各国政府的重视和人们的兴趣。例如,法国大革命以后,政府即对高等教育和科学组织进行了许多重要改革:如将一些科学家吸收到政府机构中工作,使科学家能参与国家对科学和教育的管理,从而提高科学在社会中的地位和威望;设立了若干所由一批知名科学家组成师资队伍的高等学校,在高校内建立起实验室,配备了卓越的实验室人员;在大学初步确立了一些制度,如某些自然科学系科的设置,科学教授职位的设立,提倡学术自由,等等,这些做法受到知识分子和科学家的普遍拥护。其后,德国对大学进行了更为有力的改革,特别是奉行"教学与研究相统一的原则"实施文理共存而不过于专业化;通过建立规模大、组织好、效率高的具有现代意义的大学实验室,从事专门的研究工作,并以创造性方式培养科学和教育人才,使大学成为国家科学研究的主力军,从而形成了一套被公认为 19 世纪最优越的科学与教育模式,标志着科学工作已经走向制度化。

今天,由于当代科学技术的不断综合化越来越强,从而使它们彼此渗透,构成了一个十分庞杂而严密的知识体系结构,以至使得任何一个科技工作者都无法像过去那样可以同时从事几门学科的研究和应用,甚至连一门学科都无法全部精通。在这种情况下,传统的个体研究方式已成为历史,代之而起的是集群协作。近几十年来科技工作又逐步扩大到国家规模和跨国合作,一系列跨专业的大规模研究课题和开发项目,往往是通过国家组织或国际合作才能完成。这使得科学技术日益成为一种多功能的重要社会事业,使科学研究和技术开发日益成为社会化的劳动,成为一项全球全人类共同参与的领域。

(1) 科学共同体与科学组织。科学家是科学的主体,科学家的互相联系所构成的群体,称为科学共同体。科学共同体拥有不同于其他的社会共同体的精神纽带,即科学规范:不考虑科学家所属的阶级、种族、宗教、民族及国籍的普遍主义精神;科学成果属科学共同体和整个社会所共有,科研成果只有公开发表才能被承认的公有主义精神;科学家的科研工作旨在探索未知,并不以此谋取个人利益的无私精神;科学家可以依据实验、观察对已有理论提出怀疑,从而提出问题、解决问题,推动科学知识更新和发展的有条理的怀疑精神。科学共同体以科学奖励作为内部的运行机制,科学奖励对科学家的行为起到激励的作用。

科学共同体具有特殊的社会分层。它以科学家对科学的贡献大小以及由此所形成的科学家的学术地位与科学的声望高低来决定。从世界范围来看,科学共同体的分层大致是:① 诺贝尔奖获得者,② 国家科学院院士及世界著名科研组织的领导,③ 著名大学的教授或著名科研机构的研究员，④ 博士及一般科研人员。

在现代社会中，科学家的研究活动总是在一定的科学组织中进行。科学社团是伴随着文艺复兴和科学革命出现的，经过二三百年的发展，一些有名的科学社团由政府将其转为官办，形成官方的科学院、研究院、专业性学会等科学研究机构和组织，吸引了一大批国内外的研究者。一些有志于科学的人，经过大学学习而后进入科学研究机构，可以成为有科学造诣的人，于是从事科学事业的人更多了，分散的研究者汇成了一股整体的社会力量，科学的进步也就加快了。大学和专业的科学研究机构、科学社团在19世纪进一步的完善，加速了科学制度化的进程，使科学活动更加社会化。科学家总是在一定的科研院所、或科研中心从事科研工作，同时，科学家为了互相交流和互相联系还组成各种科学学会。科学组织的形式多样，其中最紧密的科学组织是国家政府和社会组建的科研院所、实验室。

如果把各种科学组织加以分类，则可分为如下三类：① 国家政府部门设立的科研院所、实验室，分国家级、地方级两个层次；② 大学的科研组织，侧重于基础研究和应用研究；③ 企业建立的科研组织，侧重于应用开发研究。科学学会是联系最为广泛的科学组织。学会的主要任务是加强科学家之间的广泛联系，组织和开展学术交流等。在现代社会，各种学会也是政府、企业及社会各领域的智囊团和思想库。

（2）科学技术的社会支持系统。在当代社会，科学技术已经成为以科学共同体为主体的一项社会实践活动，但它并不是科学家自发组织起来从事科学研究的自由活动，而是社会要求其为社会发展起促进作用的，且其发展又反过来需要得到社会支持的社会系统实践。现代科学技术越来越庞大和复杂，因而也越来越依赖于社会的支持。支持科学技术存在、运行和发展的社会系统，被称为科学的社会支持系统。

科学的社会支持系统主要包括教育支持系统、实验技术装备支持系统、经济支持系统、信息支持系统和科技管理支持系统。这五个方面影响并制约着科学技术的发展水平。在现代技术的运行和发展中，这五个方面虽然缺一不可，但它们对科学技术的支持方位和力度是有区别的。从宏观上看，教育支持系统和经济支持系统是科学技术得以运行和发展的基本物质保证，而管理支持系统是科学技术活动的基本组织保证。而从微观上看，实验技术装备系统、信息支持系统和经济支持系统则起着基础作用。因此，这五个方面对于科学技术的作用是互相联系和互相转化的。正是它们的相互联系，才构成社会对科学技术的支持，反映出科学技术发展的外部环境。

2. 科学、技术和生产一体化　在当今知识经济已见端倪的时代，要保障国家经济的持续稳定增长，就必须在生产过程中不断采用能够提供这种可能性的新技术。而一切新技术无不是建立在科学研究的基础上的，从获取基础科学知识到在技术上予以实现，而后应用于生产，这是一个极其艰巨的任务。要完成这个任务，就需要建立起有效的“科学—技术—生产”体系。

这种“三位一体”的综合体的出现，是当代科学技术发展到一定阶段的产物。如今，许多国家已建立了多种多样的这类综合体。其中美国在二战后很快就建立了“科学—工业综合体”。这种综合体有三个特点：其一，科技和生产之间的相互影响十分明显，集中表现为社会大生产对科技创新的依赖和科技发展对人力、财力、物力、政策和市场的依赖；其二，在“三位一体”中技术起中介作用，它的突起空前密切了科学和生产的关系，并使20世纪比之19世纪更似一个技术化时代，各国对此十分重视，中国政府就于几年前成立了一个独立设置的工程院；其三，综合体的出现大大缩短了科学向生产转化的周期，反过来也缩短了理论发现的行程，推动了科技和社会的共同进步。

对于科技与生产的关系，近年来在美国兴起一门 STS（科学、技术和社会）学科，从更广阔的视野给予研究和探讨，目前已经风行世界，我国也成立了 STS 研究中心和研究会。这说明关于科技与生产、经济、社会的复杂关系已不仅是一个现实问题，而且已上升到系统理论研究的层次。

此外，科技社会化的基本含义不仅包含社会“化”科技，而且还内在地含有科技“化”社会的意趣。也就是不仅科技以生产力的方式改变社会的物质生产，而且以思想、精神的方式改变了社会意识，成为社会进步的理性杠杆。

（四）社会的科学技术化

由于科学技术的不断发展，科学技术对社会的作用和影响日益增强，广泛渗透于社会生活的各个方面。在社会经济发展体系中，现代科学技术越来越居于主导地位，因而形成了社会的科学技术化局面。社会的科学技术化主要表现在科学技术发挥其各项社会功能，促进了生产力结构和产业结构的变革，实现了科学、技术、生产一体化和可持续发展方式；社会的政治、军事、文化，以及人们的生活和观念无不在科学技术的影响下发生了显著变化。在这些方方面面具体表现的基础上，我们可以概括出社会的科学技术化的主要特征，即：社会行为理性化、社会管理信息化和社会发展生态化。

1. 社会行为理性化　主要体现在科学理性的社会作用上：

（1）科学理性及其社会作用。科学就其本质来说是一种理性活动，而且是人类理性的典范和集中表现。科学理性的核心是相信世界的客观性、统一性、规律性和可知性。科学理性起源于科学家特定思维和行为方式。这些特定方式包括：对宇宙万物运行的完满的解释（探索创新）；客观地、精细地观察事物，并对所观察到的现象做出连贯的、合乎逻辑的思考（实事求是）；对事物持批判和合理的怀疑态度，不采纳没有完整论据为基础的说法，不盲从权威，只服从真理（崇尚真理）；无论对别人的工作还是对自己的工作都要求严格，使观察、实验、归纳、推理都建立在严密的设计和严谨论证的基础上（严谨踏实）。科学家的这些特定思维和行为方式逐渐地被社会所采纳和接受，成为了精神文明的重要组成部分，成为人们指导自己的社会行为的一种规范，这就是科学理性。

科学作为“一种在历史上起推动作用的、革命的力量”，通常以两种方式对社会发生作用和影响：第一种是物质的，即“科学为生产技术的进步开辟道路”；第二种是，它直接作用于人的理智和心灵，对社会生活发生影响。科学作用于社会的第一种方式较为明显，从而为大家所熟悉，而第二种方式则容易被人们所忽视。对此，著名科学家爱因斯坦早就有所洞见。他非常强调科学以第二种方式作用于社会的功能，他把科学“对人类心灵的作用”或者说“科学对于理智所产生的影响”，称之为“不朽的荣誉”，并且说，“尽管草率看来，这种方式好像不大明显，但至少同第一种一样锐利”①。正是由于科学对社会具有这样两种作用方式，所以它既可以作为“科学—技术—生产”系统中的要素，表现为物质生产力，又可以作为“科学—理性—世界观”系统中的要素，表现为精神生产力。

在我国，自古以来，科学理论薄弱，在传统文化中科学理性相应地较为缺乏。改革开放以后，

---

① 爱因斯坦文集（第 3 卷）[M].北京：商务印书馆，1979：135-137.

随着党和国家工作重点的转移，人们对科学技术的认识也在逐渐加深。其中，首先被认识并受到重视的便是科学技术的生产力功能。现在，科学技术是第一生产力的思想已经取得了广泛的共识。而相对来说，科学知识、科学思想、科学方法和科学精神在社会精神生活中的作用和影响，即科学理性的社会价值，特别是对于从科学理性通往世界观的理论研究和宣传普及工作还重视不够。

历史经验和现实生活告诉我们，只重视科学技术的实用价值，而忽视科学的理性价值，必然产生不利于社会经济发展，阻碍现代化进程的后果。以往和当今，在社会实践和精神领域出现的种种与科学精神背道而驰的非理性行为，如 20 世纪 50 年代的“大跃进”、60—70 年代的“文化大革命”，以及近年来回潮的封建迷信、打着科学旗号宣传伪科学等，这些盲目和愚昧行为，严重损害了科学的尊严，直接败坏了社会风气，给经济和文化建设带来了极大的破坏。因此，只有全面地认识科学的价值，在重视科学技术的实用价值的同时，重视科学的理性价值，才能有效地推动两个文明的健康发展。

（2）社会行为理性化的实现途径。科学理性是现代文明的灵魂，是提高人的认识，促进社会行为理性化的强大精神力量。科学以其精神作用促进社会行为理性化的基本途径可归结为以下三个方面：

① 科学认识指导人类有意识地创造自己的历史、自觉地进行实践活动，把人类引向离本能的和盲目的动物式行为方式越来越远的境界。理性化行为要求人们理智地追求合理的、恰当的目标，有效地、切合实际地追求合理的高效益。依靠科学理性，科学家发现宇宙规律、解释自然现象、预见世界的未来。这就昭示人们应按客观规律来指导社会实践，使他们的行为“带有经过思考的、有计划的、向着一定的和事先知道的目标前进的特征”①。反对一切盲目的、主观的、唯意志的行为，在科学理性之光的引导下，不断地从必然王国迈向自由王国。

② 科学知识的传播和普及直接作用于人的心灵，提高人的智慧和理智，增强抵御愚昧和野蛮的能力，推进社会行为方式的理性化、文明化。“自然科学是一切知识的基础”②，是人类文化宝库中的精华部分，它既是物质的财富同时又是观念的财富。科学知识内化于人们的心灵，使人视野开阔，思想锐利，行为理智。总之，科学是愚昧的天敌，教条的对头，迷信的克星，野蛮的掘墓者。在科学发达、理性之光照耀的地方，愚昧野蛮和封建迷信是没有市场的。相反，现实生活中存在的愚昧落后现象，都是在“科学知识尚未插足的一些领域里”发展起来的。当前一些地方流行看风水、星相测命、巫术治病、拜神祭鬼、建庙修坟和选“黄道吉日”，抢“吉祥数字”，以及伪科学和反科学现象泛滥，根本原因是科学理性的光芒没有照到那里。随着科学知识的普及和精神文明的发展，人们的行为方式将日益理性化，从而迷信必将逐渐失去它的市场，直到没有一点立足之地。

③ 科学理性对世界观、价值观发生作用，从而影响人们的行为方式。科学的认知功能决定了科学理性能够上升到世界观的高度，成为社会的理想、信念和道德的科学基础。有人将科学理性与强调人的价值与尊严，尊重人的情感的人文精神对立起来，认为弘扬科学理性必然导致人文精神的失落，并把世界上人文精神的失落归咎于科学。这是错误的。其实，真正的科学理性和科

① 马克思恩格斯选集（第 3 卷）[M].北京：人民出版社，1972：516.

② 马克思恩格斯全集（第 47 卷）[M].北京：人民出版社，1972：572.

学精神是融人文精神于一体的。在近代正是自然科学的诞生才把人从神的统治中解放出来。现代科学在追求知识和真理的同时也在追求着人类自身的进步和发展,而科学家的精神气质、高尚品德和人生追求代表着人类道德发展的方向。在科学越来越发达的今天,科学理性与人文精神融汇的趋势越益明显,社会行为将更具理性,更具人文精神。人们能够提高自己理智的批判能力,利用科学的观点、方法和知识去识别各种消极没落的世界观、价值观以及各种反科学、反民主的社会思潮。

2. 社会管理信息化　把科学技术引入管理过程,这是社会的科学化最为显著的特征。现代科学技术日益成为组织、管理各种经济过程和社会过程的理论基础和有力手段,极大地促进了社会管理的信息化。

所谓社会管理的信息化,就是利用现代科学技术特别是信息技术成果,使社会生产和社会组织程度越来越有序化的过程。社会管理信息化主要表现在:

(1) 管理内容信息化。在进入大科学、高技术的信息时代,信息的作用日益重要,成为与人力、资本并列的第三大战略资源。相应地社会管理内容也发生重大变化,信息成为管理的重要内容。

所谓信息管理,就是通过信息共享,运用集体的智慧提高应变和创新能力,即在信息的收集、检索、分类、存储和传输的基础上,把信息与信息、信息与人、信息与过程联系起来,以进行不断创新。信息管理作为一种新的管理形式,它既继承了重视人的主体性、创造性的人本管理的精髓,又顺应了信息时代经济发展的需要。信息管理的实施在于激励企业员工或社会民众参与信息共享的机制,培养创新和集体创造力,而互联网为其提供了有力的技术支持。

信息管理的核心是使信息产生生产力。它具有重视对员工的精神激励,重视知识的共享与创新,重视人才的开发,重视组织文化建设,重视领导方式的转变,重视社会整体目标等特点。

(2) 管理方式科学化。主要涉及以下两个方面:

① 决策方式的变革。决策是现代管理的核心。科学决策的过程一般是:信息收集,问题设计,方案择优和行动实施。科学技术对决策方式影响很大,主要表现在:

A. 高效、可靠的信息技术,可以比较全面地搜集有关信息,迅速准确地整理信息,为正确决策奠定基础。

B. 预测手段的发展和预测的科学化,即利用科学的定性或定量方法,如直观判断法、集合意见法、特尔裴法和时间序列分析法、回归分析法、相关分析法和投入产出法等,对未来进行科学预测,作为确定目标和制订计划方案的依据。

C. 决策研究定量化,即利用运筹学(包括规划论、对策论、排队论、搜索论、网络分析及投入产出法等)、统筹法、决策论等现代科学技术成果对所确定的决策目标进行量化论证。

D. 评价和选择方案手段的科学化,也就是利用科学的方法,如价值分析法、决策树分析法、系统分析法等,对各种不同方案进行比较评价以确定最优方案。

② 控制方式的改变。控制作为管理的活动的一个重要环节,其只能是做出决策之后,通过一定组织结构,运用反馈和调节手段,保证决策执行者有效地实现既定的目标和计划。控制的关键在于快速的反馈系统,而包括多媒体技术在内的信息管理系统为此提供了有力的支持。一是信息处理的自动化,管理信息传递的多样化,系统管理网络的建立,使各管理层既能有效进行纵向控制,又能有效进行横向调节。二是信息技术使远程观测、远程信息反馈、遥距控制、复杂市场

的多方跟踪监测成为可能，这就使管理调控空间大大扩大。三是计算机和互联网的发展，使随动控制和适应控制的效能大大提高。

（3）管理队伍的知识化。社会生活的复杂化、多样化、多变化，要求社会管理队伍知识化。一方面，要求一般管理者具有较高的知识水平和管理能力。另一方面，社会管理越来越依赖于专业人员的智慧。在当代，科学决策的宏观调控作用有日益增强的趋势，而宏观决策的正确与否取决于管理队伍的知识能力。

美国政府自1992年提出了建设“全国信息基础设施”（信息“高速公路”）等一系列高技术经济导向政策，对美国经济的持续增长起了巨大作用。目前，无论是公司还是政府部门都纷纷聘请受过高级训练的专家当顾问，甚至组成临时“专案委员控制组”，请他们提供信息、咨询，参与管理过程，以确保决策的可靠性。总之，随着信息技术的发展，管理队伍正日益知识化。

3. 社会发展生态化　社会发展生态化是指社会生态系统的良性运行和人与自然的协同进化。

社会发展生态化的进程包括两个方面的内容：一是人们生态环境意识的觉醒和生态文化的崛起；二是人们通过对生产方式和生活方式进行生态化的改造从而改善人与自然之间的关系，为人类的生存和发展提供一个可持续利用的资源环境。这两个方面相互联系、相互影响、不断融合，汇流成可持续发展的理论与实践。

本章小结

科学技术作为人类社会发展到一定阶段出现的重要社会现象，其运动变化的机制、规律一直是人们研究的重要对象。现已总结出科学发展的三种模式：知识论模式、历史主义模式和综合实践模式。其中，知识论模式因其具有极强的抽象性和逻辑性而得名，历史主义模式则把科学理论的发展视为一个不断发展的动态过程，综合实践模式强调实践的基本立场。在技术发展的过程中科学、社会需求等分别起到不同的作用。美国、日本和欧盟在发展过程中形成各具特色的实践综合模式。进而，科学、技术与社会也形成了复杂的互动模式，主要体现为：科学技术化、技术科学化、科学技术社会化和社会科学技术化，并进一步形成了科学—技术—社会的一体化特征。

拓展阅读

1. 段瑞华. 科学技术革命与社会主义之历史演进[M]. 武汉：华中理工大学出版社，1996.（第三章：“电力技术革命”）

2. [美]托马斯·K·麦克劳. 现代资本主义——三次工业革命中的成功者[M]. 赵文书等译.南京：江苏人民出版社，2006.（第九章：“美国资本主义”，主要探讨美国成为世界经济主宰的原因）

3. 黄顺基. 科技革命影响论[M]. 北京：中国人民大学出版社，1997.（第十章：“新技术革命与中国经济发展”）

4. 吴光宗，戴桂康. 现代科学技术革命与当代社会[M]. 北京：北京航空航天大学出版社，1995.（第十章：“现代科学技术革命与中国”）

思考题

1. 证伪主义发展模式述评。
2. 库恩的科学发展模式有哪些特点?
3. 简述技术发展的经典模式。
4. 科学和技术互动的主要模式及特点。
5. 分析科学、技术与社会的互动模式。
6. 通过比较美日欧技术发展的实践综合模式,谈谈如何推动中国技术进步。

第五章　科学和技术的社会影响

本章要点

科学技术是第一生产力；科学技术对社会经济结构、社会分层、生产关系和上层建筑的影响；科学技术对人类生活方式和精神文化的影响。

科学技术同人类社会的关系日益密切，科学技术对人类社会的影响越来越明显。其影响也是多方面的，主要有：一是科学技术对生产的影响，科学技术已成为第一生产力，改变着社会的经济结构；二是科学技术对生活的影响，在人们的政治生活、经济生活和日常生活方面广泛地发挥作用；三是科学技术对人类思维的影响，提高了人类的认识能力，改变了人类的思维方式，推动了人类思想道德水平以及社会民主、文化和教育进程。

第一节　科学和技术对生产的影响

科学和技术从产生之时起就对生产产生巨大的影响，科学和技术是生产力中的重要力量。早在 100 多年前，马克思、恩格斯就科学技术与生产力的关系做了精辟的论述，提出“科学技术是生产力”的论断。邓小平高瞻远瞩，审时度势，于 20 世纪 80 年代指出“科学技术是第一生产力”。江泽民于 2001 年在庆祝中国共产党成立 80 周年大会上的讲话中进一步指出：“科学技术是第一生产力，而且是先进生产力的集中体现和主要标志。”这些论断，丰富和发展了马克思主义科学技术观和生产力理论，推进了我国的改革开放和社会主义现代化建设事业，从而表明科学和技术对社会生产力的重大影响。可以说，科学和技术直接影响社会经济结构，其中包括产业结构、劳动结构、消费结构和国际贸易结构。

一、科学和技术对生产力的影响

（一）“科学技术是生产力”观念的形成和发展

在人类思想史上，最早看出科学技术影响力的是英国的弗兰西斯·培根，他关于“知识就是力量”的论断影响深远。此后的人类发展史无论从哪种意义上说都是一部科学技术史。特别是社会主义思想家包括空想社会主义思想家对科学技术的作用给予了极高的重视，但是就把握这个问题上的深刻性、系统性和预见性而言，马克思和恩格斯的论述无疑达到了迄今为止的最高水准。

1. 马克思、恩格斯关于科学技术是生产力的重要思想　科学技术是生产力，这是马克思主义的重要思想，它是马克思和恩格斯在建立生产力理论过程中提出的。马克思和恩格斯从人与自然关系的角度分析了劳动、生产和生产力，考察了科学的性质、功能和社会作用，从而第一次使"生产力"概念科学化并建立了生产力理论。生产力理论的建立又促使他们提出了科学技术是生产力的重要思想。

马克思、恩格斯通过考察人类社会发展史，尤其是考察近代科学技术在工场手工业转变为机器大工业和在建立资本主义制度过程中所起的巨大作用，从总体上对科学进行了评价，他们指出：科学既是 19 世纪的一种"新生力量"，也是"一种在历史上起推动作用的、革命的力量"。① 一方面，科学技术依赖于物质生产和社会经济，"科学的发生和发展一开始早就被生产所决定"，近代科学"以神奇的高速发展起来"，"这个奇迹归功于生产"。② 另一方面，科学技术对于生产则有巨大的推动作用，"资产阶级在它的不到 100 年的阶级统治中所创造的生产力，比过去一切世代创造的全部生产力还要多，还要大。自然力的征服，机器的采用，化学在工业和农业中的应用，轮船的行驶，铁路的通行，电报的使用，整个大陆的开垦，河川的通航，仿佛用法术从地下呼唤出来的大量人口——过去哪一个世纪能够料想到有这样的生产力潜伏在社会劳动里呢"。③

进而，马克思、恩格斯通过分析生产力的构成，指明科学是生产力的一个相对独立要素。马克思指出，"劳动生产力是由多种情况决定的，其中包括：工人的平均速度，科学的发展水平和它在工艺上应用的程度，生产过程的社会结合，生产资料的规模和效能，以及自然条件。"④并指出，"随着资本主义的扩展，科学因素第一次被有意识地和广泛地加以发展、应用并体现在生活中，其规模是以往的时代根本想象不到的"。⑤ 从 19 世纪资本主义生产开始，"科学作为生产过程的独立因素"，"生产过程成了科学的应用，而科学反过来成了生产过程的因素即所谓职能。"⑥"应该把科学作为生产的另一个可变要素，而且不仅指科学不断变化、完善、发展等方面而言。科学的这种过程或科学的这种运动本身，可以看作积累过程的因素之一。"⑦"科学的力量也是不费资本家分文的另一种生产力。"⑧

2. 邓小平关于"科学技术是第一生产力"的论断　老一辈无产阶级革命家在领导我国人民进行社会主义现代化建设的过程中，密切注视科技发展的现状和趋势，坚持和发展了马克思主义的科学观，为解放和发展我国科技生产力做出了卓越的贡献。邓小平紧紧把握时代脉搏，提出了"科学技术是第一生产力"的论断，体现了他一贯重视科学技术、始终坚持马克思主义生产力学说的思想。

20 世纪中后期面对科技革命浪潮的冲击，以及资本主义国家大兴科技治国战略对社会主义国家的挑战，是邓小平提出"科学技术是第一生产力"著名论断的时代背景。一方面，20 世纪 70

---

① 马克思恩格斯全集（第 19 卷）[M]. 北京：人民出版社，1963：375.
② 恩格斯. 自然辩证法[M]. 北京：人民出版社，1984：27.
③ 马克思恩格斯选集（第 1 卷）[M]. 北京：人民出版社，1972：256.
④ 马克思恩格斯全集（第 23 卷）[M]. 北京：人民出版社，1972：53.
⑤ 马克思恩格斯全集（第 47 卷）[M]. 北京：人民出版社，1979：570.
⑥ 马克思恩格斯全集（第 47 卷）[M]. 北京：人民出版社，1979：572.
⑦ 马克思恩格斯全集（第 49 卷）[M]. 北京：人民出版社，1982：495.
⑧ 马克思恩格斯全集（第 47 卷）[M]. 北京：人民出版社，1979：553.

年代以后，科学技术在各个领域日趋活跃，以信息技术为龙头，在生物技术、材料技术、能源技术、空间技术和海洋开发技术等方面，掀起了一场世界性全方位的科技革命浪潮。世界各国都不同程度地受到这场科技革命浪潮的洗礼，人们的物质生活、社会生活和精神生活也因此都得到根本性的改变。越来越多的人意识到，科学技术已成为生产力、竞争力的关键因素。另一方面，20 世纪下半叶，许多资本主义国家一直高度重视和发展科学技术，发展高科技产业，美国的“星球大战计划”、欧洲的“尤里卡计划”和日本的“人类新领域研究计划”就是典型例证。这使得资本主义国家经济发展飞速。这样，在新时期，社会主义国家受到资本主义国家的严峻挑战。社会主义国家要摆脱困境，就必须面对科技革命浪潮，大力发展科学技术，以极大地促进社会经济的发展。

对此，邓小平同志非常重视科学技术对推动社会生产力的作用，一直坚持马克思主义“科学技术是生产力”的重要思想。他曾在 1975 年就这个问题与“四人帮”的谬论做了针锋相对的斗争，这对我国发展科学技术具有重大影响。1988 年 9 月 5 日，邓小平在接见捷克斯洛伐克总统胡萨克时，首次公布了他的“第一生产力论”思想。他说：“世界在变化，我们的思想和行动也要随之而变。……马克思说过，科学技术是生产力，事实证明这话讲得很对。依我看，科学技术是第一生产力。”①几天之后，邓小平在听取一次工作汇报时又说：“马克思讲过科学技术是生产力，这是非常正确的，现在看来这样说可能不够，恐怕是第一生产力。”②之后，他又多次谈及了“科学技术是第一生产力”这一重要论断。

1991 年 5 月在中国科学技术协会第四次全国代表大会上，江泽民发表重要讲话，高度评价邓小平关于“科学技术是第一生产力”的论断，并确认该论断作为中国新时期科技工作以及包括实现第二步战略目标在内的现代化建设的指导思想。2001 年，江泽民在庆祝中国共产党成立 80 周年大会上讲话中进一步明确指出：科学技术是第一生产力，而且是先进生产力的集中体现和主要标志。科学技术的突飞猛进，给世界生产力和人类经济社会的发展带来了极大的推动。未来的科技发展还将产生新的重大飞跃。我们必须敏锐地把握这个客观趋势，始终注意把发挥我国社会主义制度的优越性，同掌握、运用和发展先进的科学技术紧密地结合起来，大力推动科技进步和创新，不断用先进科技改造和提高国民经济，努力实现我国生产力发展的跨越。至此，“科学技术是第一生产力”已成为全国人民的共识。

（二）“科学技术是第一生产力”的内涵及意义

1. “科学技术是第一生产力”的内涵　科学技术是处理人与自然关系特殊的社会活动及其成果，是一种社会实践、社会体制。因而，“科学技术是生产力”具有两方面的含义：科学技术作为一种知识形态，在其未进入生产过程之前，只是一种潜在的生产力或可能的生产力；而当科学技术进入生产过程之后，就被“物化”而转变成直接的生产力或现实的生产力。

“科学技术是第一生产力”是“科学技术是生产力”的进一步发展。这里的“第一”是“最主要”或“起决定作用”的意思。也就是说，在现代条件下，科学技术在生产力诸要素中是最重要的、起决定作用的要素。但是，科学技术是“第一”生产力并没否定劳动者是“首要”生产力，因为这是两个不同的问题。前者是就生产特别是劳动者本身智能因素和体力因素的关系而言，智能

① 邓小平文选（第三卷）[M]. 北京：人民出版社，2005：274.

② 邓小平文选（第三卷）[M]. 北京：人民出版社，2005：275.

因素日益重要，位居第一；后者是就生产力中人与物的关系而言，劳动者是生产力的主体，是唯一具有能动性的因素，因而位居首位。其实这两个命题是一致的，即当代生产力发展主要依靠劳动者科技素质的提高，掌握先进科学技术的劳动者是现代生产力的主体。

“科学技术是第一生产力”具有丰富的内涵，主要体现在以下几个方面：

一是科学技术是生产力诸要素中的主导因素。在生产力系统中既有劳动者、劳动资料和劳动对象等实体性因素，又有科学技术、管理等非实体因素。相对于实体因素来说，科学是渗透性因素，即它渗透于劳动者、劳动资料和劳动对象之中；对于管理来说，科学又是结构性因素，科学技术使生产力系统中各种因素的结合方式合理和优化，达到最佳组合。社会化大生产使科学技术从生产力系统中的非独立因素变成了相对独立的因素，新科技革命浪潮使科学技术又成为生产力诸因素中的主导因素，成为决定生产力发展的第一因素。这主要表现在：

(1) 科学技术提高了劳动者的素质。劳动者作为生产力中最活跃的因素，是指有一定的科学知识、生产经验和劳动技能来使用生产工具、实现物质资料生产的人。人虽然是生产力中的首要因素，但人对物的能动支配作用的水平受科学技术水平的制约。同一个劳动者，由于掌握不同水平的科学技术，便会创造出不同水平的生产力。如在石器时代、青铜器时代、铁器时代，在 17 世纪、18 世纪、19 世纪，人们使用的生产工具、掌握的科学知识、生产经验和劳动技能大相径庭，其生产效率有天壤之别。而在现代社会，由于科学技术的日新月异，生产设备的更新换代，生产的变革，都非常迅速。这就要求劳动者具备较高的科学文化水平、丰富的生产经验和先进的劳动技能，以便在现代化的生产中发挥更大作用。

(2) 科学技术改进和革新劳动资料。劳动资料特别是劳动工具的状况和水平是生产力进步的一个重要标志。从人类创造原始生产工具开始，工具就是智力的表现，是当时知识的物化形式，而现代的劳动工具则是现代科学的物化，它反映了科学的发展水平和应用程度。新的劳动工具的发明、能源设备、信息传递以及各种基础设施等劳动条件的改善，都来自科学技术的物化或有科学上的渊源。如果说在 19 世纪科学还只是在少数领域应用，由于科学的物化，发明了一批新的劳动工具，那么，从 20 世纪以后，几乎所有尖端技术的发明都是科学引导、物化的结果。没有原子物理学就没有原子能电站，没有空气动力学就没有喷气式飞机和航天飞机，没有固体物理学就没有晶体管的发明和电子计算机。

(3) 科学技术扩大了劳动对象的来源。劳动对象是实现生产力的一个主要物质条件，而劳动对象的发现、利用、加工、改造都有赖于科学技术。只有认识和掌握了一定的自然科学知识，并借助于一定的技术手段，才能发现、选择出适合生产使用的劳动对象，扩大劳动对象的范围，更新种类，使劳动对象品种多样化，从而减少人类对自然资源的依赖性。随着科学技术的发展，历史上人类未认知的事物越来越多地成为人类的劳动对象，而且，越来越多的劳动对象直接就是科学技术物化的人工合成物。科学技术不仅使人类利用新的自然资源，而且开发出已有资源的新用途，把一些“废料”重新投入到物质循环中去。现代科技还研制出许多自然界未曾有过的新物质品种，如新型的人造材料、合成材料和复合材料，形成新的劳动对象。目前世界上各种材料已达几十万种，新材料每年以 5%的速度在增长，世界上现有 800 多万种化合物，每年还以 25 万个的速度在递增，这就大大拓宽了劳动对象。

(4) 科学技术使生产管理科学化和现代化。管理是生产力，美国“曼哈顿工程”技术负责人、物理学家奥本海默说过，“使科学技术充分发挥威力的是科学的组织管理”。目前许多发达国家使用微电子技术、新通讯工具、信息加工技术，实现工厂自动化和办公自动化，以此进行资源、技术、市场、金融和人才的优化配置。其实，科学技术与管理一直是相关的。第一次产业革命期间对应的是经验管理。利用分工原则来发挥工人的所长，提高劳动生产率，降低产品成本，这时的管理是资本家根据经验进行直接管理。19 世纪末、20 世纪初，随着科技进步和劳动工具的变革，对企业的管理要求越来越高，经验管理已不适应新的形势，泰罗的科学管理理论就在此时诞生。此时的企业管理向标准化、专业化、同步化、集权化、集中化和大型化发展，而且出现了一种受资本家雇佣的专门从事管理的人员，即经理、厂长等。二战后，管理又有新的变化，运用现代科技成果和技术手段实现管理组织的现代化、管理方法的现代化和管理手段的现代化。

二是科学技术极大地促进生产力的发展和劳动生产率的提高。科学技术在现代社会之所以成为第一生产力，还因为现代科学技术使人不断获得新的生产能力；科技的每一次大发展，都带来生产力的大飞跃，科学知识与技术技能在生产活动中的重要性得到了空前的凸显。例如，从劳动对象来看，当代“炼金术”标志着现代科学技术使劳动对象进入了更高级的发展阶段，人们运用新技术、新工艺，可以把土壤中的沙粒变成半导体、光导纤维的重要原料，其价值高于黄金。人类实现了把“沙子”变“金子”的梦想。从劳动者来看，科技型人员将成为主体劳动者，尤其是在一些发达国家的劳动者行列中，高级科研人员和高级工程技术人员所占比例越来越大。由此导致了体力与劳力之比的重大变化：在机械化初级阶段是 9∶1，在中等机械化阶段是 6∶4，而到了全自动化阶段则是 1∶9。科学化的劳动者所具有的能力，远远超过普通人的能力，大大地促进生产力的发展和劳动生产率的提高，从而创造出更多的使用价值。

此外，从科技对经济增长的贡献率来看，现代科学技术已成为影响经济增长的决定因素。据统计，在发达国家科学技术对国民经济总产值增长速度的贡献，20 世纪初为 5%～20%，中叶上升到 50%，80 年代上升到 60%～80%，科技进步对经济增长的贡献已明显超过资本和劳力的作用，甚至说，科学技术的发展对社会经济的发展与贡献是难以用数字表达的。世界各国的经验表明，新发现和新发明在实践加以应用后，所创造的价值，要超过科学研究费用的 10 倍以上。正如邓小平所指出：“社会生产力有这样巨大的发展，劳动生产率有这样大幅度的提高，靠的是什么？最主要的是靠科学的力量、技术的力量。”①

三是科学技术引导着社会生产的发展方向。现代科学技术为生产的进步开辟了道路，并决定了它的发展方向。如果说工业革命时代的科学技术还遵循着“生产—技术—科学”的轨迹运行，那么自 19 世纪中期电力革命以来，特别是 20 世纪中期以来出现的原子能、计算机、空间技术等高新科学及其产业，都是以自然科学的超前发展，带动技术进步而促成新产业的形成，实际上正沿着“科学—技术—生产”的发展模式。邓小平就曾指出：“现代科学为生产技术的进步开辟道路，决定它的发展方向。许多新的生产工具、新的工艺，首先在科学实验室里被创造出来。一系列新兴的工业，如高分子合成工业、原子能工业、电子计算机工业、半导体工业、宇航工业、激光工业等，都是建立在新兴科学基础上的。”②这是邓小平总结二战以来各国生产力发展经验得出的一个重要结论。以事实为证，先有量子理论，而后运用量子力学研究固体中电子运动过程，建立了半导体能带模型理论，使半导体技术和电子技术蓬勃发展；先有相对论和原子核变原理，才

---

① 邓小平文选（1975—1982 年，第二卷）[M].北京：人民出版社，1983：84.

② 邓小平文选（第二卷）[M]. 北京：人民出版社，1994：87.

有原子能在军事、航运、发电等方面的应用。

四是科学技术的发展促使知识经济模式的出现。知识经济简单地说就是以知识为基础的经济。当前,知识经济增长模式已日益成为经济发展的一种极为重要的模式,这也更好地说明了科学技术是第一生产力。传统的经济模式正在向知识经济模式转变,而这种经济模式直接建立在知识和信息的产生、扩散和应用的基础上,并且创造知识和使用知识的能力将成为衡量一个国家在国际上的竞争能力的核心。因此,与过去仅仅重视产品的生产和技术的更新不同,人们已开始注意如何更多、更快、更好地产生知识的问题。基础研究是产生知识的重要源泉,是科学之本和技术之源,对其他方面的科技工作有着广泛的渗透作用,其突破性进展将对新技术和新产业的形成、经济和社会的变革产生重大影响。只有拥有并保持国家基础研究的较高水平,才能具备持续长久的力量去争夺国际经济和科技竞争的制高点。基础研究发展的动力,一方面来自人类对未知世界的探索与追求,来自科学系统自身不断扩展和深化的内部规律;另一方面来自经济、社会发展和生产实践的需要。要发展基础研究,就必须强化这种动力,即一要充分调动和发挥科学家的积极性、创造性,倡导和鼓励敢于打破常规、敢于同传统挑战的首创精神;二要使基础研究更好地瞄准对经济和社会的长远发展有重大影响的科学问题。当代经济和社会的迅速发展,要求基础研究更多地服务于国家目标,解决越来越复杂、越来越带根本性的科学问题。由此推动技术和生产的发展。

2. “科学技术是第一生产力”的意义

(1) 首先,丰富和发展了马克思主义生产力理论。邓小平用“科学技术是第一生产力”来说明现代科学技术在当今社会的进步、经济发展中的作用以及在生产力发展中的地位,这是对客观事实的科学概括,它丰富和发展了马克思主义生产力理论,把科学技术是生产力理论发展到一个新的阶段。

① 它概括了当代社会生产力发展规律的特点。在当代社会,科技引导社会生产的发展方向;科技渗透到社会的各个领域,科技已由当代工业、农业的附属品而上升为一种新的产业,即科技产业;从事科技的人越来越多,科学已成为一种社会建制,这就是所谓的“大科学”时代。“科学技术是第一生产力”的理论就是对当代社会生产力发展的这些规律的精辟的概括。

② 它丰富和发展了马克思主义生产力决定生产关系的原理。马克思主义认为,生产力决定生产关系,进而决定包括社会意识形态在内的整个上层建筑。“科学技术是第一生产力”的理论明确回答了什么是社会发展的最终决定力量的问题,从而赋予马克思主义生产力决定生产关系以全新的、现代化的形式。

③ 它进一步加深人们对生产力的诸要素间关系的认识和理解。马克思曾讨论过生产力包括许多要素,既有实体要素,即劳动者、劳动资料和劳动对象,也有非实体要素,如分工、协作、管理、经营等,也就是说,生产力的构成要素中,包括实体要素和非实体要素,是两者的有机结合。“科学技术是第一生产力”表明科学技术作为一个智力性要素渗透到生产力其他诸要素中,从而极大地推动生产力的发展。

(2) 其次,它促进了我国社会主义社会现代化建设和改革开放。科学技术是第一生产力的重要论断,是对当代社会生产力发展规律的正确概括,是在和平与发展已成为时代主题的历史条件下,对人类实践所提供的新经验、新成就的科学总结。因而,这一论断对促进我国社会主义社会现代化建设和改革开放具有重要作用。

① 它指出在现代社会条件下发展科学技术是发展生产力的重要途径。社会主义的根本任务是发展社会生产力,“科学技术是第一生产力”这一论断从哲学的高度上回答了现代科技发展与社会生产力发展的辩证关系,为我国指出一条依靠科技力量加快发展社会生产力的正确途径。这就需要把经济增长方式从依靠大量资金、劳动力和资源消耗的外延式增长,转移到依靠科技进步和提高劳动者素质的内涵式增长的道路上来。应该说,我国经济水平和世界发达国家的差距还很大,科技和教育水平总体上还比较落后,长期以来科技进步在经济增长中的中心地位没有得到应有的体现。据统计,我国科技进步对经济增长的贡献率只有30%左右,而发达国家达到60%~80%。因而,必须努力提高我国科技进步在经济增长中的含量,才能促进国民经济再上一个新的台阶。

② 它促进了我国公众科学素养的提高。目前科学技术已深深影响到社会生活各领域,与人们的生活、观念密切相关,与社会进步息息相关。如果全社会的科技意识不强,科学素养低,科学的社会作用就不能充分的发挥。因为,在生产力诸要素中,人是首要的要素,科技要转化为生产力,必须要通过生产者。如果生产者的科学素养低,不懂使用科技含量较高的生产设备,不懂高科技产品的生产过程,就不能保证产品的质量和产品的生产安全。据我国有关部门的调查,我国生产中出现的许多产品质量问题,都与我国公众科学素养不高有关。2003年中国公众科学素养调查显示,我国公众的科学素养水平达到1.98%,比2001年的1.4%增长了约0.6个百分点,比1996年的0.2%提高了约1.8个百分点。但是,我国科学素养却仍远远低于发达国家:2000年美国公众达到基本科学素养水平的比例为17%;1992年欧共体公众科学素养水平已经达到5%;1989年加拿大公众科学素养已经达到4%;日本在1991年已经达到3%。而“科学技术是第一生产力”,有助于人们形象、深刻地理解科学技术的作用,提高公众的科技意识,理论一旦被群众所掌握就具有强大的力量。科学技术不应仅被少数科学工作者所掌握,他们应该被公众所认识、理解,才能转化为强大的社会力量。

③ 它为我国巩固和发展社会主义制度提供了重要的保证。马克思主义历来认为,社会主义比资本主义优越、具有强大生命力的原因,就是它能最终创造出比资本主义更高的社会生产率,以满足广大人民的生活需要。最大限度的解放和发展社会生产力是现代化建设的关键,也是巩固和发展我国社会主义制度、抵御西方资本主义国家新时期和平演变的重要保证。科技兴国是当今西方发达资本主义国家的一个重要治国战略,社会主义国家同样也可以借鉴。当今国际间的竞争,是生产力的竞争,但归根结底又是科技实力的竞争。因此,要巩固和发展我国社会主义制度,使人民群众真正对社会主义制度充满信心,必须在面对西方发达资本主义国家的挑战时,大兴科技强国,把“科学技术是第一生产力”落到实处,加快经济建设,最终创造出比资本主义国家更高的劳动生产率。

科学技术不仅对社会生产力产生重大影响,而且还渗透到社会结构中,引起了社会经济结构、社会分层、生产关系和上层建筑的重大变化。

二、科学和技术对经济结构的影响

科学技术不仅对社会生产力产生重大影响,而且还渗透到社会结构中,引起了社会经济结构的变化。社会经济结构主要包括产业结构、社会劳动结构、消费结构以及贸易结构等。

（一）科学和技术对产业结构的影响

所谓产业结构，是指社会生产领域中各个生产部门之间的关联方式和量的比例关系，它是国民经济各个组成部分以不同规模和速度发展的综合结果。科学技术的发展及其成果在生产上的推广应用，能直接影响并引起产业结构发生质和量的变化。

在古代，科学技术的发展已影响到社会生产部门结构的变化。人类最初发展起来的是以种植业和畜牧业为主要内容的农业，即所谓人类社会的“第一次浪潮”，实质上是古代的科学技术革命或产业革命，生产经济部门发生了三次大的变化。开始是农业与畜牧业的分化，这是人类历史上的第一次社会大生产的大分工，后来，从原始农业中分化出手工业，接着又从手工业中分化出商业，形成了社会生产发展史上第二、第三次大分工。

近现代社会的产业结构，也是随着近代科学技术革命的发展而发展的。在 18 世纪 60 年代发生的第一次技术革命中，以纺织机械和蒸汽机为主导的技术发明，建立起纺织工业、冶金工业、煤炭工业、早期机械工业和交通运输业，形成了第一产业（农业）和第二产业（工业）的产业结构。在 18 世纪末至 19 世纪初，发生了第二次技术革命，以电力技术为核心，建立了电力工业及其电力机械业。这样，不仅使原来只有几个产业部门的工业结构拓展为几十个产业部门的结构，而且使生产过程从机械化进入电气化。在 20 世纪 40 年代以来发生的第三次技术革命，以电子技术为核心的新兴技术群，建立了电子计算机工业、核能工业、合成材料工业和精密机械制造工业等一系列新兴工业。特别是 70 年代以后，人工智能的出现，把现代科学技术革命推向信息革命的新高度，直接推动技术结构和产业结构的优化。

总之，科学技术上的新突破，必将导致社会的产业结构发生新的变化。其原因在于，首先，技术革命是产业革命的前奏，技术革命打破了原有产业格局，必将开辟一些新的生产领域。其次，科技进步将大大提高生产要素的利用率。新技术、新设备、新工艺的采用会带来劳动生产率的提高，能源和原材料的降低，不仅节约了投资和物资，而且由于成本和价格的下降，影响了供需关系，促使产业结构发生变化。最后，科技进步将促进产业结构的合理化和资源配置优化。以高新技术为核心的产业效率高，经营效益好，发展速度快，在国民经济中的地位、作用、比例等逐渐取得优势，优化了产业结构与资源配置。

（二）科学技术对社会劳动结构的影响

科学技术对社会劳动结构的影响主要表现在：随着科学技术的发展，社会劳动力大量地由农业和工业部门向服务、通讯、交通、文化教育、科学技术和管理部门转移；体力劳动者的数量不断下降，脑力劳动者的数量不断增加；劳动者的科学文化素质迅速提高。

（三）科学技术对消费结构的影响

科学技术进步不仅改变整个社会生产的产品结构、劳动力结构以及资源和资金的配置，从而导致产业结构的不断变革，而且还直接或间接地影响到流通、分配、消费等其他社会经济领域的变革。各种新型消费品的出现，丰富了消费品种，扩大了消费规模，改变了消费结构和模式。人们的消费选择日趋多样化，物质性消费支出相对下降，而非物质性支出相对上升。

（四）科学技术对国际贸易结构的影响

随着科学技术的发展，技术贸易、专利买卖、设计、咨询服务、劳务和国际保险等所谓非实物形态的贸易在国际贸易中的比例相对较高，而实物形态贸易则相对下降。其中技术和专利买卖的贸易额上升得更快，并已成为相对独立的贸易形式。1979年，国际无形贸易的发展速度第一次超过了商品贸易，1980年，全世界无形贸易总额为6 500亿美元，在国际贸易中占1/4。

第二节　科学和技术对生活的影响

随着科学和技术的迅猛发展，对于人们的生活也产生了深刻地影响，具体表现为三个层次。首先，科学和技术影响经济生活。科学和技术通过生产力影响生产关系的变革，每一次技术革命都会改变生产关系的基本构成，改变人们在生产、交换、分配和消费领域中的地位、状态和相互关系。其次，科学和技术影响政治生活。科学和技术导致新的社会阶层的出现，社会各阶层由金字塔形转向纺锤形结构，传统的劳动力雇佣方式也受到挑战。再次，科学和技术对生活的影响最直接地体现在人们的日常生活中，它创造了多样化的生活方式，引起生活方式的变革。

一、科学和技术对经济生活的影响

从科学和技术产生就自始至终影响着人们的经济生活。其影响力是通过科学和技术在生产方式中作用提升而逐步显现出来的。生产方式是由生产力和生产关系组成的。其中生产关系就是人们在物质生产活动中结成的一定的客观的经济关系。马克思指出："人们的生活自古以来就建立在生产上面，建立在这种或那种社会生产上面，这种社会生产的关系，我们恰恰就称之为经济关系。"①生产关系是主要以生产资料的所有制为本质，由生产、分配、交换、消费四个环节构成的统一体。所以科学和技术对经济生活的影响就通过生产关系，并在生产关系的四个环节逐一呈现出来。

（一）科学技术在生产关系变革中起重要作用

科学技术进入生产领域之后，极大地促进社会生产力的发展，而生产力的发展必然会引起社会生产关系的变化。

从历史角度看，科学和技术对于生产关系的变迁起着重要的作用。古代社会人们凭借在实践中积累的自然知识，先后发生了由石器到青铜器，再到铁器的多次技术革命，结果导致了古代社会的生产方式，提高了劳动效率，出现了剩余产品，有了剥削和剥削阶级，人类进入奴隶社会，之后又进入封建社会。在近代，自然科学从自然哲学中独立出来并得到迅速发展，蒸汽机和各种机器相继发明，手工作坊逐渐转化为工厂机器大生产，生产者队伍则有了直接从事生产的劳动者和组织生产的管理者的分工，并逐渐产生了两大对抗阶级，即无产阶级和资产阶级，于是，人类由封建社会进入资本主义社会，封建主义生产关系被资本主义生产关系所取代。马克思精当地把科学技术对生产关系的影响描述为：手推磨产生的是封建主的社会，蒸汽磨产生的是工业资本家

① 马克思恩格斯全集(第46卷上册)[M]，人民出版社，1979：448.

的社会。19世纪后科技革命极大地促进了资本主义经济的发展，但同时也暴露了资本主义社会本身不能解决的基本矛盾。随着科学技术的发展，资本主义基本矛盾必然引起社会革命，20世纪出现了社会主义生产关系。

（二）科学和技术对生产关系基本环节的影响

科学技术的发展对于生产、分配、交换和消费方式的影响，导致人们经济生活的重大改变。众所周知，科学和技术成为生产力中的核心要素，对社会生产产生巨大的影响，同时也对生产关系中的其他环节产生重大的作用。

从分配方式上看，在人类社会发展史上，每一次科学技术的重大发明和突破，都伴随着生产关系局部或全局的调整。而生产力和生产关系的相适应，又推动社会经济的快速发展，形成科技含量较高的发展波，它不仅改变作为收入对象的"世界产品"，而且改变着作为分配主体的地位角色及其权利关系。科学和技术要素通过不同的表现形态参与分配。科学和技术要素参与收入分配，是指科学技术作为生产要素投入生产、参与产品价值创造过程所得到的相应回报。通常有三种形态，一种是产品技术和生产技术；另一种是依附于载体中的软件、程序、设计以及工艺和方法等；还有一种就是智力技术，即管理、专长和经验等。产品技术与生产技术包括工艺、方法等都可以直接进入生产过程，改变和提高生产效率及经济规范的收益；而智力技术则与劳动者结合，提升劳动者的创造力与劳动能力，增加劳动收益。

科学和技术要素影响并作用于分配，主要体现在两个方面：首先，按科学和技术贡献进行分配。根据科学和技术的占有者投入的知识资本在生产中的贡献大小进行分配。其次，按智能技术贡献进行分配。拥有科学和技术的劳动者在生产过程中所发挥的作用进行分配。比较高新科技人才，通常就是按着作为人的生产要素进行分配。在知识经济背景下，高新科技人才的分配可以较为真实地体现在就业起点、方向和收入中。因此科学和技术要素从各种生产要素中脱颖而出，成为创造财富，获得财富的根本动因，也成为影响社会分配的重要因素。①

从交换方式上看，交换是人类古老的合作方式，是人类最常见的交往方式，它是联系个人与他人，个人与组织，组织与组织的重要纽带，在经济生活发挥着重要作用。我们必须公平地划分合作所带来的好处，公平地分摊合作的成本，公平地处理不同的利益诉求，其中，交换正义是对人们生活产生重要影响的因素。从有商品以来，交换正义成为交换过程中的重要问题。科学和技术要素融入生产交换过程中，对生产交换中的交换正义有正反两方面的影响。一方面，促进交换正义的实现。科学和技术要素可以为失范的市场提供检验的标准，对人们的基本权益、公共安全有保护作用。比如，近年来，我国频繁出现出售毒奶粉、贩卖地沟油、出售染色馒头等食品安全事件。各种不安全、有害人身利益、公共安全的产品充斥着市场。科学和技术要素就成为提供查处、检验和预防的重要工具。另一方面，科学和技术的要素如果被滥用，使产品的安全性出现问题对使用者或他人的人身利益造成伤害。正如大家非常熟知的，使用科学和技术手段制造的，如瘦肉精、三氯氰胺以及毒胶囊、速成鸡，等等，在交换的过程中，给交换的对方带来过高的、不合理的风险。②

---

① 孙愫汎.科学技术与社会分配制度的变革[J].中国校外教育(下旬刊).2010(7):173,175.

② 肖劲草.交换正义研究[D].武汉大学博士学位论文,2012(5):110,60.

从消费方式来看,消费是社会发展中的关键性环节。科学和技术对人们的消费方式和消费观念都有重要的影响,但其影响的结果主要还是更多地体现在人们的日常生活中。

(三)科学和技术对管理与经营的影响①

管理可以促进生产要素之间密切配合,科学和技术的发展及其在经济管理、经营等领域的广泛应用,引起社会经济生活当中的管理方式、经营方式的变革。管理的理论与方法,随着人类社会实践的发展和科学技术的进步而不断发展起来。特别是现代科技革命以来,由于科学和技术与生产形成一体化趋势,新理论与新方法逐渐融入到管理实践之中。

从历史角度看,科学和技术对管理的影响开始于英国的产业革命。由于工厂制度的普遍出现,管理成为越来越重要的需求。如预测需求,保证足够的原料供应;向劳动者分派任务,安排生产活动;协调生产,保证机器正常运转、保证产品质量;寻求更加广阔的市场。与传统的手工业相比,机器大生产更需要关心效率。比如生产过程面临的工人工资问题、工人工作量饱满度问题都变得更为重要。这些就是管理中所包含的计划、组织、领导和控制的基本内容。始自英国的产业革命逐渐遍及欧美等国家。例如美国的纺织工业。1808 年美国已经出现了 15 家纺织厂,一些企业还对早先的英国管理方式进行改进,雇佣了专业管理人员,并使用了蒸汽机。随着铁路、轮船以及通讯技术(如电报)的出现,市场扩大了,于是产生了对先进机器和大规模生产的需要。在先进机器和大规模生产条件下,提高效率就成为一个中心问题,只有这样才能平衡因生产设备所造成的成本过高的问题,促使产品的价格降低,占领扩大市场。由于数学理论的发展,运筹学及其优化方法引入管理的各个领域,使管理更为科学合理和有效。

现代科技革命则进一步改变了企业的生产方式、机械力的使用、大批量生产,欧美国家迅速扩展的铁路系统所带来的运输成本的降低,等等,也促进了大公司的发展(大型企业首先出现于铁路系统)。如约翰洛克菲勒所建立的垄断性的标准石油公司控制了钢铁工业的 2/3。这些企业需要正规化的管理,因此对规范的管理理论的需求更加迫切。比如说,MRP(物料需求计划)、准时生产、生产管理、质量管理及人力资源管理等逐渐规范。随着计算机技术和网络技术的发展和应用,企业内、企业间及企业与客户间的经济往来不断增加,从中发展一些潜在规律和有用知识使企业更好、更合理地发展成为一种迫切的需要。新的技术与理论如 ERP、EBusiness(电子商务)、CRM(客户关系管理)、KDD(知识发现)和 DM(数据挖掘)引入企业管理和部门管理之中,它们是人工智能、机器学习与数据库结合的产物。近代应用数学和生物学的研究突飞猛进,相应的知识逐渐体系化,在管理中也有相应的实践,比如模糊专家系统、遗传算法、人工神经元网络等方法,大大提高了管理的效率和效能。

人们的经营管理生活受现代科学技术革命的影响,它的发展成长得益于众多学科的发展之中。随着科学技术的进一步发展,人们经营管理水平将得到更快更好和更合理的发展。

(四)科学和技术可以降低劳动者的劳动强度②

马克思说过:“工业中采用机器和蒸汽,使奥地利(也像所有别的地方一样)社会各阶级的一

---

① 刘建国 刘晓鹏 张宇峰.现代科学技术革命对管理理论与管理方法的影响[J].北方经济.2009(7):25.

② 张雪.科学技术的社会功能探析[D].吉林大学硕士学位论文.2012(4):12.

切旧有关系和生活条件发生了变革；它把农奴变成了自由民，把小土地占有者变成了工业工人；它摧毁了旧有的封建手工业行会，摧毁了许多这种行会的生存手段。”①从人类劳动的历史发展看，科学和技术的发展历程就是劳动者劳动强度减低的过程。由于科学和技术的渗入，劳动者与劳动工具之间的距离不断地增加。工业革命的爆发，蒸汽机等动力机被用于工农业发展，人们不再像以前单独作用于劳动对象上，而是多数人共同工作在机器上，产生了协同合作关系。智能机和控制机的发展，社会生产进入到科学智能化、人工化的产品阶段，提高了劳动生产率，由机械化和劳动力占统治地位的劳动方式进入到智能化的劳动方式，加快了劳动方式由体力为主向以脑力为主的巨大转变。这个趋势可以归纳为：体力劳动在产业结构中所占的比例出现逐次下降的趋势。相比较而言，脑力劳动在产业结构中所占的比例越来越高。这正是科学技术大量进入生产领域的结果，它减轻人们的劳动负担，改善并提升人们的生活质量，增强了劳动者的幸福感。

二、科学和技术对政治生活的影响

首先，科学技术导致新的社会阶层出现。财富具有社会的、历史的性质，它的构成及其存在形态都是历史地演变的。农业社会中财富的存在形式主要是土地，工业社会中财富的存在形式主要是资本，通过生产者、管理者生产和经营活动，资本不断获得增值。今天，随着科学技术的发展，知识、技术、信息成为新型的资本、新型的财富。人们利用所掌握的知识、信息、技术去获得货币和物质财富，这是人类历史上早就存在的途径，然而，这在过去仅仅是个别现象，现在知识致富、信息致富、技术致富正在变成一种普遍的社会现象，形成着人们致富的新途径。由此也相应地形成着三种新的社会阶层：

第一，一些拥有知识、信息、技术专长的专家和风险资本结合起来，创办科技密集型企业、高科技企业，经过高度紧张的创业和奋斗，获得成功之后，他们就会获得高额收入和股票，成为科技企业家阶层。第二，某些掌握知识、信息、技术的专业人才受企业股东的聘请，走上企业经营管理岗位，甚至出任企业的经理或总经理。企业经营管理所需要的科学性和艺术性使他们有了施展才华的“用武之地”，加上现代企业制度和市场经济的发展，所有权和经营权的分离，持有股票的股东实际上仅仅成了公司的债权人，企业的经理实际上处于企业经营管理中的领导地位，这就形成了以总经理、经理为核心的经营管理阶层。第三，一些文化素质高、技术熟练的工人可以获得稳定的职业、体面的工作条件、丰厚的报酬，还可以获得各种福利和保障，从而成为工人中的富有阶层。

其次，社会各阶层的人数比例正在由过去的金字塔形结构转变为纺锤形结构。自从私有财产产生以来，富裕程度不同的社会各阶层的人数比例一直是一种金字塔结构，即最富裕的上层阶级人数最少，较富裕的中层阶级人数次之，贫穷的下层阶级人数最多。当代工业发达国家中，由于科技企业家阶层、经营管理阶层、工人中的富裕阶层的形成和发展，社会的中产阶级人数迅速增加。据统计，在工业发达国家中，中产阶层占到人口总数的 50% 到 60%，生活在贫困线以下的贫困阶层只占人口总数的 15% 到 30%，上层阶层在总人口中也占 15% ~ 25%。这就形成了中间大两头小的纺锤形结构。

---

① 马克思恩格斯全集（第 8 卷）[M].北京：人民出版社，1961：33-34.

再次,传统的雇佣方式受到挑战。在工业社会中,一个人如果没有财力成为股东或工厂主,就只能受雇于某个企业而成为依靠工薪生活的雇员。但是,随着居家工作、电信上班人数的增加,随着全日制工作方式向弹性时间工作方式的变化,现在工业发达国家中有相当一部分人的工作已不再是过去传统意义上的那种雇佣工作。经济学家把居家工作形成的经济称为“灰色经济”。“灰色经济”的产生和发展将会对雇佣制度产生持久而深刻的影响。

三、科学和技术对日常生活的影响

(一) 科学和技术创造了多样化的生活方式

生活方式是以人们生活活动的形式和行为特征表现出来的体系。按《中国大百科全书.社会学卷》的界定,生活方式是指“不同的个人、群体或全体社会成员在一定的社会条件的制约和价值观念指导下所形成的满足自身生活需要的全部活动形式与行为特征的体系。”①狭义的生活方式是指包括衣食住行在内的人们日常生活方面的生活方式,广义的生活方式是指包括物质的、政治的、精神的等一切生活活动领域的生活方式。生活方式随着社会发展发生变化,当科学技术和生产力发展到一个新的水平时,一种社会生活方式,必然向另一种更高级的形式发展。在人类历史上,生活方式是历史地发展的,马克思和恩格斯指出:在社会生产的每一个时代,这些个人的一定的活动方式,“表现他们生活的一定形式、他们的一定的生活方式。”②目前,人类已经经历了三种占主导地位的生活方式:① 渔猎经济时代,游动迁徙的生活方式。在远古时代,公社社员作为生活活动的主体,以血缘关系为纽带结成群体,在森林边沿或沿着河边和湖岸,以捕鱼狩猎或采集植物果实和块根为生,过着茹毛饮血的生活。那时,人们凭借自身的体力,使用简单的石器工具进行生产;在观念形态上,人们没有把自己与动物和自然界区别开来,崇拜自然界的自发力,奉行图腾崇拜和自然崇拜,科学以萌芽的形式存在。面对巨大的自然力,人们寻找食物,抵抗猛兽,修复创伤,抵御死亡,过着十分艰苦的游动迁徙生活。② 农业经济时代,自给自足的自然经济生活方式。随着石器工具的改进,约 1 万年前原始农业和畜牧业产生,人类进入文明时代;约 5 000 年前,青铜器和铁器的发明和使用,人类进入了自己的“英雄时代”。奴隶和奴隶主、自由民,以及农民和地主,是这个时期的社会生活的主体。人们种田织布,过着自给自足的自然经济的生活。这时科学已从生产中产生,主要以经验的形态存在。一些聪明的工匠创造了大批精良的工具,兴修水利和其他建筑工程;许多学者发展了早期的天文、算术、地理、矿物、生物和医药等科学。③ 工业经济时代,商品经济的生活方式。16 世纪近代自然科学产生,科学革命推动工业革命首先在英国实现,并迅速向世界各地扩展;力学、物理学、电磁学等科学得以突破并应用于生产,手工作坊式的小生产迅速发展为机器大生产,特别是机械化、电气化、自动化生产的发展,为社会生产了非常丰富的物质产品。工业产品的生产、分配、消费通过市场进行,形成商品经济生活方式,即现代社会的生活方式。它的主要特点是,人们拼命工作,更多地赚钱,不断加快生活节奏,尽情地消费和享受,形成真正的消费文化,通过消费体现现代生活方式的特征。

---

① 中国大百科全书·社会学卷[M]. 北京:中国大百科全书出版社,1985:215.

② 马克思恩格斯全集(第 3 卷)[M]. 北京:人民出版社,1960:24.

（二）科学和技术革命引起生活方式变化的总特征

考察人类生活方式的历史表明，人的生活活动和行为特征是由生产力和科学技术发展决定的。当生产力和科学家技术发展到一个新水平时，一种生活方式发展为另一种新的生活方式。生活方式的这种历史性发展，呈现如下的总特征：

1. 人类劳动工具从简单到复杂再到简化的发展　例如，人们从使用石器—犁铧—机器系统—电脑的发展，使人们从艰苦的体力劳动中解放出来，不断克服异化劳动的性质。又如，渔猎经济和农业经济，劳动生活是日出而作、日落而息，劳动时间很长；工业经济时代，一般实行 8 小时工作制，在美国早上 9 点上班，下午 5 点下班，成为“九五”式生活，并实行 1 周 5 天工作制，工作时间从每周 72 小时减少到 36 小时。未来网络经济时代，可以在家上班或采用灵活工作制，劳动时间不会成为问题。未来，劳动最终成为快乐的事情，有的评论家甚至预言，由于机器大量取代劳动者，工作将成为轻松愉快的事，人类最终得到解放。

2. 人类活动空间不断扩大　在渔猎经济时代，人的活动半径限制在步行迁徙，不过是几百千米。在农业经济时代，大多数人活动半径为数 10～100 千米。车马代步也只达数百千米的范围，像郑和下西洋途径数百万海里，是一种个别情况。工业经济时代，汽车、火车、飞机的运用，人类活动半径从数十、数百扩展到数千、甚至数万千米，活动空间已达到全球规模，个别情况下，如宇宙飞船已经超出地球向太空扩展。在未来网络经济时代，通过信息高速公路，人类活动半径将超过工业社会的 10 倍至 1 万倍，甚至可以说，人类的交往差不多已经不受时空的限制。

3. 人类生活的日益改善　如家庭生活、社会交往和政治生活，总的方面是从简单到复杂再到新的简化的发展，越来越进步。再如，血缘、种族、性别、政治集团之间，歧视、压迫和剥削等不平等现象逐渐消除，向着平等的方向发展；人类交往，包括劳动、政治、学术、娱乐和精神交往，在质量上不断提高，在范围和规模上不断扩大，交往的成果也越来越大。

4. 物质产品来源与品种的更新　人类取得物质生活必需品的艰辛度不断下降；物质生活必需品来源，从人们自己生产自己消费，到社会生产通过市场实现；物质产品的品种、花色、数量越来越丰富和多样化，质量越来越高。同时，人类的精神生活，科学、教育、文化、信仰、审美、娱乐及旅游等，也越来越丰富和多样化。精神生活和物质生活比较，精神生活越来越重要，在人类生活中所占的分量越来越大。

总之，随着科学技术发展，人类的财富，包括物质财富和精神财富不断增加，人类个性向全面自由的方向发展，人类生活质量和生活水平不断提高，人类生活越来越好。

（三）科学和技术影响生活方式的途径

具体来讲，科学技术对于人们生活方式的影响，主要通过以下几方面来实现：

首先，科学技术进步将从根本上改变人们的劳动方式。在现代科学技术条件下，人们不但用机器代替自己的体力劳动，而且可以通过电子计算机和通讯技术，逐渐代替部分脑力劳动。在生产劳动中，人们的体力支出会相应的减少，而将更多地依靠智力和知识的支出。人们在生产中的角色逐渐由“操作者”过渡到“控制者”。作为现代技术革命的重要标志，计算机、机器人、数据通讯设备等大量进入工厂、办公室、家庭服务等，出现了工厂、办公室甚至家庭的自动化，使得生产及家庭服务劳动由原来的统一、定时、集中变成分散、自由、灵活。人们的劳动、生活方式正在逐步发生根本性变化。

其次，科学技术进步将使生活空间和交往方式发生变化。由于交通工具、通讯工具的发展，世界变“小”，成为一个地球村。各个国家、各个民族在地域上和文化上的距离缩短，相互交流、渗透和影响扩大了人们的交往内容，提高了人们的交往频率，增强了人们活动的社会性和全面性，交往方式也出现相应的变化。

再次，科学技术将使生活时间及其利用方式发生变化。由于科学技术的发展，劳动生产率提高，全社会生产那些用以保障人们生存的生活资料所需要的时间大为缩短，这就意味着自由时间的增多。同时随着家庭的生活设备条件的不断改善，大大减少了家务劳动时间，从而增加了人们的休闲、享受和发展时间，这使人们对时间价值的认识发生深刻的变化，时间就是财富的观念，开始被越来越多的人转化为自觉行动——对时间的珍惜。

最后，科学技术进步促使人们消费水平和消费方式改变。各种科技发明所产生的新产品和新服务，给消费者提供了多种选择的可能性。现代信息传播手段的强大，使人们的消费在满足了基本要求之后，更多的是靠科学技术的进步（新工艺或新产品）来诱导。这就是说，科学技术上的发明创造，在一定程度上成了人们生活的“调味品”和“时髦因子”。同时，随着科学技术新成果在消费品生产中的运用，带来了消费品市场的空前繁荣，从而也带来了人们在消费观念上的深刻变化。人们不再满足于消极的物质消费，而是日益追求更多的精神消费，其精神生活内容不断充实和多面展开。

总之，科学技术进步改变着社会生产方式，改变着人类生存活动的物质环境，同时也改变着人们的生活方式。正如恩格斯所指出的：“当18世纪的农民和手工工场工人被吸引到大工业中以后，他们改变了自己整个生活方式而完全成为另一种人”①。同样，当代世界性的新技术革命，也预示着人类自身改变的方向——成为一个全面自由发展的新人。

第三节　科学和技术对思维的影响

科学和技术既是人类精神文化的重要组成部分，又对人类精神文化发展具有重要影响，具体表现如下：一是科学技术发展推动人类认识能力的提高，二是科学技术发展推动人们思维方式的改进，三是科学技术发展推动人们思想道德水平的提高，四是科学技术发展推动社会民主的扩大、文化的繁荣、教育的发展。

一、科学和技术推动人类认识能力的提高

人类为满足生活和生产的需要，在认识自然与改造自然的长期实践中创造和积累起来的科学技术知识，是整个人类知识体系中最为重要的组成部分。人类在发展科学技术的同时，也锻炼了自己的认识能力，提高了自己的智力水平。科学技术强大的精神力量，在于把愚昧、落后、目光狭隘的人们，改造成富有智慧、先进、眼光远大的人们。自然科学和技术，既是人类以往认识和改造自然所取得的成果，又为人类继续扩大和深化自己的认识——既包括对自然界的认识也包括对整个世界的认识——提供了新的起点和新的手段。自然科学的进步不仅意味着人类对自然界

① 马克思恩格斯全集（第4卷）. 北京：人民出版社，1958：370.

认识的进步，而且也为社会科学对社会的认识、思维科学对思维的认识提供了知识的基础和科学的方法。现代自然科学的知识和方法，正在越来越广泛地渗透到自然科学以外的各门科学中去，并在这些科学领域获得日益重要和卓有成效的应用。技术的进步不仅为人类认识和改造自然提供更加有力的工具，而且也为一切科学认识的发展提供越来越强大的研究手段，并且已广泛应用于人类认识的各个领域。正是这些技术手段以其日益增强的信息获取、传递和处理功能，在越来越大的程度上使人类的感官和大脑得以延长，使人类的认识能力终于突破自身生理条件的局限得以不断提高和扩大，从而推进了整个人类认识的发展。如人类发明了电脑，使其可以代替人的一部分思维运动，处理许多人脑在短时间内难以处理的问题；人们利用光学发展的成果，制造了大型天体望远镜，使人们可以突破肉眼所及范围，观测到距离地球几十、几百光年，甚至几百亿光年的天体运动情况；人们凭借先进的科学技术制造许多显微镜，使人们可以观测到原子、电子、原子核、基本粒子的构造。这表明科学技术的发展，促进了认识工具的发展、扩展了人们的认识视野，从而促进了人的认识能力的提高。

二、科学和技术促使人们思维方式的改进

思维方式是人类理性认识的形式、方法和程序，它反映了人们对世界的理解水平以及认识的深度和广度，是人类精神素质和科学文化素质的总的体现。人的思维方式发展不仅同大脑发育过程直接相关，而且同社会生产力发展，特别是科学技术进步密切相关。恩格斯指出："人的思维的最本质和最切近的基础，正是人所引起的自然界的变化，而不单独是作为自然界的自然界；而人的智力是比例于人学会改变自然界的状况而发展的。"①他说："每一时代的理论思维，从而我们时代的理论思维，都是一种历史的产物，它在不同的时代具有不同的形式，并同时具有非常不同的内容。因此，关于思维的科学，和其他各门科学一样，是一种历史的科学，关于人的思维的历史发展的科学。"②科学技术进步促进了人类思维方式的变革、新的思维方式的产生。

远古时代，人们凭借自己的体力，使用简单的石器工具，这时人的思维处于原始思维阶段。原始思维是一种直观思维，是直接认识事物的过程，带有直观性、具体性、意会性和模糊性，还没有逻辑性和概括性。这是人类思维发展的第一个阶段。

随着工具的改进，生产力的发展，约在 1 万年前原始农业产生，人类进入文明时代，特别是约 5 000 年前文字的发明，为人类思维增添了有力的工具，形象思维由此形成。形象思维是凭借事物的形象表征事物与事物之间的联系和关系，通过对事物形象的联想、想象与组合来认识事物和过程。它是一种整体思维方式，主要来自人的经验的积累，不仅带有具体性，而且带有想象性。这是人类思维发展的第二个阶段。

1543 年哥白尼《天体运行论》的发表，标志着近代自然科学的产生。19 世纪，能量守恒和转化定律、细胞学说和进化论"三大发现"，以及力学、物理学、化学和生物学的发展，自然科学从经验科学变成理论科学。科学技术成果在生产中应用，特别是蒸汽机和纺织机的发明和应用，使工业从手工作坊式生产到机器化大生产转化。这时人的思维方式从经验思维向理论思维发展，逻辑思维方式不断完善。逻辑思维方式大致有两个方向：一个是以笛卡尔和牛顿为代表的机械论

① 恩格斯. 自然辩证法. 北京：人民出版社，1984：99，27.

② 恩格斯. 自然辩证法. 北京：人民出版社，1984：99，27.

思维方式，就是用机械论观点思考问题，认为世界是一台机器，由可以分割的构件组成，所有的构件还可以分割为更为基本的构件；二是以黑格尔、马克思和恩格斯为代表的辩证思维方式，要求人们按照一定的逻辑规律思考，应用比较与分类、分析与综合、抽象与概括、归纳与演绎及从抽象到具体的方法，进行逻辑推论。

18 至 19 世纪的科学技术，主要在机械运动、物理运动和化学运动领域取得突破。20 世纪中叶以来，微观和宏观领域的研究，生命运动和社会运动的研究，所涉及的不只是单一物质运动形式，而是许多物质形式的关系和相互作用，形成所谓“大科学”。现代科学揭示了自然事物和自然过程的整体性，地球的整体性；揭示了社会整体性，随着生产力发展和社会进步，出现世界政治、经济、文化发展的整体性；还揭示了科学技术及其发展的整体性。在这时，出现了整体性思维，即用整体性、层次性、和谐性、多样性的统一，有序性、动态性等整体论观点思考问题。整体性思维具有系统性思维、综合性思维和非线性思维的特点。

三、科学和技术推动人们思想道德水平的提高

道德观念，是人们在社会实践生活中，在感觉和知觉的基础上，对具体道德现象的内在联系和本质特征的认识。科学技术推动新的道德规范的形成和社会道德水平的提高，这种推动作用主要表现在以下几个方面：

首先，科学技术知识深化人们对自然、社会和人自身的本质的认识，从而扩大人们的道德视野，促进道德观念的变革。如现代生态学的发展，向人们揭示了以下事实：乱砍滥伐树木、污染环境的行为，客观上影响人类的生活，有碍人们的生命健康。能否维护生态平衡，表面上体现的是人与自然的关系，但实质上也体现了人与人之间的伦理关系。对于人们开发、利用自然的行为可以做出人道主义或非人道主义的道德评价。可见，随着生态学的发展，人们的道德视野扩展了，并由此改变了传统道德观念。

其次，科学精神推动整个社会道德水平的提高。科学技术的发展直接依赖于科学家们的劳动，科学劳动由于其特有的性质，培养人们追求真理，崇尚实践，实事求是，不畏艰险、不怕挫折，勇于探索创新，勤于思考，乐于奉献的科学精神和科学态度。科学家们在长期的科学劳动中还形成一套与科学本身的要求一致的行为规范和价值观念。这种科学精神、科学态度、行为规范和价值观念，不仅构成了科学家们所共同遵循的科学道德准则，而且也深刻地影响着社会成员的精神面貌和道德观念，从而推动整个社会道德水平的提高。

最后，社会上很多不良习俗、落后的道德风尚是同愚昧无知相联系的，科学技术的发展必然促使认识改变传统的旧道德观念。如哥白尼天文学、达尔文生物进化论给宗教神学道德观念以巨大打击。科学技术进步还推动社会职业分层的发展，促进各种各样的职业道德和职业道德理性的形成；它还为道德教育和修养的提高提供有利的科学条件和更为有效的手段。尽管，科学技术的发展也向人们提出了许多伦理道德方面的新课题，如安乐死、计算机犯罪等，但科学技术发展总的来说是有利于人们思想道德水平提高的。

四、科学和技术发展推动社会民主、文化和教育的发展

科学和民主是支撑近代文明的两大基石，是人类自我意识的一种觉醒。科学的进步使人类越来越认识到自身的力量和价值。科学知识，尤其是科学精神，向政治思想领域渗透，唤起民主

意识的增强和活跃。技术的进步则为民主政治的实施提供了具体手段，比如印刷技术的发展提高了民众分享信息的能力；电讯技术为受教育不多者摆脱文字阅读困难；互联网为民意表达和公众参与提供了有效的技术手段，特别是使弱势群体也有参与决策的可能。

科学技术的发展有利于文化的繁荣。首先，科学技术的发展，其本身就意味着文化的发展。科学技术本身就属于社会文化，技术属于物质文化，科学属于精神文化。其次，科学技术还会作用于文化的其他要素，引起整个文化的变迁。这种变迁无论是在其器物层次、制度层次、行为规范层次，还是在价值观念层次上，都受到科学技术新成果的影响和作用，导致其兴衰和变革。最后，人们通过获得科学技术知识提高其文化素质以促进社会文化的繁荣。科学技术既是人们文化素质的内容，又是人们提高文化素质的条件。人的文化素质的提高使文化的繁荣有了群众基础和知识前提，学习科学技术知识是人们获得文化素质的重要前提。所以，从这一意义来说，科学技术也有利于文化的繁荣。

人类在不同的历史时期和社会发展阶段，教育的内容无论在深度方面还是在广度方面都有很大变化。引起这种变化的原因很多，但科学技术的发展无疑是最重要的因素。从言传身教的家庭教育，到当今纵的方面从幼儿园教育到研究生教育，横的方面各种技术教育、职工培训、各类成人教育以及各种形式的高等教育这样多层次、多渠道的多元化教育体系结构，也是科学技术发展的结果。科学技术在社会中的作用日益增强，在社会中的应用日益广泛，必然导致教育对象的扩大、教育功能的扩充、教育水平的提高、教育程度的普及和教育制度的完善。如无线广播、电视、录像、幻灯片和卫星通讯形成电化教育系统及在教育领域中的应用，使教育打破了地域的局限性；电子计算机和微电子技术在教学中的应用，使科学知识储备的容量大大增加，使教育突破了时间的限制，成为提高教学效率的重要手段；卫星通讯技术、电传技术、电子计算机技术、微电子技术和现代化的交通技术等，为开展国内外的技术交流提供了便利条件。这样，科学技术的发展，就不仅对教育的发展提出了更高的要求，而且也为教育的发展提供了更大的可能性。

本章小结

科学和技术已经成为社会发展中最核心的要素。科学和技术对社会产生的影响是多方面的。科学和技术通过对生产力的影响，影响着整个社会经济的基本结构；科学和技术的渗入进一步影响着社会生活，改变着人们的经济生活、政治生活和日常生活；科学和技术最终还推动人类认识能力的提高，改进人们的思维方式，提升人类的思想道德水平，同时影响社会民主、文化和教育的发展。

拓展阅读

1. 栾玉广. 自然辩证法原理[M]. 合肥：中国科学技术大学出版社，2002.（第十七章：“现代科学技术发展的特点及其对社会的影响”，主要介绍科技特点、引起的问题、科技与人类未来）

2. 袁正光. 现代文明的基石——科学、技术与社会[M]. 北京：中国协和医科大学出版社，2003.（第二部分：“科学技术不仅决定着人类社会发展的速度，而且深刻地影响着人类社会发展的方向”，从经济角度分析科技对人类社会经济的影响）

3. 王新岭. 当代科学技术概论[M]. 北京:经济科学出版社,2006.(第二章:“科学技术是第一生产力”;第十七章:“人类经济社会的可持续发展”;第十八章:“科教兴国”)

4. 张法瑞,李东松,颜锋.自然辩证法教程[M]. 北京:中国农业大学出版社,2002.(第十一章:“科学技术的社会作用”,主要介绍科学技术的社会功能、社会价值观,科技、经济、社会与自然的协调发展的条件)

5.王信领. 自然辩证法干部读本[M]. 北京:人民出版社,2000.(第三部分:“马克思主义科学技术观”,阐述“科学技术是第一生产力”的论断的理论内涵和意义,科技创新的理论观点)

6.陈凡等. 现代科学技术革命与当代社会[M]. 沈阳:东北大学出版社,2004.(在介绍现代科学技术革命的主要内容与基本特征的基础上,阐述了现代科学技术革命与经济增长、社会发展、思维方式变革、全球问题、当代西方社会思潮以及中国科技发展战略的关系)

思考题

1. 如何理解“科学技术是第一生产力”?

2. 简要评述科学技术对经济结构的影响。

3. 科学技术对政治生活的主要影响。

4. 科学技术是如何提高人类认识能力的?

5. 科学技术对社会结构影响的主要表现?

6. 联系实际谈谈科学技术对人类精神文化的影响。

第六章　社会对科学和技术的影响

本章要点

社会生产对科学技术发展的决定作用；经济、政治、文化和教育对科学技术的推动作用；科学技术与社会协调发展的必要性和途径。

科学技术是社会大系统中一个相对独立的子系统，它的发展不仅受到自身矛盾运动规律的支配，而且受到社会因素的影响。其影响主要表现为：一是科学技术进步的社会决定性，即生产实践对科学技术发展具有决定性的作用；二是科学技术发展的社会推动性，即经济、政治、教育、文化等社会因素的发展对科学技术的发展都具有推动作用；三是科学技术发展的社会协调性，即科学技术发展必须与社会其他子系统发展相协调，并表现为社会对科学技术发展的约束和规范。因此，研究和探讨社会对科学技术发展的影响有助于把握和理解科学技术发展的规律，有助于发展我国的科学技术事业。

第一节　社会对科学和技术发展的决定性

社会生产实践是人类赖以生存和发展的物质基础，是决定一切社会活动最根本的实践活动，也是决定科学技术产生和发展的主要因素。因此，科学技术发展的社会决定性是指社会生产实践对科学技术发展的决定性作用，主要表现为下述四个方面：

一、社会生产是科学和技术产生的根源

首先，科学技术课题主要来源于社会生产实践。从古代到现代，一切科学技术不管多么抽象，都可以在生产中找到它的根源。人类早期的技术创造大多直接产生于社会生产活动，早期的自然科学也如此。例如，古人在丈量土地、计算时间和制造器具等生产活动中，发现和提出了许多数学问题，围绕这些问题，积累了许多数学知识，形成了古代最早的数学；狩猎需要使用弓箭、耕作需要改良工具、定居需要建造房屋等，这些生产实践为力学的发展积累了经验；在农业生产、航海等活动中，提出了许多天文学方面的问题，形成了早期的天文学。近代大工业生产为科学技术发展提供了更为丰富的实践经验：纺织、钟表制造、磨坊等行业的发展，促进了力学的成熟；染色、冶金、酿酒等行业为化学的诞生和发展积累了经验；透镜的磨制导致望远镜问世，使天文学的发展有了更精确的观测手段。现代科学以科学实验为直接动力，但科学实验则是以生产实践为基础的。在现代科学体系中大量的技术科学、工程科学也与生产实践密切相关，现代的基础科学

在很大程度上是为了解决技术科学、工程科学提出的问题。另外，还有大量的研究课题，虽然不是直接来自于社会生产，而是来源于科学观察和科学实验活动，但它们能否纳入科学技术研究活动的范围，科学工作者对它们的重视和关注程度如何，归根结底，取决于社会生产实践的需要。

其次，生产实践推动了各门科学技术理论的建立。社会生产不仅为科学技术创造提供丰富的观察事实和数据资料，而且也积累宝贵的工作方法、经验和技能。对科学而言，解决科学问题、提出科学假说和理论，都需要一定的事实依据，进行科学实验也需要一定安装技能和操作经验。对技术活动而言，不仅在技术应用中需要一定的劳动经验和操作技能，即使在技术研究和发明过程中，也离不开一定的操作经验。历史证明，人类首先通过社会生产活动，才逐渐认识自然界的各种现象及其规律性，并由此产生了原始的科学观念和生产经验、技能，后来的科学技术各学科部门的发展，都是在这些原始科学观念、生产技术基础上逐渐形成，并随着生产活动的发展而不断发展起来的。例如，在近代，随着工业生产的发展，社会生产的方式、内容和规模都发生了根本性的变化，它为科学技术提供的事实材料，在广度和深度上都超过了以往任何时代，近代力学、热学、化学、生物学以及数学等也随之飞速发展。再如，科学实验作为一种相对独立的科学实践活动，在获取事实材料方面起到越来越大的作用。但是，它并不能完全取代社会生产对科学技术提供经验材料的作用，社会生产仍然是自然科学和技术的根本源泉。这是因为实验活动也是从生产活动中分化出来的，它本身也以社会生产为基础，受到社会生产力发展水平的制约；同时，社会生产仍然不断向科学技术创造活动直接提供丰富的感性材料和事实。正因此，我们说只有在20世纪现代化大生产的基础上，人类才可能深入到宏观、微观领域，获得大量的新事实、新材料，从而推动现代宇宙学、天体物理学、宇宙生物学、基本粒子物理学等一系列新学科的建立与发展。

二、社会生产为科学和技术的发展提供物质条件

首先，社会生产实践的状况和水平决定了所能够投入到科学技术活动中的人力、物力和财力。生产发展水平高，获取的物质资料就丰富，对科学技术的投入就可能增加，从事科学技术活动的人员就多，科研机构的设备就先进，科学技术事业发展就快；反之，科学技术活动的社会投入就受到限制，科学技术就会受到影响而发展缓慢。如果一个国家的社会生产力水平较低，经济较落后且发展速度缓慢，那么社会经济在用于解决社会成员的衣、食、住、行后已所剩无几，也就不可能有更多的人力、物力和财力投入科学技术事业，从而影响科技发展规模和速度。如原始社会因为社会生产力水平特别低下，不可能有人从事专门的科学技术活动，因而科学技术发展极为缓慢；奴隶制社会生产力有了一定发展，于是就出现了一批专门从事脑力劳动的人，科学技术就有了相应的发展，建立了一系列古代科学和技术部门，但是因为社会剩余财富还不丰富，科学技术在较长时期内仍然没有较快的发展。直到近代工业生产水平有了一定的提高，使科学技术有了较丰富的物质基础，才有了科学技术的社会化发展。当代的科技发展项目大、难度高，更需要有更强大的社会生产力作为坚实的后盾。

其次，社会生产实践的发展决定了科学技术发展所使用的物质手段。科技的发展离不开各种仪器设备的运用，从一定意义上说，仪器设备和各种物质技术手段标志着科技水平的高低，而各种物质技术手段又依赖于社会物质的生产发展水平，并取决于当时的生产力发展水平。尤其是在近代实验研究方法确立以来，科学技术的发展与实验手段的发展密切相关，而只有近代工业生产方式，才是科学技术实验快速发展所必需的物质条件。现代科学技术的发展，更加离不开社

会生产为之提供所必需的仪器和设备。虽然高能加速器、射电望远镜、电子显微镜等并不是物质生产中固有的劳动手段,而是由科学技术人员设计研制成功的,但这些与科学技术命运有关的仪器设备,包括当代科学技术活动的强大武器——电子计算机,终究是生产出来的,它们的出现和性能,在很大程度上决定于物质生产活动的规模、制造能力和制造水平。事实上,现代的许多科学技术研究是实验研究,对实验的条件有很高的乃至于苛刻的要求。例如,有些研究必须在航天飞行器上进行,这就更离不开社会生产实践的发展及其提供的实验仪器设备。科技发展的成果不仅是科技的目的,而且还为科技的进一步发展提供物质技术手段。总之,科技来源于社会生产实践并受生产实践手段发展水平的制约,同时其发展也促进了社会生产实践的发展,两者相互依存,相互制约,相互促进,共同发展。

三、社会生产是科学和技术发展的根本动力

社会生产实践不仅是科学技术产生、发展的基础和检验标准,而且是科学技术研究的目的。一切科学技术活动,归根结底是为了有效认识和改造自然,为人类争取更好的生存和发展环境。当然,有些科学发现一开始并不是直接由于生产目的,但是若没有生产需要的推动,它便不能得到进一步的发展。科学技术的生命力,在于它扎根于物质生产实践并为之服务,物质生产实践的需要是科学技术发展的根本动力。

恩格斯曾经说过:“如果说,在中世纪的黑夜之后,科学以意想不到的力量一下子重新兴起,并且以神奇的速度发展起来,那么,我们要再次把这个奇迹归功于生产。”①在这里,社会的生产需求是科学发展的强大动力,同样也是技术发展的强大动力。社会物质生产的需要对科学技术发展的推动作用主要表现在两个方面:一是对工具改革、工艺和劳动技能中的成功经验需要加以概括、总结,从而推动了科学技术从经验形态向理论形态的发展;二是生产技术的革新和进步提出了许多人们从未研究又急需解决的新课题,从而推动科学技术的发展。例如,曾引起第一次工业革命的蒸汽机,开始是要解决矿井积水和为工业提供一种稳定的动力而研究出来的,而为了进一步提高热机效率,又推动了热力学理论的形成和发展;飞机的研制,推动了气体动力学的产生和发展等。现代生产的机械化、自动化和社会化对科学技术的要求更高、更迫切。它提出了许多复杂的高难度的研究课题,促使社会在这方面投入更多的人力、物力和财力,以推动科学技术的迅速发展。例如,宇航技术对新材料的要求,工业的巨大而迅猛发展对新能源的要求,空间技术对精确计算和自动控制指挥系统的要求,生产自动化控制对大存储量的快速电子计算机的要求等。同时,生产的发展还提出了特殊条件下能够正常工作的要求。这些高难度的复杂课题的提出,不仅在研究内容上推动科学技术走上新的台阶,而且还能够推动科研组织发生变革,并促进管理科学的产生和发展。

四、社会生产是科学和技术成果的检验标准

社会生产对科学技术起决定作用,还表现在它为验证科学认识的真理性和技术成果的有效性、可靠性提供了检验标准。一种科学成果能否为人们所接受,固然有许多因素,但最主要的因素是,看它是否具有客观真理性,是否正确反映自然规律。所以,科学理论需要接受实践的检验,

---

① 恩格斯.自然辩证法[M].北京:人民出版社,1971:163.

只有通过反复的检验,才能对科学理论做出正确的判断。在科学实验还没有从生产实践中分化出来之前,科学理论主要是通过生产实践的直接检验不断得到积累,并通过到产品生产过程中加以不断应用而日渐完善起来的。近代科学实验方法确立之后,实验成为科学理论的主要检验手段,但是生产实践仍然是检验标准之一。不仅如此,正如前面已经指出的,科学实验最终也是依赖于生产实践的。

至于技术成果,其有效性和可靠性也主要通过生产实践来检验。有一些技术发明,在实验中各项技术性能都很好,但在生产过程中往往会暴露出某些缺陷。一项技术成果能否被推广使用,不仅取决于技术性能本身,还取决于生产成本、样式外观、工艺设计、经济效益,等等,而这一切,都要经过生产实践环节才能得到验证。所以,生产实践是技术成果最重要和最终的检验标准。

第二节 社会影响科学和技术的基本形式

社会对科学技术的影响,不仅表现在社会生产实践对科学技术发展的决定性,而且还表现在社会需要对科学技术发展的推动性。科学技术的发展形成于社会的推动,是社会需要促进了科学和技术的产生和发展,是社会需求的不断多样化才导致了科学的多学科产生及技术上的人工制品多样化,是社会需求水平的不断提高才导致了科技水平的不断提高。尽管科技本身的发展也能形成一种内在的动力,但研究表明,科学尤其是技术创新最主要的还是来自于社会需求的拉动,因此只有社会需求才为技术的发展提供了最根本、持久和强大的动力。恩格斯曾就社会需要推动科学发展作过精辟的论述:“社会一旦有技术上的需要,则这种需要就比 10 所大学更能把科学推向前进。”①这种论断同样适用于说明技术发展的动力。社会需要是多方面的,科技的发展可以从社会的不同领域获得动力,如科技发展的经济推动力、政治推动力和文化推动力等。各种因素交织在一起对科技施加推动,但其中作用有大小之分,功效有久暂之别。

一、经济对科学和技术发展的推动作用

经济推动是对科技发展的一种最基本、最持久的动力,恩格斯曾经说过:“经济上的需要曾经是,而且越来越是对自然界的认识的主要动力”,②它既是人们改造自然界的主要动力也是科学和技术发展的主要动力。

(一)经济支持与经济竞争的推动性

经济对科学技术的推动性首先表现在经济支持与经济竞争对其推动性。社会的经济支持是科学技术发展的最重要的物质基础,社会的经济竞争促进科学技术进步。

首先,科学技术研究作为新的生产力过程,其产出多少,直接取决于社会对它的人力、物力、财力的投入程度。这些投入,归根结底都是靠社会的经济投入来支持、靠生产的发展来提供的。社会对科学技术的经济投入水平,在根本上又是受社会经济发展状况及经济实力制约的。经济力量越雄厚,对科学技术的投入就可能增加,从事科学技术活动的人数就越多,科研设备就越先

---

① 马克思恩格斯选集(第 4 卷)[M].北京:人民出版社,1972:505.

② 马克思恩格斯选集(第 4 卷)[M].北京:人民出版社,1972:484.

进，科技事业发展就越快。如现代社会，经济发展水平越来越高，对科学技术的投入力度也越来越大，这使许多大型科技项目得以迅速实施，科学技术事业发展的总规模，包括科研队伍、科研机构等也迅速扩大。现代发达国家对科学发展的直接经济投入即科研经费，都在国民收入中占很大的比例，而且这个比例在不断地提高。他们通过教育、文化建设等渠道对科学发展的间接经济投入，也随着生产发展、经济增长以更高的速度增长着。尤其是现代科学、高技术的兴起，已使科学成为一项耗资巨大的事业。没有强大的经济作为物质基础，现代科学的发展是不可想象的。

其次，社会的经济竞争是科学技术发展的最重要的刺激因素。自商品经济产生以来，经济竞争就成为科技发展活力的源泉。在经济竞争中，无论就一个企业还是一个国家而言，只有依靠科学技术的进步才能最终取胜。这样，经济竞争也就成了推动科学技术不断发展的一个最基本、最持久的刺激因素。为了在经济竞争中取胜，人们越来越依赖于科技进步，并把经济产出的更大比例放到支持科技进步上，从而形成经济发展与科技进步之间投入与产出的良性循环。现代社会发展表明，现代的经济竞争已在越来越大的程度上成为科学技术的竞争，这对科技进步的刺激作用也将更加突出。

（二）经济体制的推动性

经济体制是指国民经济运行的管理体制，一般是指以计划调控为主还是由市场为主来进行资源配置。经济体制和科学技术的发展与应用也有密切的联系，合理的经济体制对科学技术的发展具有巨大的推动作用。

在经济发达的资本主义国家，经济体制对科技发展发挥重要作用。在欧美和日本，科学技术工作并不都是完全自由地进行，并不是都靠市场的自由竞争，而是对科学技术的计划控制，而且往往是规模很大的相当周密的计划控制。这些国家在发展核科学技术和研制原子弹、氢弹上，在发展航天科学技术和研制导弹、人造地球卫星、空间探测器、航天飞机和进行登月考察上，在发展高级计算机和信息高速公路技术上，在超导科学技术的研究与利用及在若干基础性研究上，都主要或首先是由政府有组织进行或实施干预的。在这些方面的课题选择、经费支持和运作实施中，市场机制只起辅助性的或第二位作用。而在一般性的科学技术活动特别是与企业相关的应用性研究中，在与大众消费有关的技术产品的开发和生产中，则主要受市场机制约束，尽管在这些方面也有某些计划因素在起作用。发达资本主义国家现在都应用计划和市场两种体制来对科技发展进行管理，并根据科研项目的性质对其进行具体管理，或计划、或市场、或两者结合使用。

我国在新中国成立后很长时期里实行计划经济，国家不仅是大部分企业的经营者，也是科学技术发展的主要推动力量。科研机构全部由国家支持，科研经费依靠国家财政拨款，科研活动由国家以指令性计划组织实施。政府通过制订科技发展规划，集中全国力量对某些项目进行攻关，曾表现了强大的宏观调控能力和优势。比如，在研制“两弹一星”、大规模农作物优良品种选育、大型物理实验装置的建造等方面取得了显著成绩。但是，高度集中的计划体制要求搜集到和处理计划所及的各个领域的各种信息，这几乎是办不到的，它不能适应高度复杂的现代经济的发展，也不能适应难以充分确定的科学技术活动。而在社会主义市场经济体制下的科学技术，绝不是只要市场机制而忽视宏观调控，也不是只有市场驱动而没有计划管理，而是两者的有机融合共同起作用。一些小型的与日常生活相关的小项目可以让市场进行选择发展。与此同时，为了实现经济建设的目标，为了满足文化建设、生态建设和国防建设的需要，还必须十分重视科学技术发展战略的制订和实施,包括制订和实施组织重大科学技术活动的计划。

总之,计划体制不是万能的,市场体制也不是万能的。不仅自然科学的基础研究不应当也不可能靠市场调节来进行,应用性的研究亦不应当完全由经济杠杆来调节,即使在与企业技术活动密切相关的技术工作中,除了要有市场这个“看不见的手”在动作,也还要顾及到长远利益、整体利益,还要有法律的、伦理道德的因素起作用。

二、政治对科学和技术发展的推动作用

政治上的需要当其成为经济的集中表现时,就会成为政府发展和利用科技最优先考虑的问题,此时它通过国家的意志体现出来,成为科技发展最强大、最急迫的动力。政治又是一种以强制手段支配整个社会行为的强大力量,所以,对科学技术的进步也具有重要影响,即政治对科学技术发展具有保障作用,其体现如下:

首先,社会制度对科学技术发展的作用。科学技术对社会各方面的重要影响,是推动社会发展的巨大力量。所以,占统治地位的阶级及其政府必然通过社会制度的干预,使科学技术朝着有利于统治阶级的方向发展,满足其政治、经济、文化发展的需要。一般来说,科技进步的程度与其所处的社会制度的先进性成正比。越是先进的、积极的、开明的社会制度,越是有利于科学技术的发展和繁荣。例如,中国春秋战国时期科技文化的繁荣,得益于新的封建制度的建立和积极向上的文化气氛的形成;古希腊科学的兴盛也正值新兴奴隶主民主政治制度的建立和发展之际;近代西方科学技术的兴起更是直接与资产阶级民主政治和思想解放运动相联系。也正因此,科学技术在资本主义社会里才取得了封建社会根本不能与之相比的巨大进展。而社会主义制度,由于它的全部经济活动只是为满足广大人民群众不断增长的物质和文化需要,所以理应为科学技术的发展创造出更加优越的社会环境。

其次,国家政策和体制对科学技术发展的作用。不同的社会制度只是为科学技术的发展提供了不同的可能性。要把这种可能变为现实,必须通过具体政策和体制来运行。对促进科学技术发展所采取的政策以及体现这种政策的体制,实际上决定了科学技术发展的方向、规模和速度,并调整着科学技术系统与整个社会大系统的关系。国家关于科学技术的方针、政策和规划,体现了国家和政府对科学技术发展的基本态度和要求,包括对科学技术以及劳动者的作用、地位的评价,对人力、物力和财力投入强度及投入计划的确定,对科技成果的利用和管理方式,对科技文化教育的发展方向的规定以及其他有关科学技术的宏观调控措施等。

最后,战争对科学技术发展的作用。战争是政治的继续,军事是对抗最激烈的政治行为。战争作为一种流血的政治,由于其生死攸关和成败一决的重要性,往往能成为科技发展最具爆发性的动力,所以现代战争往往成为现代技术的催化剂。20 世纪以来的两次世界大战及其前后的历史便是证明。但同时,由此而导致的科学技术进展可能畸形化,并且会付出牺牲经济发展和破坏人类文明的沉重代价。

三、文化对科学和技术发展的推动作用

科技发展的文化推动同样也是一个不可忽视的方面。文化可以说是科技发展的“遗传基因”,其所起到的动力作用虽然不如经济和政治那样明显,但这种作用却是客观存在的。默顿所揭示的清教徒对 17 世纪英国科学发展的重要作用,就深刻表明了文化推动的地位。一般地,以

科技理性见长的文化传统有自发的对科技发展的需要，而人文文化一统天下的传统则不会自发地产生出这种需要。所以，后者在走向现代化时不可避免地面临文化转型的任务。

从科学与文化的关系来说，科学技术既是文化的重要组成部分，又在整个社会的文化氛围中存在和发展着。文化的核心是价值观念和行为规范的集合。这种价值观念和行为规范，交融在社会的各种制度中，隐含在人们的社会行为和生活方式之中，并且经过历史的沉淀形成强大的文化传统。因而它对科学技术的影响是全方位、多层次的，又是潜移默化、根深蒂固的。近代自然科学之所以在欧洲诞生，就是因为欧洲文艺复兴和宗教改革为它准备了必要的文化条件。文艺复兴所建立的人文主义文化和宗教改革所产生的新教伦理，都倡导一种以人为中心的价值观念和行为规范，都崇尚人性和人的价值，都重视人的世俗生活，都主张通过人的奋斗和竞争来实现人的价值和人的解放，这种价值观念和行为规范正是近代科学技术发展所需要的，它推动了整整一个时代的思想解放运动，并为近代科学技术的崛起提供了强大的精神支柱。更何况，在科学传播和技术转移的过程中，外来科学技术能否被一个国家或民族接受、消化和吸收，也在很大程度上取决于这个国家或民族的固有文化能否与这种外生的科学技术以及与之俱来的文化基质相容，能否有足够的接受新文化的承受能力，以及能否通过新旧文化的冲突与整合最终完成自身文化的变迁。这些足以表明文化对科学技术发展的重要作用。

上述的文化中首要的是哲学。作为时代精神的精华，哲学必然以科学技术为基础，同时必然对科学技术发展具有反作用。哲学对科学技术的作用，主要体现为：

首先，哲学能够为科技工作者提供世界观和方法论的指导。科技工作者在从事任何研究工作时，不管是否承认、是否愿意、是否自觉，只要他们进入理论思维，就离不开原有哲学观念和哲学方法论的影响。研究活动越是深入发展，就越需要哲学理念为其指明方向、提供武器。19世纪欧洲许多科学家排斥哲学的影响，而实际上他们采取的正是英国式经验主义哲学的立场。恩格斯说过："不管自然科学家采取什么样的态度，他们还是得受哲学的支配。问题在于：他们是愿意受某种坏的时髦哲学的支配，还是愿意受一种建立在通晓思维历史和成就的基础上的理论思维的支配。"①

其次，哲学思考能够为科学技术研究者提供具有启发意义的理论推测。因为哲学思考较少受具体科学事实的束缚，因此往往能够避免科学技术研究者埋头于具体问题研究所带来的局限性，进而提出某些尽管是不确定的甚至是模糊不清的但却是十分重要的观点和猜测。而这些模糊的观点、猜测或假说往往成为后来科学理论的前身或萌芽。比如在历史上各种哲学思想中，就包含了许多可供选择的假说和猜测，这对科技工作者的研究具有启发作用或为科学的发展提供新的生长点。例如，原子的概念是人类几千年来孜孜以求的东西，但是这个最先由古希腊哲学家留基伯赫和德谟克利特提出的自然哲学概念却预演了科学朝微观领域方向发展，最后发展成为现代的基本粒子科学。德国古典哲学中关于光、电、磁、热等自然现象具有共同本质这一论断，直接启发和激励了奥斯特、法拉第等人努力探寻电、磁、光的本质联系，最终导致电磁感应效应发现。

再次，探讨哲学问题有助于解决科学问题。现代许多科学家，尤其是理论自然科学家，都主张"把哲学论题和科学论题更紧密地连接在一起"，他们不满足于专业内的探索而潜心研究哲学

---

① 恩格斯.自然辩证法[M].北京：人民出版社，1971：187.

问题。例如，科学哲学家库恩认为："特别在公认的危机时期，科学家们必须转向哲学分析，作为解开他们的领域中的谜的工具。"①彭加勒曾经为经典力学中发现的异常复杂现象所困惑，于是转而研究哲学，思考必然性与偶然性、决定论与非决定论的关系，这使他早于同时代人认识到：绝对的决定论是拉普拉斯造成的一种幻想。另外，历史上还有许多杰出的科学家都是十分重视学习哲学并从中获取思想营养的。爱因斯坦在少年时代，就对哲学产生浓厚兴趣，13 岁时就读了康德的《纯粹理性批判》，还读过斯宾诺萨、休谟、马赫等人的哲学著作。通过吸取历史上的哲学思想和总结自己的科学实践，得出了许多接近辩证唯物主义的哲学见解。对于哲学与科学的关系，他认为："哲学的推广必须以科学成果为基础，可是哲学的推广一经建立并广泛地被人们接受以后，他们又常常促使科学思想的进一步发展，因为他们能指示科学从许多可能着手的路线中选择一条路线。"②"要是不相信我们的理论构造能够掌握实在，要是不相信我们世界的内在和谐，那就不可能有科学。这种信念是，并且永远是一切科学创造的根本动力。在我们的一切努力中，在每一次新旧观点之间的戏剧性的冲突中，我们都认识到求理解的永恒的欲望，以及对于我们世界的和谐的坚定信念，都随着求理解的障碍的增长而不断地加强。"③

四、教育对科学和技术发展的推动作用

科学技术知识具有很强的继承性和连续性，而教育正是连接过去与未来的桥梁，它以向人们传授前人和同代人的科学知识和技能为己任。所以，良好的教育是科技进步的基础。没有教育，科学技术知识就无法延续；没有教育输送的人才，科学技术事业就后继乏人。

首先，科学技术成果在社会中传播、消化、吸收和应用依赖于教育的普及。在科学研究中，新的科学成果一经出现，就为全人类所共有，但每一个国家和民族享用这些科技成果的能力，依赖于它接受、消化、吸收和应用这些成果的能力，而这种能力又依赖于教育的普及，依靠教育来实现。日本明治维新开始把振兴教育作为一项基本国策，1950 年至 1972 年其教育经费猛增 25 倍，使 1/3 的人受到高等教育，从而大大提高了日本的科学研究和接受能力，特别是对新技术的消化、吸收能力。而且，教育可视为一种科技的放大机制。各种既成的科技知识及其物化形态一旦在教育机制中融合起来，便可借助不同层次的人才而得以复制和放大，并创造出全新的知识及其物化形式。正因为教育对科学技术具有这样重要的作用，所以，现代经济竞争已在很大程度上演变为科学技术的竞争，科学技术的竞争又在很大程度上变成了教育的竞争。

其次，教育发展的水平影响科技发展的速度。因为科技人才是科技事业的主体，没有足够数量的具有敏锐思维能力和较高实验技能的研究员，再优越的科研物质条件也难以发挥作用。教育的发展水平决定了科学技术的质量、数量和结构，决定了这支队伍的知识更新能力及其后备力量的培养。没有教育，就没有知识的继承和扩散，就不会有创新，就不会有科技事业的发展。在世界各国中，大学的科研成果都在其全部科研成果中占有相当大的比例，就是有力的证明。

再次，通过教育培养人们的科学精神和科学的思维方式，尤其是创新精神，对科学技术的发展极其重要。这比通过教育使人们获取知识更为重要。因为，有了创新精神和创造性思维，就可

---

① [美]T.S.库恩.科学革命的结构[M].李宝恒，纪树立译.上海：上海科学技术出版社，1980：73.
② [德]爱因斯坦.爱因斯坦文集(第一卷)[M].许良英，范岱年编译.北京：商务印书馆，1976：374.
③ [德]爱因斯坦.爱因斯坦文集(第一卷)[M].许良英，范岱年编译.北京：商务印书馆，1976：379.

以开拓新的领域，把科学技术推向新的境界。

第三节　科学和技术发展的社会规范

众所周知，科学技术推动了社会的繁荣发展，为人类带来巨大的福祉。但科学技术迅猛发展的同时也给人类带来前所未有的困境。科学技术发展的合理化，必须认清科学技术的“双刃剑”特征，促进科学技术按着应有社会规范运行发展，更好地为人类服务。

一、科学和技术的异化

“异化”一词，出自拉丁文 alienation，具有“让渡、转让、疏远、差异、分离、精神错乱”之意。① 马克思在《1844 年经济学哲学手稿》中提出“异化劳动”学说，揭示资本主义社会的自我异化，论证在共产主义条件下的异化克服，由此引申出了资本主义必然灭亡和共产主义必然胜利的结论。② 西方马克思主义思想家特别是法兰克福学派继承了马克思关于异化的思想，从是否有利于人的本性实现出发，进一步揭示晚期资本主义社会人的异化，并把这种异化归结为科学技术的异化。马尔库赛在《单向度的人》一书中认为，科学技术发展促成物质生活的丰富，导致人的生存异化。因此，科学技术异化了。

所谓科学技术的异化是指，科学技术的产生、发展及其应用原本是为了造福人类，但现代工业化社会由于单纯执着于工具理性下的合理化诉求，而忽视了价值理性，结果导致科学技术的应用不是实现人的本性并解放人，而是损害、束缚、操纵人。当今科学技术异化主要表现在以下几个方面：

（一）生态的破坏

正如恩格斯在《自然辩证法》中指出：“我们不要过分陶醉于我们人类对自然界的胜利。对于每一次这样的胜利，自然界都对我们进行报复。每一次胜利，在第一线都确实取得了我们预期的结果，但是在第二步和第三步却有了完全不同的、出乎预料的影响，它常常把第一个结果重新消除。”

随着科学和技术的迅速发展，人类已经掌握了改造和控制自然的巨大力量，促使人类进入了新的历史发展时期。用罗马俱乐部主席佩奇的话来说，人类进入了人的全球王国时代，人拥有了支配全球和其他物种生命的权力。这个阶段不仅展现了人类社会发展的光明前景，更充满了矛盾、挑战和威胁。其中，自然界的报复——生态危机，就是该阶段最具有灾难性的问题。从 1962 年雷切尔卡逊的《寂静的春天》指出人类滥用 DDT 农药未来将要面对没有鸟叫声的寂静春天，到 1972 年米都斯的罗马俱乐部《增长的极限》中所指出的环境与生态问题已经成为了超越国家的全球性的问题。生态危机显现出了超越国家和全球化的性质。随着人类的工业化进程，生态危机由地区性生态危机到全球的普遍化，大量的田地、树林、湖泊、河流都受到了污染。从 20 世纪 80 年代后，生态危机的破坏力主要来自于次生环境危机，如塞维亚、三哩岛、切尔诺贝利的事故，

---

① 马克思恩格斯全集（第 42 卷）[M].北京：人民出版社，1979：169.

② 刘冠军，张玉春.科学技术的异化及其克服：全球性生态环境危机的根源及其解除[J].人文杂志.1998（4）：18-21.

波斯湾、巴尔干的硝烟，世界各地的森林大火，咸海的干涸，贝加尔湖的污染、黄河的断流，还有几乎令人窒息的都市。生态问题已经不再是一国一地的可以独立解决的问题了，比如，莱茵河的污染波及瑞士、法国、德国、荷兰和北海；切尔诺贝利的影响侵入并超越了欧洲大陆。中国松花江化工厂爆炸污染波及多省及俄罗斯水域。在工业化国家中，包括含水层在内的水源受到污染；农药和化肥造成土壤毒化；在生态脆弱的地区进行大规模城市建设；在非工业化国家中则出现了沙漠化、毁林、土壤流失和土壤沙化、水灾，大城市及超大城市中的污染物的大量蓄积造成空气中的硫化物大量超标。人类正在把地球机能的防御系统一个个破坏掉。人类凭借技术疯狂地征服自然，而且自认为可以完全征服自然，但人类没有想到，自己在征服自然的过程中创造的东西却成为了自身发展的羁绊。

（二）社会的单向度

自从马尔库塞《单向度的人》一书出版，单向度一词成为最脍炙人口的概念之一。“向度”(dimension)一词意为方面、维度，价值取向和评判尺度的意思。按着马尔库塞的观点认为工业社会是一个新型的极权主义社会，它包括以下四个方面的内容：

一是政治方面。技术的进步，机械化与自动化的普遍应用，劳动量与劳动强度都在减弱。随着强劳动力与弱劳动力逐渐均衡，原来一度是革命力量的无产阶级也逐步丧失了其否定性与革命性，让阶级之间的矛盾逐渐地消解。当代工业社会成功地实现了政治对立面的一体化。

二是生活方面。科学和技术的发展，使得不同社会阶层的人有着同样的生活方式，接收相同的信息与娱乐传媒。由于生活方式的同化，大家都分享制度的好处，没有多元和对抗式的生活基础。

三是文化方面。科学和技术的发展也导致了文化的同质化现象，人们不需要多元文化，而是出现了严重的趋同性和平面化现象。理性本是超越现实的东西，不再想象另一种生活方式就不再有理想，或者说理想已被现实所超越、同一。

四是思想方面。马尔库塞认为，工业化迅猛发展的时期也正是实证主义哲学、分析哲学的流行的时期，单向度思考方式、单向度哲学也成为主流的思考方式。语言哲学的流行，把语言的意义同经验事实和具体操作等同，把既定事实批判地接受下来，从而把多向度的语言清洗成单向度的语言。对语言的清洗实际上是对大脑的清洗。科学和技术的进步使个体在社会组织中的自由获得了更大的扩张，但当集合成一定社会问题时，就会对个体的自由带来更大的限制和束缚。

（三）知识的转向

在知识经济时代，科学和技术进步对知识的形成、发展、储存、传播都起着决定性的作用。从科学和技术发展的路径可表现出知识的转向问题。其一，唯理化。重视培养掌握知识的水平和提供掌握知识的能力。扩张逻辑思维的能力，忽视情感、态度、意志、兴趣等非逻辑思维的要求。强调学科知识的系统性、理论性，忽视不同学科的知识之间的联系，特别是抹杀科学、技术与社会、文化、伦理的联系；关注知识的传授，忽视知识主体的个体发展。其二，标准化。工具理性带来的直接后果之一就是知识的标准化特征，按着既定的逻辑来管理知识，使知识系统优化。关于知识标准化的例子已经非常多了，特别是在中小学的教育中，考试答案的标准化。一个老师在课堂中向小学生们提问，当雪融化后变成什么，标准答案是变成水，一个女孩写的是变成春天，她的下场可想而知。时至今日,我们许多受过良好教育的学生,面对提问,总是先要思考提问者的意图是什么,需要的答案是什么,希望能够选择一个符合需要的标准答案,逐渐地降低了思考的能力与语言表达的能力。其三,中立化。重视科学和技术的知识化,对人的培育也主要表现为知识化的教育,解答技术技巧的培训,将知识中的人文维度削减掉。而教育中的个人修为却大量缺失,通常可以看到对于大学生甚至成人还要进行诸如便后冲洗、人走关灯等个人素质教育。在学科分化的大背景之下,科学逐渐呈现出技术化的特征,人文资源与人文精神匮乏。在英才教育中,虽然有竞争和能力主义的标准,但主要还是实用主义和技术主义的。其四,外在化。科学知识的形成已经不再是个人或小群体成果,知识的产生更多的是以生产者和消费者的形态出现的。知识为了出售而被生产,为了在新的生产中增值而被消费。它不再以自身为目的,它失去了自己存在的根基。

上述知识的唯理化、标准化、中立化和外在化的四大转向,体现出知识的技术化特征。技术的影响已经渗入到知识的内部,标志人类在因技术获得极大自由的同时又因知识的异化带来极大的束缚。

(四) 心理的变异

人的心理包括感觉、记忆、思维、情绪、意志、兴趣和性格,它来源于人的实践活动,同时又影响着人们的现实活动。科学与技术的发展,对人类的心理也产生了一次又一次的冲击。随着科学和技术的异化也带来人的心理的异化:① 非自然心理缺失。科学和技术的兴起,工业化得到迅猛发展,人类中心主义盛行。所谓人类中心主义是指,从西方世界中人与自然冲突的文化传统中发展起来的一种世界观、文化观、价值观和实践观。它的核心内容就是一切以人类的利益和价值为中心,以人为根本尺度去评价和安排整个世界。最早古希腊的智者学派的代表人物普罗泰戈拉在《论真理》的名篇中提出:“人是万物的尺度,是存在的事物存在的尺度,也是不存在的事物不存在的尺度。”以人特别是个人的价值标准为万事万物的尺度,其中就已经隐含了人可以随意支配自然的思想。在西方的宗教视野中,因上帝按着自己的肖像创造了人和世界本身,形成人与自然对抗的二元论基础。科学和技术更强化了人与自然对立的观点,可以看出现代科学是自然神学的扩展,同时现代神学可以局部的解释为西方唯意志论者实现基督教关于人胜过并合理统治自然界的教义。到了文艺复兴时期,特别是17世纪以后,人道主义思想和消灭神权恢复人权的口号,相应地在哲学和科学中确立起了机械的世界观和还原论的方法论。这为人类征服自己提供更大的合理性和工具性。当下,以人类中心主义为价值观的工业化发展模式导致了全球性的生态危机。人类反思自己的行为,提出人类具有保护我们自己的共同家园——地球的责任和义务,生态问题可以归结为人类对它的保护、利用和改善的问题。为了实现自然保护,人类应当规定自己改造自然活动的界限,并制订必要的法律和伦理规范。② 非社会化。科学和技术的发展,可以实现人的非群体特征。人是群居的动物,人类交往、交流和沟通是人生存的基本需求之一。科学和技术为人提供了宽广的视野、丰富的精神生活和更大的活动领域,人类的交往呈现出更加多元化的特征。特别是当代的新媒体技术和信息科学的发展改变和更新着我们的交往方式。地球村、全球一体化等带来了人类交往前所未有的便利。但事实上,人们并非获得了与科学技术迅猛发展相等效的交往效果,却更多地出现了比以往更深的孤独感。与传统的交往相比,新信息技术的广泛应用,增加了人交往的范围,加大了交往的密度,细分析就可发现,其中大部分是次要关系，是一种工作性或礼节性的，大多是一次性的。随着技术革新频率的加快，人机交往代替了人际交往。人与人之间的真实交流变成了虚拟世界中的交往，人与生俱来的孤独感与失落感在机器化背景下再次凸显与强化。信息交往还仅仅是一个最显性的方面，在科学和技术不断发展的过程，生产与生活领域都在不断地细化。人与人之间的真实距离就会越变越远。③ 知识心理。科学和技术的发展，带来知识暴涨的时代，面对无限膨胀着的知识体系，每个个体则是显得越来越小。面对庞大的、增长的知识体系，人们有种想要抓住它、厘清它的冲动，却又是一种可望而不可即的心理，相对于无限的知识，我们每个个体的能力太有限了。对于每个个体而言，对知识的理解与认知永远只能是管中窥豹，只见一斑。也就是说，知识对世界理解越是深刻，也就离人们的认识尺度越远。自柏拉图开始，科学合法化的问题就与立法者合法化的问题密不可分了，判断真理的权利与判断正义的权利是相互依存的。而今天，知识的合法化正呈现出危机。正如利奥塔的《后现代状态——关于知识的报告》中所指出的："谁决定知识是什么？谁知道应该决定什么？在信息时代，知识的问题比过去任何时候都更是统治的问题。"①总之，知识的外在化，离我们的精神，我们每个人本身的形成也越来越远。综上所述，技术进步的节节胜利，使我们的心理步步败退，我们的心理发生了变异：自由离我们越来越近，自由也在一步步地远去。②

二、科学和技术的伦理规范

科学技术的伦理规范是指在科技创新活动中人与社会、人与自然和人与人关系的思想与行为准则，它规定了科技工作者及其共同体应恪守的价值观念、社会责任和行为规范。③ 科学技术的发展与伦理道德的进步有着不可分割的内在联系。随着现代科学技术的发展，出现了一系列的伦理道德问题。

（一）现代科学技术提出的伦理问题

首先，克隆技术的伦理问题。克隆技术引起的伦理问题最令人关注。克隆技术让人实现了人为造人的梦想。克隆人也许为人类实现长生不老的千年梦想提供了有科学依据的可能，但克隆技术在对生命的人为生产中也产生了人伦冲突。克隆行为必定会损害被克隆者的独特性。个人的自我欲求、需要、生存价值受到限制，与他人同样所应有的自主权、自决权将会遭到否定。

从克隆绵羊到克隆人引发的伦理问题。1996 年 7 月，当英国罗斯林研究所的威尔莫特博士缔造的绵羊"多利"诞生之后，标志着人类第一次用动物体细胞无性繁殖的哺乳动物获得了成功。"多利"在 1997 年出尽了风头，成为各大通讯社评选出的"十大国际新闻"之一，荣获美国《科学》杂志评出的 1997 年世界 10 大科技成就之首。"多利"的出现说明人类无性繁殖人类自身已经没有了技术上的障碍。美国《科学》杂志 2004 年 2 月 11 日宣布，韩国科学家成功地克隆出了第一个人类胚胎，然后从中挑选出了发育成熟的干细胞。从医学角度考虑，发育成熟的干细胞将来可以治愈人类目前难攻克的医学难题，比如说糖尿病、癌症和帕金森病，等等。2004 年 8 月 11 日，一项持谨慎态度的保守英国政府向纽卡斯尔大学颁发了克隆人类胚胎的合法执照，这

① 让-弗朗索瓦·利奥塔尔.后现代状态——关于知识的报告[M].车槿山译.北京：三联书店，1997：12-14.

② 张红六.对技术的异化的当代审视和解读[D].合肥工业大学科学技术哲学硕士论文.2009(3)：10-14.

③ http://wenku.baidu.com/view/0713f086bceb19e8b8f6bac3.html.

是人类第一张关于克隆人的许可证。说明人类已经开始允许克隆人的生产实践活动。英国人类生育和胚胎学管理局说，它经过对“科学、道德、法律和医学等各方面问题”的综合考虑，同意向纽卡斯尔大学生命中心颁发克隆人类胚胎研究执照，有效期为一年。至2005年5月19日纽卡斯大学生命中心宣布，他们用细胞核转移技术成功克隆出三个人类早期胚胎，其中最“年长”的克隆胚胎已经发育成胚泡，其内部的细胞群含有可提取的干细胞。使用的方法与培育克隆羊“多利”相同的细胞核转移技术，培育人类胚胎干细胞，来探求糖尿病、帕金森病和阿尔茨海默病等疾病的治疗方法。2004年11月1日，英国政府批准伦敦大学在进行试管婴儿的培育过程中对胚胎进行筛选，以保证来自遗传性肠癌患者的胚胎不具有致病基因。对胚胎进行筛选是科学家探索多种疾病疗法的一种途径，目前美国已经批准利用这种方法根治前列腺癌和阿尔茨海默病等疾病的研究，英国也有多位科学家向政府申请，要求利用该技术根除乳腺癌和遗传性眼癌等疾病。但对胚胎进行选择必将引起科学与伦理的冲突。

目前大多数的国家、政府和研究者都对克隆人表示强烈的反对，但人类制造干细胞提高医学的有效性仍然吸引了大量的热衷者。

国际社会及各国政府的制约是确保生物技术健康发展的必要条件，而科学家的个人行为范式是确保生物技术造福于人类的决定性因素。科学家与工程师的个人觉悟、道德情操、思想品德、献身科学的勇气及高尚的人文精神，都将对21世纪生物技术的发展起到极大的推动作用。

对于克隆技术和生物安全，中国科学界也提出了自己的观点。科技部副部长程津培说，我们赞成以治疗和预防为目的的人类胚胎干细胞研究，但是坚决反对克隆人，不支持任何生殖性克隆实验。他强调指出，各种克隆技术的研究和应用都不能违背国际公认的生物伦理的基本原则，中国赞成制订有关禁止克隆人的国际公约。中国的科学家在北京召开专门会议研究人类胚胎干细胞的伦理问题，明确指出允许某些实验室在满足伦理要求时，有条件的进行胚胎干细胞研究。

其实，科学家和科研工作者在进行生命研究时，特别是进行生物技术的实践过程中，时时都面临着道德选择。在人类胚胎中收集胚胎干细胞，研究者的动机是其中最关键的因素。人的胚胎已经是一种生命的形式，它具有一个个体人的全部信息，任意地损害人的胚胎是在残害人的生命，是非人道主义的，也是不道德的。

其次，安乐死合法化的伦理问题。荷兰议会通过法律，规定医生可以在有理智的成年患者的要求下，给他们注射可以致命的麻醉剂或肌肉放松剂，而这些患者必须身患重病，而且康复无望。这项法律的出台，使荷兰成为世界上第一个将安乐死合法化的国家。此后，荷兰在一家医院的建议下进一步提出对有缺陷和不治之症的新生儿也可以实施安乐死。这引起了宗教组织的反抗，许多反对安乐死的组织抗议荷兰的此举，并且认为这样的合法化进程已经丧失了基本的道德标准。

再次，基因工程的伦理问题。当代最热门的生物工程技术的核心就是基因技术。基因工程是对人类的认识进入到分子水平的重要标志，是对生命认识的深化，也是人类对自身认识的深化过程。它通过分子水平的探索了解人类的奥秘，这是人类认识自我、追求健康、战胜疾病最为重要的科学研究行为。基因工程技术的产生与发展始终受到社会伦理层面的审视与质疑，其原因在于，除了自身的科学价值和经济价值之外，它总是与伦理与法律进行对阵。

马克思指出，在其现实性上，人是一切社会关系的总和。人是以其社会性为最重要的标志。而现代的生物技术却将人简化为一种生物来研究，并未将其社会性放在第一位来考虑，这势必引起伦理上的冲突。从生物学中比较认同基因决定论来看,也就是说基因中所带的遗传信息决定个体的基本的体貌特征,未来的健康状况,家族特点等。事实上,一个社会中的人,他的智力水平、性格特点在基因的作用下表达,同时也受到环境、教育和社会的影响,因此有理由相信,基因很重要但并不能决定一切,因为一个人的智力、性格等必将受到环境、教育和社会的多重影响。

目前,人类基因组研究计划已经进行了近五年的时间。科学家旨在通过建立全球性的人类基因多样性资源库,进行生物样品的收集、相关统计数据的整理以及基因的各种信息整合。就人类基因组的研究而言,大致可以分为两大方面的研究目标:从宏观上看,主要是探讨关于人类的起源、描述和说明人类的进化历史;从微观上看,人类基因组的研究可以进一步推进人与人、人与社会、人与自然关系的认识,为寻求导致疾病与防治疾病的遗传因素以及为这些因素与环境的相互关系提供更基础的信息。人类基因组计划也带来了深刻的伦理思考,比如基因的占有与分化问题、基因的殖民主义;基因隐私与安全问题、基因认知中的基因歧视问题、个体生命的选择权问题,以及基因病的治疗与基因犯罪,等等。

近几年,国际社会与世界各国都制订了许多法律法规及其行业的行为规范,其目的就是要用人类的理性,将基因工程技术控制在造福于人类的既定目标之上,强调尊重科学研究的伦理道德,保护科学应用所达到的利益,尊重患者的权利与尊严,体现人权至上的原则。联合国的《人类基因组与人权问题的世界宣言》中就明确地规定了基因工程技术中的行为准则,其中既保证了对人权的保护和尊重,又给予科学研究以基本的自由和保障。

转基因技术应用的安全性问题也带了重大的伦理问题。转基因技术是利用分子生物学技术,将某些生物中的代表某些性状的基因转移到其他的生物中去,使遗传物质得到改造的生物在性状、营养和消费品质等方面向人类需要的目标转变。如鱼番茄,就是将鱼的抗冻基因转移到番茄中,使番茄获得抗冻的性能,以适合在更寒冷的地域中生长。目前转基因技术被广泛应用,可以提高农作物的产量、增强作物的抗病害能力。人类已经有了许多转基因食物和转基因产品,但它对食用者未来的健康问题是否有影响、影响的程度还没有定论。

还有,新材料科学的伦理问题。与克隆技术相对应的新材料科学特别是纳米技术的产生,使人可以按着主观的需要对于大小在 100 纳米以下的物质进行操作,利用物质在纳米尺度上的独特性质创造出新产品。目前纳米技术已经得到广泛的应用,日常生活中的新产品都已经有了纳米技术的渗入,应用的实例有计算机芯片、防皱的裤子、DVD 播放机、自洁玻璃和防晒霜中的遮光剂等产品。

纳米技术为我们提供一种对医学乃至生命科学的全新认识方法和实践途径。一方面,纳米技术由于它的微观尺度优势可以大大提高医疗水平,但如果滥用也会带来相应的伦理问题,如散发到空气中的纳米微粒,被人吸收后作用于人体,严重威胁人体健康。纳米药物进入人体,纳米颗粒就会与体内的蛋白质结合,干扰身体中的基本功能。另一方面,由于纳米技术可以在微小尺度里重新排列遗传密码,这种技术会引发新的平等问题,有能力的人可以改造出优良子代,有些被主观认为不足够优秀的胎儿就会被选择掉,使生命的自然选择遭到破坏。

纳米技术广泛使用的另一风险就是污染问题。由于纳米材料对环境的影响要若干年后才能见到,现在对于远期的预测还很不足。一方面,纳米材料在生产的过程中会产生一定的有害气体。特别是纳米生物技术产物的依附性和强烈的结合性,就会产生更具威胁的污染物。另一方面,随着纳米技术的发展潜力被发现,在利益驱动下,实行纳米生物技术的产业化,违背代内公平原则。同时,纳米技术的发展与应用有可能影响到生态系统中最微观的层次,会对生态环境造成致命的、不可挽回的破坏。

最后,网络信息技术的伦理问题。20 世纪 90 年代尼葛洛庞蒂的《数字化生存》一书中描述了重建世界的信息 DNA,这本书被称为 20 世纪信息技术和理念发展的圣经。在数字化与多媒体技术广泛应用的时代,网络技术成为生活中的一部分,带来社会巨大变化。这些技术推动人类社会从后工业社会向信息社会迅速转变,引发了信息传播在媒介形式、报道方式、受众地位和受众行为等多方面产生了一系列深刻的变革,同时也带来了信息伦理问题。

信息伦理主要表现为网络与信息通道中的自律性,相对模糊的评判标准,自由的道德主体,全球性的承受对象。具体表现为信息犯罪、隐私权受扰、知识产权受损、信息垄断、信息安全及信息污染等。信息伦理只是一种软性的社会控制手段,它的实施依赖于人们的自主性和自觉性,因此在针对各类性质严重的信息犯罪时,信息伦理规范将显得软弱无力。在网络世界逐渐成为与现实世界并行的空间时,就有必要对此进行信息立法,将那些成熟的、共性的伦理规范适时地转化为法律法规,才能构筑信息安全的第一道防线。

网络的开放性开启舆论的多元化的时代。在虚拟世界中虽然每个人都可以使用不真实的身份来隐藏自己,但其自身的文化和价值观却是不可能更改的。在网络交往活动中,主要的伦理问题就是保护个人隐私,防止把个人隐私用做其他人或组织谋取经济利益的手段。在虚拟世界中,还有许多的社会问题,比如说利用网络犯罪、制造和使用网络病毒、充当网络黑客、制造传播垃圾邮件、破坏网络安全、信息垄断和网上知识产权,以及利用信息网络进行恐怖活动和发动信息战争,危害社会公共利益和威胁国家安全等,这些都引发了计算机网络技术与信息伦理的激烈冲突。

(二)科学技术伦理与科学家的社会责任

科学和技术本身是价值中立的,由于科学和技术的使用在创造人类福祉的同时也产生了一系列的负面影响,但这并不是科学和技术本身的过错。科学和技术的使用中都渗透着社会文化和伦理道德因素。事实上,“能”与“应该”并不等同,也就是说科学上可以做的,并不是伦理规范中就应该或可以做的。科技伦理是对科技活动的道德引导,是调节科技工作者相互之间、科技共同体与社会之间诸种关系的道德原则、道德规范。科技伦理不仅蕴含一般的伦理价值,而且包容科学技术真价值。

科学和技术与伦理无关论,是被大多数人所认可的,因为科学在本质上是进步的、是有益于全人类的,科学技术没有价值偏好,是中性的。科学家的职责就是做好本职工作,科学家的科研精神是“为科学而科学”,科学家研究的成果越多,对社会的贡献越大。科学技术活动的目的和动机取决于从事科学活动的主体——科学家。科学家对于科学技术活动的内容和方式有很大的影响。科技伦理是对科技活动的道德引导,是调节科技工作者相互之间、科技共同体与社会之间诸种关系的道德原则、道德规范。如果一个科学家明明知道某项科学发现将会严重危及人类的生存,那么他就不应该把这一发现公布于众。另一方面,不论科学研究还是它的社会运用,都是在社会中进行的,采取措施加强科技发展中的道德伦理约束极为必要。

科学家的社会责任关系到整个社会的道德取向和道德规范,全社会必须关注科技伦理和科学家群体的社会责任问题,在面对种种新的技术成果的同时,不能忽略其自身涉及的种种现实及潜在的危险，必须正确地利用科技成果为人类造福，维护人类的健康和生命，最大限度地避免由于科技成果的使用不当而给社会带来的负面影响。

面对科学和技术成果被滥用并可能造成的社会道德与责任失范问题，越来越多的人意识到科学道德规范的重要性和科学伦理的意义。科学家的社会责任至少应包含两个方面：一是科学家应对其科学研究本身的行为负责，即在研究中一旦意识到其结果会对人类构成威胁或伤害，应当自觉约束乃至终止研究；二是科学家应对其社会行为负责，即把已经认识或预见到的、由研究带来的各种可能后果，负责任地告知公众。近百年来科学家为反对科学和技术成果被滥用而做出的努力，大体可分为五个阶段：第一阶段是反战与反生化武器。一战后，化学成果被用于战争，使用毒气等化学武器残害生命。法国科学家郎之万起草的反战宣言有多位科学家签名，刊载在《化学战》的小册子上，反对科学成果被用于战争，倡导“科学要为人类做贡献”，寻求世界和平。第二阶段是反对原子武器的和平运动。由于美国在日本使用原子弹，造成 20 万人伤亡，爱因斯坦发表题为《赢得战争不等于赢得和平》的演讲，表达了科学的道义责任。第三个阶段是解决环境问题与生态危机。1962 年海洋学家卡逊的《寂静的春天》一书，呼吁人与自然的和谐相处。1989 年科学家发表了《关于 21 世纪生存的温哥华宣言》，并提出：要把“更新思想”、“改变世界观”、“建立星球意识”作为科学的首要责任。第四阶段是应对新科学技术的挑战。第五个阶段就是关于是否可以克隆人的伦理争论。①

由于科学和技术的发展，科学和技术的伦理问题变得越来越复杂，问题也呈现出专门化趋势。

三、科学、技术与社会协调发展的途径

事实上，科学技术是一把“双刃剑”。在古代，随着天文学、力学、数学和铸造技术的发展，产生了辉煌的古代农业文明，但是科学技术所创造的物质财富，却只让统治阶级奴隶主和地主过上舒适的生活，被统治的奴隶和农民仍然过着不温饱的凄惨生活。显然，这时的科学技术仅仅是统治阶级进行阶级统治的工具。近代科学技术加大了资产阶级与工人阶级的贫富两极分化。现代的高科技同样也造成了高科技富人和高科技穷人。科学技术双刃剑的效应，有其社会根源，即私有制国家统治阶级利用科学技术疯狂追求自己的物质利益，不惜损害他人、后代的利益；还有认识上的局限性，人们很容易看到科学技术的积极作用，却很难认识到其消极作用。因此，要合理地利用和发展科学技术，使其服务于人类发展和社会发展，就必须协调好科学技术与社会其他要素的关系。

现代系统科学原理也表明了科学技术必须与社会协调发展。根据现代系统科学原理，一切系统的形成和稳定发展都离不开系统内部要素之间、系统与环境之间的相互作用、相互影响和协同作用。科学技术作为一种社会活动、社会建制和社会文化现象，是社会大系统中的一个子系统，其发展不仅具有自身相对独立性，而且还与政治、经济、文化等社会其他子系统密切相关。一个社会的经济基础制约着科学技术的发展，一个社会的政治制度、文化观念深刻地影响着科学技术的发展；反之亦然。因此，科学技术若要正常合理发展，必须与社会大系统中的其他子系统如政治、文化、经济等发展相协调。

---

① 金吾伦.百年科学伦理的演进与当前的论争[J].求是.2003(22):48-50.

总之，科学技术与社会经济、政治、文化协调发展，既是自古至今人类关于科学技术发展对社会影响的思考和实践探索的经验总结，也是科技与社会内在本质联系的客观要求。

“协调”是指事物与事物之间的一种相互和谐与正向配合的关系，而“协调发展”是指处于发展状态的事物之间的相互促进、同步向前变化的动态关系，“科技与社会的协调发展”则是指科技发展与社会发展之间的彼此配合和相互促进，它体现了科技与社会的辩证关系，包含着层层递进的深刻内涵。

首先，科学技术与社会协调发展是科技与社会之间的相互促进。就是说，科技的发展可以为社会的发展创造有利条件，从而促进社会的发展；社会的发展也可以为科技的发展创造有利条件，从而促进科技的发展，通过自己的适应性调整而使己方适应于对方的发展，这既是为自己的发展创造条件，同时也带来另一方的积极响应和更好的发展，双方便在同一性的关系中良性地互相促进。

其次，科技与社会协调发展是具体的和历史的统一。其具体的统一是指某种具体的科技和某种具体的社会环境相对接，或某些适用而并非最先进的技术在有着特殊国情的某一国家的有效发挥作用，而不是抽象地谈论最先进的技术置入社会，造成格格不入的局面。所谓历史的统一是指发展中的技术与历史性变动中的社会相对接，在不同的历史阶段技术和社会水平的协调是不一样的。历史地看，技术和社会的低水平不意味着没有协调，如果技术与社会在历史发展的一定阶段上都处于较低的水平，相互之间也可以产生协调，就如原始时代的技术与原始社会之间是互相协调的一样。于是，判断技术与社会是否协调，就不是一种抽象的分析，而是一种历史的、动态的、系统的分析，即针对具体问题所做的具体分析。

此外，科技与社会协调发展反映了科技尤其是技术的自然属性和社会属性的有机结合。虽然技术是人造的器物和维持器物运转的软件，但技术的物性层面决定了它有自身发展的规律，内含有自然物的规律，具有自然属性。人使用技术，实际上就是借用技术所蕴含的自然物性功能，使之转变为一种社会功用或人为的功用。因此，可以说，技术来自自然，但又是改变了存在的形式而以“社会产物”或“社会角色”的方式出现的。从这个意义上，也可以看到技术是自然属性与社会属性的有机结合。自然物性的技术能够进入社会而成为一种社会角色，发挥社会性的作用，显然是人有效地认识了相关的自然物性并掌握了将其转化为技术这种社会形式的内在机制，所以它标志了人与自然的一种能动性的亲和关系：依赖自然而又利用自然，尊重自然而又让自然为自己服务。因此，在科技与社会的协调发展中包含了自然与人的和谐关系。这也说明了技术为社会所认同和接纳，社会因技术而产生了相应的调适，技术引起了社会的相应变化。而这两个方面的合成，正是技术与社会的协调发展。

实现科学、技术与社会协调发展的途径如下：

其一，科学和技术发展必须服从社会发展，科技工作必须面向社会需要。在当今大科学时代，科技进步已成为经济发展和社会进步的重要源泉和关键因素，无论是人们物质生活的改善，还是人们文化生活的丰富，都离不开科学技术的发展。但科学技术发展不是人类的最终目的，而是争取人类美好生活的手段。我们不能把科学技术看成高于一切、决定一切。我国明确规定，“经济建设依靠科学技术、科学技术面向经济建设”。科技发展计划要与社会经济发展计划相一致，“为科学而科学”势必导致社会问题的产生。科技工作还必须面向社会需要，因为社会需要是科技发展的基础和动力，“大科学”、“高技术”所必须消耗的巨大人力、物力、财力，都离不开社会的支持。反过来，社会也必然要求科学技术面对其发展过程中提出的种种问题，并尽力加以解决。

其二，科技、经济、社会在运行机制方面要互相协调，即科技、经济、社会协调发展的运行机制与三者自身的运行机制之间的协调。科技、经济、社会的发展是互相作用、互相影响的。科技发展对经济社会的发展具有先导作用与保证作用，要解决好科技与社会的协调，一是要解决好科学技术系统内部的协调问题，如基础研究、应用研究、发展研究的最佳配置；政府科研机构、大学科研机构、企业科研机构、民间科研机构的最佳配置等；二是要解决好对科学技术的人、财、物投入的合理配置；三是要解决好科学技术成果向现实生产力的转化，使得科学技术与经济社会的发展紧密结合起来。促进经济协调发展是三者协调发展的基础和核心，其主要是建立各产业协调发展的、比例合理的产业结构，完善企业的组织结构、投资结构、产品结构、消费结构和地区经济结构，形成社会化、商品化、现代化的大生产体系。社会发展是这三者协调发展的支撑环境和最终目的。社会的协调发展，需要建立高效率的行政管理和社会组织机构，建立适应各政党、各团体、各个利益集团相互沟通和理解的政治结构，建立适应科技发展和提高全民族科技文化素质的教育结构和社会文化结构，等等。

其三，充分发挥科学技术的作用。在实现科技与自然、经济、社会的协调发展中，科学技术起着关键的作用，它是推动经济和社会发展的动力，也是解决人类面临的人口、粮食、资源、能源及环境等问题的首要条件。一方面，只有科学技术发展，才能揭示自然和社会发展的主要规律，揭示人与自然的真实关系，正确预见发展的趋势。现代科学技术的发展不仅为人的能动性的再发挥，而且对人的受动性的认识和控制都提供了科学依据。另一方面，现代科学揭示的自然规律，已成为人类认识生物圈动态平衡机制的基础，而现代技术又为调节生物圈的动态平衡提供了必要的手段。例如，以信息技术、生物工程、纳米技术为龙头的新技术革命，为科技与自然、经济、社会的协调发展提供了重要的手段。再生能源技术有可能解决人类资源短缺的危机，使人类得到清洁、取之不尽的新型能源；电子计算机技术、遥测遥感技术、人造卫星技术的发展，为人类监测、分析、利用、治理生态环境提供了强有力的手段。因此，解决人类困境，科学技术是关键。

最后，建构新的社会道德观。建构新的社会道德观是使当代科学技术与社会协调发展的一个重要条件。一方面，科学技术并不是价值中立的，科学技术活动是蕴含价值的，科学技术本身渗透人类价值。科学技术活动始终有明确的社会目标，所以现代政府才通过财政投入、政策调节、创办技术学院、进行社会技术教育和培训、奖励制度、税法和基础设施等手段加强对科学技术活动的干预，促进科学技术的发展。科学家的动机、利益、偏好会影响科学家的选题，影响他重视什么、忽视什么，影响他对数据的记录、描述、分析、解释及取舍。另一方面，当代社会科学技术迅速发展，社会结构急剧变迁，社会价值观念多元分化，这使人们原有的道德观在现实面前衰落和瓦解，从而引起广泛的社会道德危机，如计算机犯罪、网络贩毒、基因污染及歧视等现象的出现。可以说，这是高科技发展与社会发展严重不协调的一种表现，也是人们社会道德危机的一种表现。所以，需要建构新的社会道德观，以提高科学家和政府决策者、普通公众的思想道德修养，解决当前的社会道德危机，使高科技发展与社会发展相协调。

因此，新道德要求实现集体主义与人道主义相结合，即新的道德既要能够满足科技发展、价值多元化的需要，能够符合社会生活不断更新所导致的更广泛的道德要求，又必须能够为人们在不断做出新行为的选择时提供新道德标准，让人们避免因缺乏恰当的道德规范而出现行为的失范和越轨。新道德必须既能确立使社会不断进步的主导性价值观念,同时又能祛除导致人们发生严重道德失范和越轨的消极价值观念,如当代西方社会中的非理性主义、伦理相对主义、道德怀疑主义等。新道德强调有序的道德导向,强化道德建设的社会调控机制,通过各种社会约束机制,如社会赏罚、道德评价和道德教育等具体的制度化途径,达到对人们道德生活和道德行为的外在引导和控制。

本章小结

社会决定着科学和技术的形成、发展,并为科学和技术进步提供动力和检验成果的标准。社会通过政治、经济、文化以及教育等多个维度影响和制约着科学和技术的基本形式以及发展的根本途径。由于科学和技术的异化,并由此引发诸多科学和技术的伦理问题,势必阻碍社会的发展。因此,要合理地利用和发展科学技术,使其服务于人类发展和社会发展,就必须协调好科学技术与社会其他要素的关系。

拓展阅读

1. 陈光. 科学技术哲学——理论与方法[M]. 成都:西南交通大学出版社,2003.(第六章:“社会科学技术观”,主要介绍科学技术的社会功能、科学技术社会发展条件、科学技术发展的社会控制)

2. 张宗明,赵峰. 自然辩证法概论[M]. 北京:科学出版社,2003.(第九章:“科学技术与社会”,主要介绍科学技术发展的社会条件、科学技术的社会功能)

3. 肖峰. 现代科技与社会[M]. 北京:经济管理出版社,2003.(第十一章:“科学技术与社会发展”,主要讨论科学技术对社会发展的影响、社会对科学技术的影响、科学技术与社会协调发展)

4. 谭斌昭. 自然辩证法概论[M]. 广州:华南理工大学出版社,2003.(第十章:“科学技术与社会”;第十一章:“当代科技革命与社会发展”,主要考察科技发展的社会条件、科技发展对社会各方面的影响、当代科技革命对社会发展的促进作用)

5. 刘金寿. 现代科学技术概论[M]. 大连:大连理工大学出版社,2004.(本书全面地介绍了科技前沿的专题知识)

6. 陈其荣. 当代科学技术哲学导论[M]. 上海:复旦大学出版社,2006.(第十八章:“科学技术:以价值为目标的事业”;第十九章:“科学技术的伦理价值”,主要探究科学技术的价值因素、社会功能、科学技术的伦理属性以及现代技术提出的伦理道德问题、科学家的社会责任与伦理规范等)

思考题

1. 社会对科学技术的决定性作用。

2. 社会生产实践是科学技术发展的根本动力。

3. 经济对科学技术的推动作用。

4. 政治对科学技术的推动作用。

5. 信息网络技术伦理的基本含义。

6. 联系实际谈谈科学技术与社会相协调的必要性。

第七章　工程与社会

本章要点

工程的内涵、本性与特点；工程与科学、技术的区别、联系及互动关系；工程的社会功能；工程安全。

科学、技术与社会关系的最为具体、最为丰富、最为现实的体现就是工程，因为工程处于自然—科学—技术—工程—产业—经济—社会（殷瑞钰语）这一链条的关节环节，一端连接着科学、技术与自然相关涉，一端连接着企业、产业、经济与社会相关涉。科学、技术与社会的互动，根本说来是通过工程活动这一媒介发生的。如果说科学、技术是生产力的话，那么只能是潜在意义上而言的，工程才是现实的生产力，并使作为潜在的生产力的科学、技术得到社会实现，发挥其应有价值。因此，工程作为科学、技术与社会互动的载体与具体体现，是具象化的科学、技术与社会。这就决定了对科学、技术与社会（STS）问题的考察不能撇开工程。本章将讨论三个工程问题：一是通过讨论工程与科学、技术的区别与联系，回答什么是工程的问题；二是通过考察工程在社会中的意义和作用，阐释工程的社会功能；三是通过工程活动的约束因素分析，探究如何规避工程风险，以确保工程安全。

第一节　工程与科学和技术

科学、技术与工程都是人们把握世界的基本方式，但三者既有联系，也有区别。因此，三者不能互相取代。也只有立足科学、技术、工程的“三元论”①，并考察工程与科学、技术之间的互动关系，才能更好地把握工程的含义及其本性。

一、工程范畴的历史演变

从工程范畴形成来看，杨胜标在《工程范畴演变考略》一文中认为：工程一词在我国至晚出现在1060年北宋欧阳修的《新唐书·魏知古传》中，到清代雍正十二年（1735年），御弟允礼主持编撰了《工程做法》，清代钦定《工程做法则例》记录了27种建筑物各部尺寸单和瓦石油漆等的算料算工算账法。中国传统工程的内容主要是土木建筑，强调施工过程，后来才指其结果。西方engineering词义的发展与工程师（engineer）及科学技术的发展紧密联系着。公元200年，罗马作

① 李伯聪.工程哲学引论——我造物故我在[M].郑州：大象出版社，2002：3.

家特鲁里安就把工程槌称作 ingenium（精巧），后来设计和操作此类装置的人就被称做 ingeniateres 或 ingeniator，这就是工程师（engineer）一词的起源。Engineering 的古英文词动词是 engine，指设计、发明，而且这层意思贯穿于近现代 engineering 一词中。Engineering 起源于军事活动，后随民用工程（civil engineering）的出现，特别是工业革命时期出现的机械工程、采矿工程等，使工程不仅作为技术而且成为（engineering science），于是又增加了“学科理论”的含义。Engineering 被美国职业开发工程师协会（The Engineers Council for Professional Development [U.S.]）定义为下面这些科学原理的创造性应用：“设计或完善结构、机器、器械、生产程序及单独或联合地利用它们进行的工作；如同充分理解设计一样制造和操作；预见他们在具体操作下的行为；顾及所有方面，预期的功能、运作的经济性及对生命财产的安全保障。”《不列颠百科全书》解释 engineering 范畴所对应的工程师职能，将其分为：research（研究）、development（开发）、design（设计）、construction（构建），建筑工程师负责准备场地，选择经济安全又能产生预期质量的程序，组织人力资源和设备；production（生产），这是制造工程师的任务；operation（操作），操作工程师控制机器、车间及提供动力、运输和信息交流的组织，安排生产过程，监督员工操作；management and other function（管理及其他职能）。由此可以看出，engineering 除工程外，还有研究、设计、开发、操作与管理等含义。中国大百科全书出版社 1994 年出版的《自然辩证法百科全书》，对工程的定义是，把数学和科学技术知识应用于规划、研制、加工、试验和创建人工系统的活动和结果，有时又指这种活动的专门学科。狭义地说，工程是指进行勘探采掘、土木建设、机械加工、飞机制造和卫星发射等方面的实践过程和目标实现，如三峡工程、核电站工程、登月工程和地下防御工程之类。广义地说工程包括土木工程、机械工程、航空工程和电力工程等学科（在英语中工程和工程学都是同一个“engineering”）。

从工程的进展来看，工程的目的、要素、结构、范围都在不断演变。工程这一概念是随着生产、科学和技术实践的发展而出现的。在古代，由于军事上的需要，城市要构筑防御性的城墙、工事和堡垒，制造弩炮、浮桥、云梯等军用器械，从事这些活动的设计者被叫做军事工程师“engineer”。工程最早仅与军事上的防御工事和兵器制造相关，即军事工程。后来，出现了民用工程师，即土木工程师（civil engineer），他们设计建筑物、筑路、浚河，从而产生了土木工程（civil engineering）。18 世纪，由于工业的迅速发展尤其是产业革命的兴起，一方面提出各种各样的技术需要，另一方面新的机器、动力和材料大量出现又提供了新的技术手段和条件，经济活动领域的不断扩张，使工程的范围日益扩大。19 世纪和 20 世纪上半叶，生产力有了迅速发展，经济实力增强，电磁学、微观物理学和结构化学取得重大突破，加上两次世界大战的刺激，军事工程、动力工程、化学工程等更加大型化，还出现了无线电工程、原子能工程、计算机工程和高分子材料工程等新的工程领域，对无机自然界的物料、能源和信息进行转化、加工的工程得到系统的发展。20 世纪 50 年代以来，工程的对象又从地面扩大到空间，产生了开发利用宇宙空间和人造天体的航天工程、空间工程；从陆地扩大到海洋，出现了开发利用海洋生物、矿物、能源和动力的海洋工程；而且从无机自然界扩展到生命自然界、人体乃至社会、思维领域，涌现出一系列的新型综合工程，如生物工程、酶工程、人体工程、医学工程、智能工程、教育工程和管理工程等，使得现代工程范畴已经大大地丰富和深化了。

从对工程范畴的界定来看，由于着眼点和角度不同，工程的定义也各不相同，几种代表性的观点是：① 工程是应用科学知识使自然资源最佳地为人类服务的一种专门技术；② 工程是将自然科学的原理应用到工农业生产部门中去而形成的各学科的总称;③ 工程是把数学和自然科学知识应用于开辟合理使用天然材料和自然力的途径上来,从而为人类谋利的职业或专业;④ 工程是生产制造部门用比较大而复杂的设备进行的工作;⑤ 工程是人类的一种活动,通过这种活动使自然力处于人类控制下,并使事物的性质在装备和机器上发挥效用;⑥ 工程是人们综合应用科学(包括自然科学、技术科学和社会科学)理论和技术手段去改造客观世界的实践活动。这是陈昌曙在 2002 年《技术哲学文集》中归纳出来的。[①]

今天,学界基于从自然、文化、实践、造物及实体等不同角度来理解工程,工程又分别被阐释为:[②]工程就是按照人类的目的而使自然人工化的过程,是“组织设计和建造人工物以满足某种明确需要的实践活动”(王沛民);工程是人们综合运用科学的理论和技术的手段去改造客观世界的具体实践活动,以及所取得的实际成果(朱高峰);“凡是自觉依循虚体完形、通过利用现成实体完形以创造新的实体完形来满足人的需要的活动及其成果,就是工程”(徐长福);“工程是实际的改造世界的物质实践活动”,即“造物”(李伯聪);工程是技术的系统,技术是工程的要素,一种技术的研究与实现过程就构成了工程(王宏波);“工程就是人的物化,就是人的社会建构,工程的本质就是人的自我实现”(安维复);“工程是艺术或使纯粹科学知识获得实际应用的科学”(S. C. Florman);还有学者在生存论视域下主张,工程不只是主体的建构、造物活动与活动成果,而且是以“栖居”为指归的“筑居”(包含建构和培育),是生存主体筹划着去存在的生存方式。换句话说,工程是人“在世界之中”的特定实践和建构方式,是人的“自为本性”、自我超越与自我实现特质所决定的人的生存方式——类存在,是工程主体自为的存在,即通过“知道的做”或行动,将意识中的理想、目标等形而上的东西,对象化为持存的存在——实在,实现人的本质力量(主体客体化),同时通过非对象化活动(客体主体化)丰富、提升人的类本性(张秀华)。

目前能够普遍接受的工程理解是,实证地看,工程是作为有价值取向的主体,为了满足其特定需要,以一定经验知识或科学理论为基础,以一定技艺或技术为手段,以一定程序或规则为运作机制变革现实的建构性的对象化活动及其成果。它是在特定的社会条件下,对科学、技术、人文以及人力、物力和财力等众多因素的集成。因而,工程具有集成性、社会性、人文性和实现性等本性。

可见,工程是一个历史范畴,是伴随人类社会实践的不断深化而发展的,它依赖于科学、技术,又独立于科学和技术,有自身的存在方式、功能与内涵。

二、工程特性的多维显现

工程与科学、技术相比较,有其自身的特点。这也是为什么坚持科学、技术、工程三元论的原因。

就是说,科学、技术和工程是各自独立的范畴,不能相互僭越和取代。但由于三者共同作为人们把握世界的不同向度,因而又是相互联系、相互转换的。正是三者之间的密切联系,又导致片面地把工程归结为对技术的应用,或只把工程看成是科学、技术逻辑的延伸,从而忽略了工程的非逻辑、非技术的价值和人文维度。张秀华在《历史与实践:工程生存论引论》一书中从以下

---

① 陈昌曙.技术哲学文集[C].沈阳:东北大学出版社,2002:180.

② 张秀华.历史与实践——工程生存论引论[M].北京:北京出版社,2011:70-71.

不同角度讨论了科学、技术与工程的区别与联系：①

从活动的主体来看，科学活动的主体是科学家、科学共同体，技术活动的主体是技术发明家、技术共同体，而工程活动的主体是政府、企业、组织或工程共同体，包括投资者、决策者、管理者、工程师、工人和利益相关者。

从把握世界的典型形式来看，科学对应“发现”，技术对应“发明”，工程对应“规划设计”、“建造”、“培育”。工程设计构成工程的关键环节，是为了满足特定工程目标，运用科学知识和技术手段、方法，进而制订出具体实施方案的活动。它是运用科学发现、技术发明并使之转化为生产力的过渡环节。一般工程设计是相当复杂的，需要兼顾自然、社会、经济、政治、生理、心理以及文化等多种因素，而且要解决的问题也是开放的，不存在最好的唯一方案，必须根据技术原理、现有条件、服务对象、自然资源与社会约束条件等，给出多个可行方案，并最终选择较优的可行方案。因而工程设计涉及科学决策问题。

从活动的目的来看，科学为了发现“一般规律”——“求真”，以观念地把握世界（位于知识性层面）；技术为了发明“可能的‘特殊’方法”——“讲行”，以提供变革现实的方法、手段等潜在性可能的方案世界（位于操作性层面）；工程为了满足人类生存的与发展的需要，利用科学的原理、技术的手段和一定的运行机制，变革自然与社会，现实地营造或建构实存的属我的人工世界和人类世界（位于现实性层面），是从形而上的目标到形而下的过程——“论成”。

从活动对象来看，科学面对事实的世界或现象的世界，其规律具有可重复性；技术面对的是潜在的观念的世界，其手段和方法也是可重复的具有一般适用性；工程不仅面对事实世界而且面对价值、审美的世界，建构的任何工程项目都是一次性的、个别性的——只是这一个或那一个工程，具有“当时当地性”。

从活动结果来看，科学产出的是理论（原理），具有公共性；技术产出的是方案（规程），具有私有性，技术发明的专利就基于此；工程产出的是新的存在物——“人工物”或“人工世界”，具有特定的归属性，即所谓产权。

从社会关涉来看，科学是“排我的”——主观与客观相符合（客观性诉求，不考虑人的因素），技术是“有我的”——客观迎合主观需要（考虑到社会的需要），工程则是“时时离不开我的”——总是从目的性出发的合目的性与合规律性的统一（追求社会实现）。

从社会功能、社会角色来看，科学、技术是潜在的社会生产力，但技术使得科学向生产力转换有了可能，科学是可信的客观的真理，技术是运用科学原理发明的有效的方法和手段，因而是可靠的；而工程是现实的生产力，直接体现着社会的生产方式，工程总是特定的社会经济、政治和文化活动，工程是人们把握世界、解释世界和建构世界的切近的存在方式。

从时间的视野来看，科学是“演化”的，表现为科学知识的由少到多的积累过程；技术是“进化”的，表现为优胜劣汰的手段、方法的选择过程；工程则是“发展”的，表现为从无到有、从有到优的工程系统及其要素的整体提升和创价过程。在这个意义上说，工程创新是创新的主战场（殷瑞钰语）。

从知识性来看，科学知识的基本单元是概念、定律，技术知识的基本形式是技术发明、技术诀窍，工程知识的主要内容是调查工程的约束条件、确定工程目标、设计工程方案以及做出明智决

---

① 张秀华.历史与实践——工程生存论引论[M].北京：北京出版社，2011：6-8.

策和后果预见等。

以上是科学、技术、工程的主要区别,并充分体现了工程自身的特点。但它们并非各不相干而是相互依存、相互转换的。

技术、工程可以转化为科学。对技术和工程的认知就形成技术科学乃至技术学、工程科学(包括一般工程学和专业的工程学)或跨学科的工程研究。科学可以利用技术的手段和工程方式从事科学研究活动。所谓大科学就是体制化了的运用现代技术手段与现代工程的组织管理方式的现代科学。科学的应用可以转化为技术、推动技术的发展,而技术利用科学又能拉动科学的发展。技术离开了科学就只能是原始的经验技术,科学的产生、发展和在技术领域的运用使传统的经验技术变为现代技术。

技术能应用于工程,表现为对工程的推动,而技术一旦应用就转化为工程。如果说传统的工程主要凭借工程活动主体的经验和技巧,那么现代工程离不开现代科学、现代技术,科学、技术和规则是现代工程活动的三大维度,正所谓"没有无技术的工程","没有纯技术的工程","技术的成败不等于工程的成败"(李伯聪语),但工程对科学、技术的运用具有选择性,而非被动的采纳。工程选择技术方案势必对技术起导向作用,并拉动技术的进化,促进科学进步。

三、科学、技术与工程的互动

由于上述科学、技术与工程之间的密切关系,特别是工业革命以来的现代化运动,使得现代科学、现代技术与现代工程互动频率加剧,并赋予不同的时代特征。我们说,19 世纪是以科学为主导的科学→技术→工程的科学时代,20 世纪是以技术为核心的技术→科学→工程的技术时代,21 世纪必将是以工程为统领的工程→技术→科学的工程时代。①

首先,这是历史的逻辑和工程实践自身发展所决定的。科学、技术作为工程的内在因素,其发生、发展必然直接影响到工程实践本身。就是说现代科学和现代技术的应用必然产生现代的工程。事实上,随着现代科学革命、现代技术革命的发生与发展,现代产业革命总是相伴而生的。同样,从 19 世纪的科学主导地位,到 20 世纪的技术主导地位,21 世纪必然凸显出工程的主导地位。

从上述科学、技术和工程关系的分析就可以看出,工程从"隐"到"显"是技术的应用对工程推动的结果。如果说 19 世纪以前是工程→技术→科学的生成模式,19 世纪是科学→技术→工程,20 世纪是技术→科学→工程,那么,21 世纪将重新复归到以工程为主导的工程→技术→科学的作用模式,但这不是简单的重复,而是在更高的层次上的复归,它具有了新的意味:一是现代工程实践自身的发展直接构成技术进化的动力,表现为拉动作用的增强,为科学研究提出新的问题域。例如,绿色产业(产业是工程的集聚)的发展,直接导致对清洁技术的开发,拉动生态科学、环境科学等的发展;二是工程的发展离不开科学、技术的支撑,而且科学、技术的联系更为紧密,已形成科学技术化、技术科学化和科学、技术、工程一体化的趋势。而"19 世纪中叶以前,科学与技术是分离的,它们各自独立发挥对生产实践的作用。技术的进步往往依靠生产经验的积累和传统技艺的提高。科学理论则在实践之后,根据人们在生产技术活动中积累起来的经验材料总

---

① 张秀华.历史与实践——工程生存论引论[M].北京:北京出版社,2011:1-9.

结而成”①；三是科学、技术、工程被镶嵌在一个从自然到社会的大链条中，即自然—科学—技术—工程—产业—经济—社会(殷瑞钰语)，由此不难看出，工程是构成各类产业的基本环节，具有更多的社会关涉，科学、技术向社会生产力的转换是通过工程实践实现的。认识到这一点就会将工程推到前台，而从工程的观点看科学技术也是在所难免的了。

其次，这是由人们普遍地关注工程、自觉地反思工程的时代特征所决定的。近代产业革命以来，随着科学、技术的迅猛发展，人类的工程实践领域不断扩展，工程作为实践的格，工程活动已经渗透到人类生产生活的各个领域，不仅有工程化的物质生产——变革自然的“自然工程”，工程化的社会体制模式、制度设计与安排——调整人与人权益关系的“社会工程”，而且有工程化的知识生产——提供各类理论知识的“精神创造工程”——“知识工程”。也许，会有“泛工程”之嫌，似乎把一切都工程化了，但这只不过是对社会现实的一种描述而已。无论是在政府机关、企事业单位、大众传媒，还是在社会公众的日常生活与语言中，“工程”字眼儿，比比皆是，成为继科学、技术之后使用频率最高的语词。除了传统的土木、水利、机械、电力、化工、工业工程外，我们可以不假思索地列举出来：宇观的航空航天工程，宏观的冶金工程、海洋工程、核能开发工程、环保(保洁)工程、通信工程、材料工程、信息工程、生物工程、知识工程……以及微观的基因工程、纳米工程……此外还有中国语境下的“三峡工程”、“南水北调工程”、“退耕还林工程”、“绿化工程”、“希望工程”、“菜篮子、米袋子工程”、“形象工程”、“863 工程”、“再就业工程”……可见，流俗的工程已被理解成有目的、有计划、有组织的行动及其活动成果。尽管人们并没有执着于普适的工程概念与定义，但似乎达成了共识，并自觉地利用工程的思维考虑和处理问题。当然，有人会说这是科学主义盛行、科技理性主义霸权的结果，这一点的确不能排除，但这只是看到了问题的一个方面，没有充分重视问题的另一个方面，那就是人类总是通过各种工程活动把握、解释和建构着生活世界——人工自然、人类社会乃至精神世界，并且作为历史的存在，经历了从自发(自在)、自觉(自为)到自在与自为统一的辩证过程。

今天，正是人们对工程的自觉，使工程从幕后走到了前台，从隐问题变成显问题。同时还必须看到，人们对工程的关注不仅仅出于工程福祉的一面，而且还由于工程活动的负面作用，如环境污染、生态恶化、资源困乏等问题，引起了思想家们的反思。实际上，马克思、恩格斯较早看到了资本主义制度下大工业所带来的人的异化生存状态，马克思在《1844 年经济学哲学手稿》中详细地阐发了其异化劳动理论。现代人文主义与科学主义的冲突，尤其是法兰克福学派对科学技术异化的批判等，无一不是对现代工程实践所组建的人的生存方式的质疑。从工程师眼中的自己——解决事关公众利益的能手、为公众服务，到公众眼中的工程师——作为功利论者的工程师、作为实证主义者的工程师、作为应用自然科学工作者的工程师；②从工程界自我规范——1914 年最早的美国土木工程师协会(ASCE)的工程伦理规范的问世，以及世界工程组织联合会(WFEO)和联合国教科文组织(UNESCO)主办的每四年一次的世界工程师大会的召开，尤其是《上海宣言》的发表，到兴起于 20 世纪 60 年代的工程伦理；从工程界内部的工程决策，到社会公众参与的工程决策；从进入 21 世纪以李伯聪教授的《工程哲学引论——我造物故我在》为标志的中国工程哲学的创建，乃至由工程界与哲学界联盟跨学科的工程研究(包括工程学的、工程哲

① 丁长青.科学技术学[M].南京：江苏科学技术出版社，2003：184.

② P. Aarne Vesilind, Alastair S. Gunn. 工程、伦理与环境[M].吴晓东等译，北京：清华大学出版社，2003：30-41.

学的、工程伦理的、工程美学的、工程社会学的、工程人类学及工程文化学的研究等）的发起，到美国的 S.L. · 戈德曼（S.L. · Goldman）发表的《我们为什么需要工程哲学》①一文，2003 年布西阿勒里（L.L.Bucciarelli）在欧洲出版了《工程哲学》②一书，乃至德国哲学家 H.波塞尔（Hans Poser）立足于工程科学与自然科学的区分指出工程科学的哲学与自然科学的哲学不同，并表达了工程科学家与哲学家合作的重要性（尽管他没有在技术与工程之间作出严格划界）。可以说，今天，工程哲学的研究已经步入体制化、建制化的轨道，在我国，在中国自然辩证法研究会下成立了“工程哲学专门委员会”；在美国，成立了“21 世纪工程哲学指导委员会”。

因此，我们说现代工程作为工业化和现代化的实现方式已成为普遍的时代特征，这不仅体现在人们把各种事物自觉的工程化上，使得工程作用领域显著扩大，而且体现在公众主动关注工程、理解工程、反思和批评工程以及参与工程决策的社会趋势上，从自然界到社会自身，从生存到意识，引起了人类社会的剧烈回应。如果说哲学是时代精神的精华，那么当下工程哲学的兴起，恰恰反映了工程的时代特征。以至于工程成为科学、技术与社会的具象化形态和样式。

第二节　工程的社会功能

工程作为现实的生产力，其发展的质与量、水平与规模直接反映着一个社会的文明状况。可以说前工业社会以农业生产为主导的前现代工程成就了顺应自然的农业文明，工业社会以工业生产为主导的现代工程成就了改造和控制自然的工业文明，而后工业社会以信息业为主导的后现代工程正在推动人类步入寻求人与自然和解、生态友好的生态文明新时代。在这一过程中，工程直接拉动科学发现、技术发明，促进结构调整与战略升级，推动经济的发展和社会的进步。同时拓展人类的生存空间和人工世界，确证并提升人的本质力量。具体说来，工程在社会生活中发挥着以下几方面重要作用：③

一、吸纳社会劳动力，提供个体必要的就业场所

这方面突出地表现在现代社会。人类步入现代社会以来，工业化所伴随的都市化，致使更多的人涌向大城市，这就增加了城市和社区本身的就业压力，也使人们之间的生存竞争加剧。正是工程活动向各个领域的拓展，以及各类工程共同体对社会劳动力的接纳，为不同层次的待就业人员与那些苦于无生活来源的失业人员，提供了必要的就业场所、去向和生存空间，进而也提供了最为基本的福利保障。因为，让人有劳动的场所和机会，就是保障人的生存权利，它无疑构成了个体的最基本的福利。

诚然，工程活动技术含量的提高，大机器本身也排挤着工人，造成新的失业，但工程共同体活动领域的增加以及分工的细化，又不断提供更多的新的就业机会。这需要辩证地看问题。作为社会学鼻祖的马克思为我们树立了榜样，恩格斯曾指出：“马克思了解古代奴隶主，中世纪封建

① S.L. · Goldman, *Why We Need a Philosophy of Engineering: A Work in Progress*[J]. *Interdisciplinary Science Review*, 2004,29(2).

② Louis L. Bucciarelli, *Engineering Philosophy*[M]. Delft University Press, 2003.

③ 张秀华.工程共同体的社会功能[J].科学技术与辩证法,2009(2):90-95.

主，等等的历史必然性，因而了解他们的历史正当性，承认他们在一定限度的历史时期内是人类发展的杠杆；因而马克思也承认剥削，即占有他人劳动产品的暂时的历史正当性；但他同时证明，这种历史的正当性现在不仅消失了，而且剥削不论以什么形式继续保存下去，已经越来越妨碍而不是促进社会的发展，并使之卷入越来越激烈的冲突中。”①的确，在马克思看来，“资本家的管理不仅是一种由社会劳动过程的性质产生并属于社会劳动过程的特殊职能，它同时也是剥削社会劳动过程的职能。”②

按照这种历史的尺度与价值的尺度相统一的原则，在资本主义制度下，当我们看到掌握着工程活动生产资料的资本家对其所雇佣的工人存在着残酷的剥削时，也应承认这种剥削有其存在的历史必然性与合法性，而且有其积极的作用——毕竟为社会劳动力提供了就业的机会，以保证雇佣工人及其家人维持生存的基本生活需要。尽管雇佣工人的劳动异化了，但他必须去竞争这种异化了的劳动岗位，否则就会饿肚子。正如马克思在谈到分工时所看到的那样，“当分工一出现之后，任何人都有了自己一定的特殊的活动范围，这个范围是强加于他的，他不能超出这个范围：他是一个猎人、渔夫或牧人，或者是一个批判者，只要他不想失去生活资料，他就始终应该是这样的人。”③就是说，个体的生存不但不能摆脱现实的工程活动所提供的社会生活基础，反而，必须主动进入到发挥自己劳动能力的工程共同体中来。正是这种对工程活动共同体依赖的必然性，马克思在阐释资本家共同体时指出：“资产阶级抹去了一切向来受人尊崇和令人敬畏的职业的神圣光环。它把医生、律师、教士、诗人和学者变成了它出钱招雇的雇佣劳动者”④，而投入到资本生产的不同分工的环节中。

实际上，受生产力发展水平的制约，不只是资本主义的工程活动共同体存在着分工的强制性，社会主义制度下工程共同体的活动也还带有一定的分工强制性。“各尽所能，按劳分配”本身就具有强制性：“谁不劳动，谁就没有饭吃。”⑤

进一步说，“任何一个民族，如果停止劳动，不用说一年，就是几个星期，也要灭亡，这是每一个小孩都知道的。”⑥因此，工程共同体的活动不只是提供个人谋生的场所，而且还是满足民族国家乃至全人类生存的需要。它不仅为个人或个体提供生存和福利保障，而且把为人类本身谋求福祉当成工程共同体的社会责任。

二、创造物质财富，满足人的基本需要

这是工程共同体最基本的、也是最重要的社会功能。一些学者之所以把工程定义为创造新的存在物的活动或强调造物的工程，是因为他们看到了人类工程行动的宗旨，在于创造人们生存和生活所需要的物质资料。

的确，正如工程教育所揭示出的，人类最初的工程是与生产活动浑然一体的，其目的就是生产人们衣、食、住所需要的生活资料。换句话说，人这种未经专门化的存在物，是“没有约束和没

---

① 马克思恩格斯全集（第21卷）［M］.北京：人民出版社，1965：557-558.

② 马克思恩格斯全集（第23卷）［M］.北京：人民出版社，1972：368.

③ 马克思恩格斯选集（第1卷）［M］.北京：人民出版社，1995：85.

④ 马克思恩格斯选集（第1卷）［M］.北京：人民出版社，1995：275.

⑤ 列宁.马克思主义论国家［M］.北京：人民出版社，1964：33.

⑥ 马克思恩格斯选集（第4卷）［M］.北京：人民出版社，1995：580.

有固定的存在”（《圣经》语），就决定了必须通过工程共同体的集体劳动去创造他所需要的一切。

实际上，人始终是而且越来越是生活在他们所结成的工程共同体所建构和重新安排了的工程世界即人工世界中。在马克思看来，尽管原生态的自在的自然界具有先在性——人是自然界长期进化的产物，人首先是自然的存在物，但这种先于人的自然界对人说来等于无，只有打上人的实践活动烙印的人工自然和人类社会才是人们生活的现实世界，而且这个现实的世界是通过人的劳动而诞生并通过人的劳动不断得以生成。用马克思的话说，“整个所谓世界历史不外是人通过人们的劳动而诞生的过程”。① 而劳动不是单个人的劳动，而是结成工程共同体的劳动。

因而，可以毫不夸张地说，工程共同体的集体劳动使人们赖以生存的人工自然成为可能，让人拥有了适合其生存、发展的属人世界，创造了世世代代所需要的一切物质财富，而且不同时代、不同地域的工程共同体的造物能力和水平总是标明其所处社会的生产力状况。因为工程直接整合了生产力的各种要素，而表现为现实的社会生产力。

从远古的洞穴、茅屋到现今的高楼大厦，从穿兽皮、草鞋到琳琅满目、款式各异的品牌商品的消费，从徒步行走到种种交通工具的利用，从单纯的陆地生产到海洋工程、航天工程，从造物到“造人”，从改变物质结构的化学工业到改变时空结构的信息工程所开创的地球村时代，工程共同体的工程活动仍在不断地满足和引领人们的物质生活需要，并支撑、丰富社会经济生活的内容。这正是为什么建筑哲学家会有此格言：“上帝（或造物主）一次性地给定了一大堆建材（石头、木料、泥巴、茅草、芦苇、竹子……），其余的一切，都是建筑设计师、木匠、石匠和泥瓦匠……的劳作。”②

三、塑造人文价值，丰富人们的精神生活

工程共同体的生产活动不同于动物的本能的生产活动，后者服从必然律、受自然法则的约束，它只能按照它所在种的尺度去生产，而前者作为人的生产，是自由自觉的活动，不仅遵从他律的客观尺度，而且依循内在尺度，并主要是从自身的需要和目的出发，按照“为我的原则”、美的尺度去重新安排世界。在物质生产本身凝结着人们的自由之本质或者是人的本质的对象化，包含着对美好事物的向往，因而表达和塑造着人文价值，也只有如此才能满足人的精神生活的需要。

马克思在《1844年经济学哲学手稿》中，对此做了深刻的阐释，他说：“诚然，动物也生产。它也为自己营造巢穴或住所，如蜜蜂、海狸、蚂蚁等。但是动物只生产它自己或它的幼仔所直接需要的东西；动物的生产是片面的，而人的生产是全面的；动物只是在直接肉体需要的支配下生产，而人甚至不受肉体需要的支配也进行生产，并且只有不受这种需要的支配时才进行真正的生产；动物只生产自身，而人再生产整个自然界；动物的产品直接同它的肉体相联系，而人则自由地对待自己的产品；动物只是按照它所属的那个种的尺度和需要来建造，而人却懂得按照任何一个种的尺度来进行生产，并且懂得怎样处处都把内在尺度运用到对象上去。因此，人也按照美的规律来建造。”③

---

① 马克思.1844年经济学哲学手稿[M].北京：人民出版社，1985：88.

② 赵鑫珊.建筑：不可抗拒的艺术[M].天津：百花文艺出版社，2002：1.

③ 马克思.1844年经济学哲学手稿[M].北京：人民出版社，1985：53-54.

一般说来，审美原则是工程共同体的规范之一，它几乎总是在兼顾工程产品实用性的同时被考虑。

赵鑫珊专门研究作为工程活动之一的建筑的艺术。他在其著作《建筑是首哲理诗》和《建筑：不可抗拒的艺术》中，把建筑作为一首哲理诗，一种不可抗拒的艺术。

实际上，工程美学也正在成为人们所青睐的研究课题之一。因为，工程之美不仅体现在工程共同体和谐有序的劳动中，而且体现在工程设计的理念与工程产品的形式美以及给社会公众所带来的美的感受中。人类就是在富有美的建造活动和美的产品的消费中，确证、提升人的类本质和人的精神境界的。正是如此，马克思说："工业的历史和工业的已经产生的对象性的存在，是一本打开了的关于人的本质力量的书，是感性地摆在我们面前的心理学"。①

四、建造"属我世界"，拓展"类"生存空间

工程共同体的建造活动使世界二分化，即世界二分化为自在的世界（自在自然）和自为的世界（人工自然或属人世界），人就生活在属人的世界中。早在《黄帝宅经》中，就深刻地表述过：宅者，人之本。→人因宅而立，宅因人得存。→人宅相扶，感天动地。就是说，人不能没有宅，宅只能是人的宅。人因为有了自己建造的宅才成其为人，宅因为有了人才有了本体论意义。如果我们把"宅"引申为"人工世界"，就意味着人们只能生活在他们自己建造的"人工世界"中。

这个"人工世界"是工程共同体建构的属人世界，是作为类存在物的人的类生活——工程实践的产物，它不是一成不变的，而是随着工程共同体所从事的工程活动范围的拓展而扩展，是一个不断生成的过程，进而也拓展人类的"类"生存空间。

历史地看，正是以培育、养育为主的农业工程，使人类由森林、水域地带走向平原、内陆地区；由于有了手艺人、商人共同体的活动——手工业和商业的繁荣，使人类由广大的农村走向城市；现代工程共同体所成就的现代工业工程，开辟了铁路、航道，打破了人们生存的地域限制（同时也瓦解了具有一致性和确定性的"自然家园"的传统共同体，开始了"个体化"进程，进入被人为建造的新的共同体中），在条件允许的情况下人们可以在世界范围内从事生产和交往（尽管增加了生存的不确定性和选择的焦虑感以及不得不屈从于大机器下的分工，但克服了以往的人身依附性，丢掉的是不得不屈从的确定性，换来的是自由，虽然只是以物为基础的有限的自由），使得历史向世界历史转变，表现在横向的全球化运动、纵向的现代化运动。

今天，工程共同体的建造活动，几乎触及到地球上的每一个角落，以至于整个地球变成了一个村庄。正如我们所察觉到的，从第一个航天计划的实行，到载人飞船的试验成功，工程共同体的工程活动视野，尤其在那些"航天人"那里，早已面向太空，为人类的明天寻求着新的可能生存空间。

五、打造生活样式，成就人类文明

工程共同体的工程行动建构属人的世界、人工世界，拓展人们的生存空间，这同时也意味着有什么样的工程或工程范式，就有什么样的生活方式。或者说工程活动的水平——生产力状况，直接组建着人们生活世界的生存样式，成就人类不同阶段的文明。因为，"随着新生产力的获

① 马克思.1844年经济学哲学手稿[M].北京：人民出版社，1985：84.

得，人们改变自己的生产方式，随着生产方式即谋生的方式的改变，人们也就改变自己的一切社会关系。手推磨产生的是封建社会，蒸汽磨产生的是工业资本家的社会”。① 而生产方式、社会关系的改变，又必然引起观念、原理、范畴的改变，决定着人们的精神生产活动和精神文明建设。

大体说来，在前工业社会，工程共同体所进行的以农业为主导的“自在工程”范式，因其力量的弱小，它给人的是依顺自然、效仿自然，日出而作，日落而息，春种秋获的田园生活方式；对应的是“总和为零的博弈”——自然经济模式；在自然观上，是一种有机论、整体论和给自然附魅的自然观。“自然在耕田人的眼里几乎可以说是效仿的榜样，是阐释人生的模式”；在思维方式上，是一种向后看的本体论思维、还原思维。因而，总体上说，其文化的价值取向是“自然的逻辑”，成就的是农业文明。

在工业社会，工程共同体所从事的以工业为主导的“自为工程”范式，因其力量的强大，打断了自然时间的链条，按照人的意志和需要重新安排世界，不是等待、效仿，而是促逼、宰制，塑造的是资产阶级生活方式，发展的是商品经济；在自然观上，自然界成为一架运转着的机器，即崇尚机械的自然观，自然被祛魅了，成为“工业人”随时开发和用不尽的大资源库，自然丧失了其自身存在的本体论根据，从“自在之物”变为“为我之物”，成为被征服、宰制的对象；在思维方式上，是一种知识论的二元对立的思维，人与自然的关系成为统治与被统治、征服与被征服的对立关系。与此同时，人与人之间的关系也变成人与物之间的关系，人被当成物来对待。这一方面几乎伴随着整个由现代工程共同体所从事的现代工程活动中，成就的是以资本的逻辑为价值取向的工业文明。

正如齐格蒙特·鲍曼所揭示的：“有两种趋势始终伴随着现代资本主义。一种趋势已经表现出来：用人为的设计、强加的监控规则，来取代共同体过时的‘自然而然的理解’、取代由自然来调整的农业节奏和由传统来调整的手工业生活的规则，这是一种坚持不懈的努力。第二种趋势是，(这次是)在新的权力结构框架内，恢复或从零开始创造一种‘共同体的感觉’，但这种努力远远不是如此坚持不懈的努力(而且这还是一种延误了的努力)。”②

齐格蒙特·鲍曼所说的“第一种趋势”主要体现在泰勒制的前福特制生产模式中。由于“工作的科学组织”及单纯效率寻求，使生产者的生产表现与他们的动机、情感分离开来。生产者将暴露在机器的非人格的节律当中，这种节律将设定运动的步伐，并决定每一个行动；没有为个人的决定和选择留下任何空间。创造、奉献和合作的作用，甚至是机器操作者临场技巧的作用将被降低到最低程度。使确定性寻求与人的自由完全对立起来，工人的劳动异化，劳动不是肯定人而是否定人，无法实现作为人类本质的自由自觉的活动，人的生存异化了。③

第二种趋势与第一种趋势并行，始于慈善家们所创建的“模范村庄”，目的是重建一个被工作场所环绕的共同体，以使工厂的工作变成“完整无缺的生活”追求。然而这种尝试被同时代的人视为“乌托邦社会主义者”的行为而遭到排斥。直到一个世纪以后，随着“梅约计划”的成功，人们意识到，工作的满足和友好氛围能比严厉的规则和无所不在的监视——“全景监视”更有效果。

---

① 马克思恩格斯选集(第 1 卷)[M].北京：人民出版社，1995：142.

② 齐格蒙特·鲍曼.共同体[M].欧阳景根译，南京：江苏人民出版社，2003：39.

③ 马克思.1844 年经济学哲学手稿[M].北京：人民出版社，1985：46-57.

“福特主义工厂”综合了以上两种趋势,并成为资本主义企业追求成功的典范。腾尼斯将其概括为:它的目标是要把“选择意志”重新锻造为“本质意志”,要把明显的人为的、抽象地设计出来的行为的理性模式“自然化”。①

正如李伯聪在2005年第259次香山科学会议上的报告《工程人才和工程创新》所阐释的:如果说福特制生产模式仍然将人看成手段而不是目的,较其前的单件生产模式对工人的技能要求不是提高而是降低。那么,进入“后福特制”(Postfordism)生产模式——“精益生产”(Lean Production)模式的工程,再度提高了对工人的要求,如要求依赖劳动者专用性知识和能力的长期积累,要求教育培训员工具有多方面的技能,要求充分发挥工人潜力,调动其工作热情等。

实际上,后福特制代表的生产模式恰好反映了后工业工程——“自在自为的工程”范式的特征,它所对应的是知识经济、学习型社会,它在更高的层次上组建人们新的生活样式,成就的是信息文明,并有助于走向生态文明。因此,它崇尚的是“返魅”的自然观,世界是有待照料的大花园;依循的是生存论或有规范的实践论的思维方式,坚持可持续发展;它摆脱了单纯追逐“资本的逻辑”,而转向“自由的逻辑”的价值取向,让人类在大地上诗意地栖居正在并将最终成为新一代工程共同体的理想。

第三节　工程安全

上文工程的社会作用主要揭示了工程造福人类的正面功能或正价值,实际上工程不但对人类有“功”,也有“过”,特别是大规模、高科技的现代工程由于技术的、社会的,乃至政治的和人为的原因,频繁出现各种工程事故和工程问题,既造成巨大的经济损失、政治影响和生态环境的破坏,也威胁到人们的生命安全,甚至造成人类的生存危机。所以,看到工程在社会生活中正面作用的同时,也不能回避工程的负面价值,以吸取经验教训,改进同类工程的安全性能,使其更人性化、更可靠。一代代的工程人正是在一个个痛苦的工程反思的基础上跋涉前行的。由于现代工程的复杂性、不确定性和风险性的特征,以及工程共同体利益主体的多元化,使得各种工程问题、工程事故频发。因此,如何尽可能有效地降低工程风险,确保工程安全,既是工程发挥其应有社会功能的前提,也是工程获得社会实现的关键。这就客观地决定了,工程安全具有重要意义,是工程活动不能回避的问题。

一、引发工程安全问题的主要原因

一般导致工程事故和工程灾难的原因,主要有以下几个方面:

(一)来自科学认知的问题

工程行动在向某一个领域进军时,由于对某些相关方面的问题缺乏科学知识,或者说对某些因素还存在认知上的盲点,这就增加了工程的不确定性或风险性。此种情况容易引发错误的工程决策和不恰当的工程设计方案。比如,在三门峡工程上,由于当时我国工程技术人员,甚至包括苏联水利专家在内,都缺乏对黄河泥沙特征的认识,更没有在多泥沙河流上修建水库的经验,

① 齐格蒙特·鲍曼.共同体[M].欧阳景根译,南京:江苏人民出版社,2003:43.

这就一定程度上存在工程行动的盲点,不仅给该不该建造三门峡水库的决策提出挑战,而且给怎样建造也增加了困难。然而,由于多种原因,特别是受科学认知的局限,三门峡水库的决策既没有看到,也不可能正视该问题的存在,最终,导致各种工程问题和隐患。在这个意义上说,科学认知的局限在任何时候都是工程的界限和约束条件。尽管,人类的理性是有限的,不可能使工程行动具有完备的、自足的科学知识、技术知识和工程知识等,而客观地决定了工程就是在众多的不确定性中寻找确定性。但工程决策者应尽可能地努力发现工程的边界条件,认识自身的不足,而不能盲目乐观。否则,就难以有效地规避工程安全问题。

实际上,三门峡水库问题主要出在对沙地建坝的科学认知不足上,而在工程决策时又忽视了少数人和反对派的意见。下面将通过三门峡工程决策的具体过程来进一步分析其成为问题工程的原因。

据包和平在《工程哲学》一书中关于"黄河三门峡工程的哲学分析"所做的案例研究①,新中国成立后,关于是否建三门峡水库的问题也经历了三起三落。第一次起落是,1949 年,在《治理黄河初步意见》一文中,以"变害河为利河"为治理目标,以"防灾和兴利并重,上、中、下游统筹,干流与支流兼顾"为治理黄河的方针,主张从三门峡、八里湖同和小浪底三处坝址中选择一处,建造一座综合利用的水库。但是到了 1951 年,就有人根据我国当时的政治、经济、技术以及人力、物力和财力等条件,提出了反对意见:认为在黄河干流上修建大型水库困难太大,建议从支流开始寻求解决问题的途径。第二次起落是,经过对支流建水库的方案计算得出结论:支流太多,拦洪机遇又不十分可靠,且花钱多,效益小,需时间长,交通不便和施工困难等,仍需从干流的潼猛河段下手。于是,三门峡水库方案被再次提出。但这个方案几经权衡之后,终因要淹没 800 里秦川"损失太大"而舍弃。第三次起落是,自 1952 年下半年开始,转为研究淹人淹地较少的邙山建库方案。经过研究终因其投资超过 10 亿元,淹没人口超过 15 万,且无综合利用效益而放弃。这样三门峡方案在 1952 年冬第三次被黄河水利委员会提出。但是,水利部随后对解决防洪问题做出了明确指示:一是要迅速解决黄河防洪问题;二是根据国家经济状况,花钱不能超过 5 亿元,移民不能超过 5 万人。于是,三门峡方案因超标被第三次搁置。后来,由于苏联专家的到来并最终通过了他们参与设计的三门峡规划。

可以说,三门峡水库规划的通过是与苏联专家参与并提供技术经济论证是分不开的。同时,也和当时急需治理黄河泛滥分不开。而且规划的通过使得建设三门峡工程变成了"国家意志"。以至于在后来关于三门峡工程设计上,也没能很好地发扬民主,而让少数人服从了多数人的意见。这可以从以下三门峡工程的设计与争论中得到说明。

1955 年 8 月,黄规会提出了《黄河三门峡水利枢纽设计技术任务书》,并明确指出:三门峡水电站的设计应根据黄河综合利用规划技术经济报告,并考虑国家计划委员会 1955 年提出的意见、本设计任务书和其他供本水电站设计用的原始基础资料进行编制。

按照我国上述各项文件的要求,苏联列院于 1956 年 4 月提交了《黄河三门峡工程初步设计要点》。同年 7 月,国务院对《黄河三门峡工程初步设计要点》进行了审查,提出审查意见和决定,并将相关信息函告苏联电站部水利发电设计总院。按照中国方面的意见和决定,苏联列院于 1956 年底完成了他们所承担的三门峡工程的初步设计。

---

① 殷瑞钰、汪应洛、李伯聪等.工程哲学[M].北京:高等教育出版社,2007:345-360.

问题是，1956 年 4 月，列院提出《黄河三门峡工程初步设计要点》报告后，由于该报告主张：在保证三门峡水库 50 年寿命的前提下，水库正常高水位不应低于 360 米高程。这比最初《技术经济报告》中确定的水库正常高位的 350 米又高出 10 米，耕地淹没和库区移民也随之增加了许多，农田淹没由 200 万亩增加到 325 亩；移民由 58.4 万增加到 87 万人。此报告引起中国有关人士和专家的注意。

1965 年 5 月，清华大学的黄万里教授向黄河规划委员会（简称黄规会）提出了《对三门峡水库现行规划方法的意见》，反对建造三门峡水库。

1956 年 12 月和 1957 年 3 月温善章分别向水利部和国务院提出了《对三门峡水电站的意见》，反对以高坝大库进行蓄洪拦沙。

在这种情况下，水利部于 1957 年 6 月 10—24 日在京召开了水利部、电力部、清华大学、武汉水利学院、天津大学、三门峡工程局，以及有关省水利厅的专家、教授共 50 人参加的三门峡工程讨论会，讨论三门峡水库的止常高水位和运行方式。讨论的议题为：一是应否修建三门峡水利枢纽，二是水库拦沙与排沙问题，三是综合利用水库的要求和运行，四是对以水土保持工作为修筑三门峡水利枢纽的基础的评价。

围绕上述问题展开了十分激烈和复杂的争论，有学者对该争论进行了梳理并区分出三个派别，即高坝派、低坝派和反坝派，详见下表：

指标 派别	是否 建坝	拦沙与 排沙	是否 综合利用	主要理由	代表人物
高坝派	是	拦沙	充分综合利用	效益巨大	大多数专家
低坝派	是	排沙	防洪为主，兼顾综合利用	移民、耕地等淹没损失巨大，从长远看与水利资源比较土地资源更为珍贵	温善章、叶永毅、吴康宁、王潜光、王邨、方宗岱、杨洪润和俞漱芳
反坝派	否	排沙	否	设计思想错误，不值得	黄万里、张寿荫

遗憾的是最终决策选择了所谓多数人支持的“高坝派”的意见，而未能倾听少数人的声音，忽视了“低坝派”和“反坝派”所陈述的理由。最终使该工程成为问题工程，造成了不可挽回的生态恶化和严重的社会问题。而实践证明低坝派的意见是比较合理的，工程运营后的运营方式的改变以及两次改建都回到了低坝派主张的排沙和防洪为主兼顾综合利用的设计思想上。即使如此三门峡工程也造成了不可挽回的生态灾难、经济损失与社会问题。在这个意义上说，反坝派的主张恰恰是最合理的。当然，我们只是事后判断。

不难看出，导致三门峡成为问题工程的原因主要在于工程决策环节。

首先，在该不该建造三门峡水库问题的决策上，政府有关部门有偏听偏信苏联专家的嫌疑，因为之前该工程已经被美国专家所否定，而且在“三起三落”的过程中，最终都是否定的声音高于肯定的声音。决策层对此并未给予足够重视，而苏联专家的《技经报告》最终促使建造三门峡工程成为现实。这里不能排除当时我国的水利工程技术能力较弱，建设像三门峡水库这样的大工程必须借助外来技术力量，而从政治和技术上看，苏联列院无疑是最可靠的选择。

其次，在怎样建的工程设计决策上，再次忽视了否定的态度和声音。尽管也召开了工程设计的讨论会，但不顾“低坝派”和“反坝派”的少数人意见，一意孤行地选择了由苏联专家设计的并由“高坝派”所支持的工程建设方案。也许按照政治生活中的少数服从多数的原则,此决策程序无可厚非。但是,在工程决策中,不仅涉及政治、经济和社会因素,还涉及科学、技术、审美因素等;不仅关涉价值问题,而且关涉真理问题。在真理问题上,要实事求是,并非多数人就必然拥有真理,而在专业性极强的领域常常是真理在少数人手里。所以,科学的工程决策不能忽略少数人尤其是少数专家的意见。他们不是靠拍脑袋随意说话而是经过认真研究后的意见,因此,这是极其宝贵的。工程决策者可以最终不选择来自专家的不同意见,但却不能不认真考虑和借鉴这些看法尤其与主流相左的观点。

(二)来自技术本身的问题

许多问题工程,看来是偶然因素引发的,实际上根本原因则是工程的技术问题。这种情况有三种:一种是工程利用了所谓最新技术,而问题就出在“新”上了。这主要是由于一味追求新技术,而对新技术性能的评估、考量不够,特别是缺乏必要的试验环节,在经验不足的情况下直接投入使用,以至于增大了技术的风险性。就是说工程设计所选择的技术有很高的前位性和先进性,但却缺乏可操作性。另一种情况是孤立地考察某一工程的技术是否先进,而忽略了工程对技术的集成特征所决定的技术系统的配套性,只有技术系统整体优化才能最终实现工程的技术合理性目标。第三种情况是工程设计的技术标准低,技术安全系数小、可靠性差等存在的各种技术缺陷,就意味着还未施工就已经存在着工程隐患了,因而必然影响工程安全。比如,如果房屋设计的技术标准过低、防震级别过低,一当地震级别超出设计的技术标准,就会出现严重倒塌,威胁人们的生命安全。实际上,切尔诺贝利核电站事故的发生,根本说来也是由于工程设计的技术缺陷问题,只是工作人员的违规操作更加暴露了这一技术问题。正像张景秀在1991年第6期《国际科技交流》的文章《切尔诺贝利核电站事故的原因》中所描述的那样:

苏联公开报告中报道了操作人员反复进行切换各种安全装置等重大违反操作规程的实验,结果证明,比起操作人员的错误来,更严重的是设计上存在重大缺陷。

日本《朝日新闻社》1990年7月16日得到了“苏联国家原子能安全监督委员会”未发表的文件。该文件是由20位专家组成的科学技术评议会于1990年2月15日写成的,题目叫做“决定”。根据该文件,像事故发生前那样,在低输出状态下,反应堆的控制棒大部分从炉心拉起来,当按下紧急停止开关让控制棒下降时,会在炉心下部促进核裂变。因此,输出激增,在炉内产生大量蒸汽。这种类型的反应堆在低输出状态下,如果炉内的蒸汽增加,据说容易进一步引起核裂变反应,这就是所谓的“正真空效应”。从而导致破坏性的输出激增,产生爆炸。控制棒是由吸收中子的吸收棒和其下部由黑铅做成的排水棒两部分组成。但排水棒短,控制棒拉到最上边时,排水棒的下端高出炉心下端1.25米左右,由此浸在水里。在这种状态下,当按紧急停止开关时,控制棒进入炉心,而排水棒下端把水压出,那里部分暂时性地被黑铅占据。水吸收引起核反应的中子的作用比黑铅要好。水被黑铅置换则中子增加,核反应就会加剧。该文件指出,这种缺陷在事故发生的两年前,即1984年就已在内部被指出过,但一直没有改进。过去一直认为事故的主要原因是操作人员严重违反操作规程,文件指出“事故的发生和规模与此无关”。实际上,这个缺陷在1986年苏联向国际原子能机构(IAEA)提出报告书以后,西方专家马上就推测到了。

在讨论苏联报告书的国际原子能机构的专家会议上,就事故原因进行说明的阿曼·阿巴乾所长回答记者问时指出，他大体同意"决定"的结论，事故的原因第一是由于原子反应堆本身的特性决定的，操作人员违反操作规程不具有附加效果，但设计的缺陷因违反操作规程与事故联系起来。该研究所在事故以后早期阶段就已清楚这一点。切尔诺贝利核事故造成了重大损失和国际性影响，其经验教训值得认真吸取。

同时，该事故也暴露了核电站建设选址不当，管理监督不利，经济效益至上而安全意识不强等问题，特别是在事故发生后企业乃至政府并没有迅速向公众阐明真相，也没有及时采取相应的措施来避免事故的扩大，整个事故最后的曝光主要是通过一些其他国家检测空气中的漂浮物而揭露，以至于扩大了事故的次生灾难。

（三）来自社会的问题

变革自然的造物工程不仅具有自然属性，而且具有社会属性。因为工程总是社会的工程，它从社会的需要出发，体现社会的生产力，确证人的本质力量，同时也受制于社会的经济、政治和文化状况。因此，工程是社会形成的，或者说社会直接型塑工程。工程的社会形成特征就决定了问题工程的社会关涉。

从经济因素来看，如果工程活动仅仅以追求经济利益为目标，其极端化就会出现不择手段的唯利是图。进而，导致企业责任和个人责任的缺失，出现施工过程中的偷工减料、违规操作等直接危害工程质量的行为发生。许多工程事故，既不是缺乏工程的科学认识，也不是工程设计的技术问题，而恰恰是发生在工程施工的操作环节。目前，该问题在我国表现尤为突出。因为工程行为失范而酿成责任事故的工程不胜枚举，其中堤溪沱江大桥坍塌就是典型的一例。

根据交通部《关于湖南省凤凰县堤溪沱江大桥"8 · 13 "特别重大坍塌事故处理结果的通报》（交公路发〔2007〕766 号）公布的情况：堤溪沱江大桥工程是湖南省凤凰县至贵州省铜仁大兴机场凤大公路工程建设项目的控制性工程，大桥全长 328.45 米，桥面宽度 13 米，设 3% 纵坡，桥型为 4 孔 65 米跨径等截面悬链线空腹式无铰连拱石拱桥，桥墩高 33 米。

该桥的建设涉及以下责任单位：建设单位是湘西自治州凤大公路建设有限责任公司，为国有独资公司，隶属于湘西自治州人民政府。2003 年 10 月，湖南省人民政府决定，湘西自治州凤大公路的建设项目业主变更为湖南省公路管理局。2004 年 5 月，湖南省公路管理局又委托湘西自治州公路管理局作为业主重新组建凤大公司；设计和地质勘察单位是华罡设计院，具有公路行业甲级《工程设计证书》、甲级《工程咨询资格证书》和甲级《工程勘察证书》；施工单位是湖南路桥建设集团公司，具有建设部颁发的"公路工程施工总承包特级、公路路基工程专业承包壹级、公路路面工程专业承包壹级、桥梁工程专业承包壹级和公路交通工程专业承包交通安全设施"《资质证书》和《安全生产许可证》。湖南路桥建设集团公司所属道路七分公司具体负责堤溪沱江大桥的施工任务；监理单位为湖南省金衡交通咨询监理有限公司，具有公路工程甲级监理资质。

然而，就是这座责任主体如此明确的在建的湖南省湘西土家族苗族自治州凤凰县堤溪沱江大桥，却于 2007 年 8 月 13 日 16 时 45 分，发生特别重大坍塌事故，造成 64 人死亡、4 人重伤、18 人轻伤，直接经济损失 3 974.7 万元。

事发之时，堤溪沱江大桥建设工地的 7 支施工队、152 名作业人员正在进行 1、2、3 号孔主拱圈支架拆除和桥面砌石、填平层等施工作业。桥梁施工中，随着拱上荷载的不断增加，1 号孔拱圈受力最大的多个断面达到或接近极限强度出现开裂、掉渣，接着落下石块。在最先达到完全破坏的 0 号桥台侧 2 号腹拱下方主拱断面裂缝张大并下沉，下沉量最大的断面右侧拱段（靠 1 号墩侧）带着 2 号横墙向 0 号台侧倾倒，通过 2 号腹拱挤压 1 号腹拱，因 1 号腹拱为三铰拱，承受挤压能力最低而迅速破坏下塌。受连拱效应影响，整个大桥迅速向 0 号台方向垮塌。大桥坍塌过程仅持续了大约 30 秒。

事发后，调查组从项目立项、地质勘察、设计、施工、监理和工程管理六个环节入手，通过现场勘察、技术鉴定、查阅资料和询问有关当事人，查明了事故发生的经过、直接原因和间接原因，最终认定这是一起重大的工程责任事故。

从导致事故发生的直接原因来看，主要是工程使用的材料质量低劣和违反操作工艺规程问题。由于大桥主拱圈砌筑材料未满足规范和设计要求，拱桥上部构造施工工序不合理，主拱圈砌筑质量差，降低了拱圈砌体的整体性和强度，随着拱上施工荷载的不断增加，造成 1 号孔主拱圈靠近 0 号桥台一侧约 3 米至 4 米 宽范围内，即 2 号腹拱下的拱脚区段砌体强度达到破坏极限而坍塌，受连拱效应影响，整个大桥迅速坍塌。

从造成事故的间接原因来看，涉及以下几个方面：

（1）施工单位严重违反工程建设质量和安全生产的法律法规及技术标准，施工质量控制不力，现场管理混乱。一是项目经理部未经设计单位同意，擅自与业主商议变更原主拱圈施工方案，未严格按照设计要求的主拱圈砌筑方式进行施工。二是未配备专职的质量监督员和安全员，未认真整改落实监理单位多次指出的严重工程质量和安全生产隐患；主拱圈施工质量问题突出，如拱石材料未严格控制形状和尺寸，砌体砌缝宽度极不均匀，部分砌筑不密实，砌体存在空洞；主拱圈施工各环在不同温度无序合龙，造成拱圈内产生附加的永存的温度应力，削弱了拱圈强度。三是倒排工期赶进度，连续施工主拱圈、横墙、腹拱、侧墙，在主拱圈未达到设计强度的情况下就开始落架施工作业，降低了砌体的整体性和强度。四是技术力量薄弱，现场管理混乱。项目经理部的技术、管理人员共 17 人，其中专业技术人员仅 6 人；施工人员技术素质低，劳务分包给不具备施工基本水平的农民工队伍，且在上岗前未按规定进行技术培训和安全教育，卷扬机操作人员、试验员、测量员等均无相应资格证书；工程材料质量把关不严，未按照设计要求控制拱石规格。五是道路七公司未按规定履行质量和安全管理职责。没有专门的安全生产管理机构，在巡查中走过场，未能发现存在的严重质量、安全生产隐患以及施工现场管理混乱问题，默认同意项目经理部招雇没有石拱桥施工经验的农民工及无证上岗等问题，违规同意项目经理部变更原主拱圈设计施工方案，盲目倒排工期赶进度。六是湖南路桥建设集团公司对工程施工安全质量工作监管不力。湖南路桥建设集团公司对道路七公司的机构设置、人员配置、质量安全职责和控制措施监督落实不力；指导和监督道路七公司贯彻落实工程建设质量和安全生产管理的规章制度不力；对项目经理部长期存在的管理混乱、人员不到位、无证上岗、工程质量等问题和对项目经理部变更原主拱圈设计施工方案、不顾工期延误现实盲目倒排工期赶进度的问题失察。

（2）建设单位严重违反建设工程管理的有关规定，项目管理混乱。一是对发现的施工质量不符合规范、施工材料不符合要求等问题，未认真督促整改。二是未经设计单位同意，擅自与施工单位商议变更原主拱圈设计施工方案，且为确保凤大公路在"洲庆"前交工通车，盲目倒排工期赶进度，将原计划三个月完成的主拱圈砌筑时间压缩为一个半月，严重影响大桥主拱圈砌筑质量。同时，为赶施工进度，越权指挥施工，甚至要求监理不要上桥检查。三是未能加强对工程施工、监理、安全等环节的监督检查，对检查中发现的工程质量问题未认真督促纠正；发现施工单位选用的施工材料不符合设计要求、施工人员未经培训等问题后未认真督促整改；发现监理人员资格不符合要求后也未采取任何措施。四是湘西州公路局主要领导同时兼任凤大公司主要领导，不能认真履行职责，放松对工程建设质量和安全生产的监督检查，没有督促整改工程存在的重大质量和安全隐患。五是湖南省公路局在将项目委托给州公路局后未认真履行自己的职责，疏于监督管理，没有及时发现和认真解决工程建设中存在的各种问题。

（3）监理单位违反有关规定，未能依法履行工程监理职责。一是现场监理处对施工单位擅自变更原主拱圈施工方案，未予以坚决制止；在主拱圈施工关键阶段，监理处人员投入不足；对发现的主拱圈施工质量问题督促整改不力，不仅没向有关主管部门报告，有关监理人员还在主拱圈砌筑完成但拱圈强度资料尚未测出的情况下，即在验收砌体质检表、检验申请批复单、施工过程质检记录表上签字验收合格。二是监理公司对现场监理处管理不力。派驻现场监理处技术人员不足；一半监理人员不具备执业资格；对驻场监理人员频繁更换，不能保证大桥监理工作的连续性。三是湖南省交通规划勘察设计院未能认真督促金衡监理公司贯彻落实有关工程质量和安全生产的法律法规和规章制度，对金衡监理公司在堤溪大桥工程监理中存在的问题失察。

（4）勘察设计单位工作不到位。违规将地质勘察项目分包给个人，前期地质勘察工作不细，设计深度不够，施工现场设计服务不到位、设计交底儿不够。

（5）质量监督部门对大桥工程的质量监管严重失职。一是湘西州质监分站作为凤大公路的监督单位，工作严重失职。未制订月度、季度质量监管计划，未落实重点工程质量监督责任人；对施工方、监理方从业人员培训和上岗资质情况监督不力，大部分仅以口头形式向建设、施工、监理方通报质量监督结果和提出要求；发现重大质量和安全隐患后，未依法责令工程停工整改，也未向有关主管部门报告。二是省质监站对州质监分站业务工作监督指导不力；对凤大公路、堤溪沱江大桥这一"统贷统还"项目监管不到位，没有及时掌握凤大公路真实质量动态，对凤大公路工程建设中存在的管理混乱、施工质量差、存在安全隐患等问题失察。

（6）湘西州、凤凰县两级政府和有关部门及省有关部门对工程建设立项审批、招投标、质量和安全生产等方面的工作监管不力，对下属单位要求不严，管理不到位。一是湘西自治州交通局违规办理相关申报手续，在凤大公路工程建设项目立项审批过程中，违规补办并倒签工程招投标相关申报文件。二是凤凰县政府解决工程征地拆迁问题和保障施工环境不力，越权出台《凤大公路征地拆迁安置补偿办法》，导致凤大公路施工环境差，出现多次严重阻工，致使施工工期拖延长达一年多，导致后来为赶进度倒排工期。三是湘西自治州政府在工程建设项目立项审批过程中，违反基本建设程序和招投标法的有关规定，要求州计委、州交通局弄虚作假，补办、倒签有关上报文件；对因征地政策导致凤大公路项目工程多次严重阻工、拖延工期以及保障施工环境督促解决不力；要求盲目赶工期，向"州庆"献礼，而对 50 周年州庆项目倒计时目标管理的后期实施工作监督检查不到位。四是湖南省交通厅履行工程质量和安全生产监管工作不力。在工程可行性研究报告尚未批复的情况下，违规委托设计单位编制勘察设计文件；违规批准凤大公司的项目开工报告；对下属单位省质监站、公路局管理不力，督促检查不到位；对堤溪大桥工程建设中存在的重大质量和安全隐患失察。

该工程事故作为一起重大的责任事故，涉及以上众多的责任人和单位，经核实后对其一一追究法律、行政以及经济责任。

除上述经济因素外，造成工程安全问题的还有政治和文化因素。

从政治因素来看，造成工程问题的原因主要表现在，工程决策上的政治导向，行政领导一言堂，缺乏必要的民主程序，不能广泛听取专家和社会公众的意见和建议，使得本不该上马的工程上马，以致最终成为问题工程。一些政绩工程或形象工程多为豆腐渣工程。

从文化的因素来看，主要是指有些工程单纯出于功利目的而丧失了工程的人文向度，不是与具体的聚落文化风格相协调，而是破坏文化生态，甚至损毁地方文化遗产、文化古迹等，而使工程自身成为问题工程。此外，问题工程还表现为对生态环境的破坏，如引起某些物种的灭绝、土壤沙化、河流泛滥、环境污染等。

总之，每一工程事故都有其产生的个别和具体原因，这里只是在一般的意义上来谈，而且限于一些基本的因素。

二、规避工程灾难的基本路径

针对引发问题工程的上述各种原因，在工程活动过程中，应自觉寻求规避问题工程发生的可能路径与基本原则，以确保工程安全。

（一）尊重自然规律

这是由工程活动的合目的性与合规律性相统一原则所决定的。造物的工程作为人类最切近的生存活动，主要处理的是人与自然的关系，其中对自然规律的把握和运用不仅制约着工程活动领域、工程活动的深度和广度，而且决定着工程活动的效果。因此，工程活动仅考虑需要和目的是不够的，还必须自觉遵守自然规律，否则就会遭到自然的惩罚。只有自觉把握和尊重自然规律，面向事实本身，坚持真理，才能建立科学的工程理念，避免工程活动的盲目性，有效规避工程风险，促进工程的社会实现。

同时，也只有认识到工程活动的合规律性，才能在目的主导下严格遵循科学和技术的逻辑，恰当运用相关科学原理和有效的技术手段，并通过科学管理优化对人流、物流、信息流以及科学、技术与人文等多因素整合的工程集成，做到物尽其用、人尽其能，既能依循物之物性——自然本性，又能张扬人之“人道”——以人为本，努力寻求人与自然关系的和解。进而，一方面使工程这一形成价值理念、创造和生成价值的生产活动，通过社会公众的消费环节而获得满意的价值实现。另一方面，借助工程活动拉动科学和技术的发展，不仅提出新的科学、技术问题，而且有效推动科学和技术进步。更为重要的是，当今，科学、技术、工程一体化的趋势，科学自身的发展也必将提高技术科学和工程科学的发展水平，增加工程知识，并借助工程教育和工程传播，让公众了解工程、理解工程、走近工程、参与工程决策。

（二）科学决策

这是工程活动至关重要的环节，事关工程之成败。问题是，如何实现科学决策？就是在决策过程中要有一整套设计合理的决策程序，引入民主机制，发挥整体优势；依循工程的基本价值规范，形成工程评价的科学标准，做到有章可循；分析工程的优势与劣势，加强工程行动的界限和不确定性风险研究，在多方案比较中优化决策；创设多种意见表达的环境和渠道，避免单向度的肯定思维和辩护意识，要发挥否定思维和反思意识的作用；正视工程共同体结构的多维性和利益诉求的多元性，围绕工程总体目标的实现协调好利益冲突问题，调动各方面积极性。就是说，工程决策中应认真听取多方面意见，不仅要程序民主，而且要实际民主；决不应简单地采取少数服从多数的办法，用多数人的暴力压制少数人的话语权；更不能用政治决策代替专家的科学决策。现代工程如此复杂，其专业化程度极高，大多数人很难把握其中的奥妙，因此真理并非必然掌握在大多数人手中。但也不能因此而拒绝社会公众的参与，因为工程总是直接或间接地关乎社会公众的切身利益。

为此，在工程决策的过程中，应坚持以下几个基本原则：

(1) 实现性原则。这是对工程的结果性评价，看“效果”。“实现性”是与人的生存需要关联着的，没有对工程的“需要性”，也就无所谓工程的“实现性”。

(2) 时效性原则。这是过程性与手段性评价，讲“效率”。如果说工程的实现性原则主要强调结果的评价，那么工程的时效性要求则着眼于工程活动的过程与手段性评价。

(3) 审美性原则。这是满足美的需要，重“人性的表达”。人们常说工程是科学又是艺术，恰恰表明工程活动不仅应遵循科学原理和客观规律，而且应考虑不同时代的审美理想。

(4) 创新性原则。这是工程的生命力所在，求“新”立“异”。由于工程是个体化的事物，要么是这一个工程，要么是那一个工程，这就决定工程的生命力在于它的个性和创新性。或者说，创新是工程获得社会实现的内在要求。

(5) 可持续性原则。这是维持类生存的根本尺度和最高原则，蕴含着“终极关怀”。因此，必须把工程的去与留建立在是否有利于安全以及实现经济、社会、生态的包容性和可持续发展基础上。

（三）健全法制

工程活动不仅主体众多，工程对象所涉及的领域各异，而且利益冲突明显。这就需要以法律的形式对工程行为和工程领域加以限制、对利益冲突加以协调。目前有关经济产业、部门和微观企业的法律法规都已经建立，但随着工程活动向深度和广度的进军，相应的法律法规建设应及时跟上，以确保明确工程设计、工程决策、工程实施和工程后果等工程活动全过程责任；明确工程的技术标准、工程行为规范、工程环境和生态保护、工程安全以及能源节约等相关方面的条文规定。只有建立健全工程活动的法律法规，才能有利于规范、约束、打击工程活动中的投机取巧、偷工减料、违反规程、行贿受贿和贪污腐败等非法行为，确保工程活动的良性运转。

（四）增强工程主体的责任意识与伦理观念

要通过有效渠道，不断改善作为工程活动主体（包括组织和个人）的责任意识和伦理观念。从工程主体的责任意识来看，单纯从法律强制工程主体履行其应有的责任是不够的，这只是外在约束，还有待增强其承担责任的自觉性和主动性，进而努力避免其不负责任的工程行为的发生。从工程主体的工程伦理观念来看，就是要使工程共同体成员增强其哪些是可为的合乎伦理的行为，哪些是不可为的非伦理行为的意识，以有效约束个人的职业行为规范。由于工程师在工程活动中担当着极为重要的角色，因此，工程师的伦理行为特别是工程师的职业伦理受到社会各方面的关注，正是在此境遇下，工程师共同体自己提出并制订了工程师职业伦理，这标志着工程师自我约束意识的新觉醒。然而，要切实在总体上提高工程行为主体的责任意识与伦理水平，还有待于社会公众的监督和鼓励，在这个意义上有必要开展“工程批评”①，因为，工程批评是以广大公众为主体或主角，通过与“工程家”、决策者以及政府部门的管理者对话的形式，对特定的有待决策的工程项目发表看法和意见、提出批评与建议。它具有明确的社会主体性、特定的对象性、公开的透明性、深度的民主性和双向或多向沟通性等特质。

总之，如何规避工程灾难、确保工程安全，不只是一个理论问题，更是一个实践问题。正是当代的工程活动的成与败，功与过，警示我们必须切实采取有效措施，尽量减少和规避问题工程，让工程回到造福人类、满足人的生存需要和社会的可持续发展这一根本上来，让人在大地上诗意地栖居。

本章小结

工程是科学、技术与社会的具象化，是STS具体、现实的体现。工程不仅包括科学、技术的因素，还关涉环境、社会、政治和文化等众多因素。必须坚持科学、技术与工程的三元论，才能准确理解和把握三者之间的区别与联系。科学、技术与工程的互动，使工程从幕后走到前台，工程正在发挥着多种社会功能。因此，在工程活动中，应针对可能引发问题工程的环节，采取有效措施规避工程风险，确保工程安全。

拓展阅读

1. 李伯聪.工程哲学引论——我造物故我在[M].郑州：大象出版社，2002.（绪论：“科学、技术、工程三元论和工程的含义”）

2. 殷瑞钰、汪应洛、李伯聪等.工程哲学[M].北京：高等教育出版社，2007.（第三章：“工程本质和特征”；第七章：“关于中国若干工程案例的哲学分析”）

3. 张秀华.历史与实践——工程生存论引论[M].北京：北京出版社，2011.（引言：关于“正在到来的工程时代”的阐释；第二章：关于“工程的生存论意蕴”的说明；第三章：“工程结构的生存论展延”，关于工程范式、工程发展、工程创新的讨论）

4. 李伯聪等.工程社会学导论：工程共同体研究[M].杭州：浙江大学出版社，2010.（第二章：关于“工程共同体的性质、结构和维系原则”的探讨；第十五章：“工程共同体与安全”中对“工程安全的社会建构”的研究）

5. 殷瑞钰、李伯聪、汪应洛等.工程演化论[M].北京：高等教育出版社，2011.（第二章：“工程与工程演化”中关于工程的本质和工程活动的标志、工程的基本特征以及对工程模型的思考等）

思考题

1. 为什么工程是具象化的科学、技术与社会？

---

① 张秀华.工程批评——工程研究不可或缺的视角[J].光明日报.2005.6.21.

2. 从科学、技术、工程的三元关系说明工程的多维性。

3. 从科学、技术与工程的互动分析当今工程从“隐”到“显”的含义与价值。

4. 简要分析工程作为现实生产力的社会功能。

5. 通过本章所剖析的工程案例归纳说明影响工程安全的主要因素。

6. 简要说明如何规避工程事故和工程灾难？

第八章　当代科学和技术发展战略

本章要点

主要发达国家科学和技术发展战略；当代中国科学发展观的基本内涵；科教兴国战略、可持续发展战略、国家创新战略的形成发展过程和基本观点。

科学技术与社会发展战略问题，通常是指在相当长的一段时期内制约科学技术整体发展方向和路线，并关联着其他经济和社会发展方向与规模，迫切需要整体决策或整体行动方案的问题。它具有一定的时效性、相对的稳定性，以及对整体的制约和决定性。①

自20世纪40年代起，以美国“曼哈顿”计划等为标志，各国竞相根据经济社会发展的需求，有选择、有目标、有要求地制订和实施各种综合或单项科技规划和计划，使科技研发活动从纯“自由选题”到以计划规划为主导的时代。进入21世纪，科学技术活动由国家规模向国际规模发展，向社会机体进行全面的渗透，成为人类社会的重要活动。科技进步已经成为国际经济竞争和综合国力较量的焦点。无论是发达国家还是发展中国家，都把科技规划的战略选择置于提高科技竞争力和综合经济实力，保持可持续发展和国家安全的国策之上。

第一节　国际科学和技术发展战略

随着国际多极化、经济全球化以及科技进步的飞速发展，为了争取或确保在21世纪的国际竞争中处于优势地位，世界各国尤其是科技发达国家做出了战略选择，都制订了科技发展战略和具体领域发展计划，把科技创新作为国家发展战略，加大科学研究的资助力度，确定科研优先资助领域，加强基础科学研究，构建本国的核心科技能力和竞争力。下文选择美德日三个国家作为考察对象，探讨发达国家科学技术与社会的发展战略。

一、美国的科学和技术发展战略

美国是当今时代科技最发达的一个国家，历来重视制订科技发展计划。由于其政治体制和经济体制决定了联邦政府的多元分散型科技管理体制，因此，联邦政府不制订全国统一的综合性科技发展规划，而主要是通过白宫科技政策办公室（OSTP）制订和调整导向性科技政策，引领国家科技发展方向。美国一贯要求科学研究重点与国家科技经济发展和国家安全的长远目标、战

① 叶平等.科学技术与可持续发展[M]. 北京：高等教育出版社. 2004：1.

略需求和现实需求结合起来。

美国由联邦政府出面制订科技计划开始于二战期间研制原子弹的“曼哈顿”计划。冷战时期,美国政府制订了一些重大科技发展计划,以维护国家安全和军事优势为最高指针,如“阿波罗”计划和“星球大战”计划。冷战结束后,随着国际竞争的焦点日益转向以高科技竞争为核心,经济竞争为主要内容的综合国力竞争,美国政府为保持其超级大国的地位称霸世界,在注重军事科技的同时,其制订的科技计划日益突出高科技发展,力图全面控制和抢占新时期科技制高点,以保持新兴产业的优势地位。

近年来,美国在能源、环境、卫生、教育、交通、信息与通信、生命科学与生物技术、空间科学、军用技术及城市发展等各个领域都制订了很多具体的发展战略或计划。以下是其几个典型例子:

(一)“信息高速公路”计划

冷战结束后不久,美国就意识到以信息革命为核心的高科技竞争是未来世界各国综合国力竞争的实质和焦点。因此,克林顿上台后,就把推动高科技产业发展作为本届政府最重视和优先考虑的议题之一,并且打破常规,首次在美国设立国家科技委员会,由总统亲自挂帅、政府主要成员参加,定期讨论事关美国科技发展方向与长期战略的重大问题。此外还成立了由知名民间人士组成的总统科技政策咨询委员会。经过反复研究,美国制订了今后 20~25 年的科技发展战略,确定信息、自动化、环境、国防技术等为重点攻关领域为目标,尤其是发展“信息高速公路”。

“信息高速公路”计划是加强美国信息产业基础设施建设的庞大计划。根据该计划,将有更多的学校、医院、企业和政府部门实现计算机联网。五年内联邦政府将拨款 6.54 亿美元,将这些基础设施的潜在用户与联邦计算机数据基础网络联系起来,并允许用户之间相互交流有声读物、数据和音像制品。此外,其后四年内还将投资 7.84 亿美元,扩大一项旨在建立和完善一个高性能计算机网络的计划,鼓励在医疗保健、教育和加工制造等领域更多地使用超级计算机。预计在未来 20 年内完成“信息高速公路”,全球将形成一个数万亿美元的多媒体产品国际市场,而美国可凭借其技术优势,在这一领域的市场上抢占最大份额。

(二)人类基因组计划及生命基因组计划

1990 年,美国国会正式批准推动“人类基因组计划”(HGP),拟在 15 年内投资至少 30 亿美元进行人类基因组分析,并由能源部和卫生部下属的国立卫生研究院联合主持。在遗传图谱、物理图谱、DNA 测序、基因识别、技术发展、模式生物、信息、伦理法律和社会影响、培训、技术转移、技术扩散和预算等方面提出具体目标。成立了若干联合专题专家组和人类基因研究中心。

随着人类基因组测序进入尾声或所谓遗传密码的“破译”,以及多种生物遗传密码陆续被阐释,2002 年能源部又提出了人类基因组计划的后续计划——生命基因组计划,共有 4 个目标:识别执行关键生命功能的多蛋白复合物,分析其基因调控网络特征,研究利用微生物解决环境、能源等问题,开发能更好地理解复杂生物系统以及预测其习性的计算方法。

(三)美国国家科学基金会《2001—2006 财年 GPRA 战略计划》和《2006—2011 年战略规划》

2000 年 9 月美国国家科学基金会(NSF)公布了其 2001—2006 财年 GPRA 战略计划。该计划制订了 NSF 的未来发展框架，提出了人才、思想和工具三大成果目标，以及人力资源开发，科研与教育相结合，促进人员、机构、学科的合作伙伴关系的三大核心战略。该计划还提出了未来几年可能实现的几大“超越领域”，即信息技术研究、环境中的生物复杂性（因生物与环境相互作用而产生的相互关系之研究），以及 21 世纪高素质的劳动力大军——纳米科学与工程等。

2006 年美国国家科学基金会（NSF）公布未来五年的战略规划，即《2006—2011 年战略规划》。该战略规划提出了 NSF 未来五年的使命，以及与使命相关的四个战略目标，确定了与战略目标相关的重点资助领域、计划实施等。

其中，NSF 的使命是：推动科学的发展；推动国家的健康、繁荣和福利事业的发展，保障国家安全。NSF 的核心价值观由四个方面组成：远景，追求卓越，扩大范围，责任感。

战略规划明确了 NSF 的远景，即促进在知识前沿的发现、创新和教育，强化未来世代在科学与工程事业中的力量；确定了 NSF 的目标为四个相关联的战略目标，即发现、学习、研究设施与管理，这是一个综合的战略目标，它可以使新的知识在各个领域得到传播，满足国家的重大战略需求，完成 NSF 的任务。

该战略规划提出了未来五年与其战略目标密切相关的优先资助领域，其所采取的措施有：加快研发速度，扩大研发范围和影响；发展新的资助模式；发展教育，壮大人才队伍；计划实施等。

《2006—2011 年战略规划》与美国总统 2006 年初首次提出的《美国竞争力计划》（ACI）遥相呼应。后者提出了两大目标：一是在基础研究方面领先世界，二是在人才和创造力方面领先世界。为了达到这两大目标，该计划提出了四条主要措施：其一，对基础研究的投资加倍；其二，实行永久性的研究和实验税收减免；其三，加强学校的数学与自然科学等基础教育；其四，加强对劳动力的培训。ACI 提出了保证美国有持续竞争力的新思想：创新、探索和发明。而 NSF 发布该份战略规划也是贯彻落实 ACI 计划，目的是使美国在新时期仍然保持其世界领导地位和国家竞争力。

为了保持美国在世界科学知识最前沿的领先地位和国家竞争力，科技研发投入方面尤其重要。在科技研发投入方面，美国采取的是政府引领和带动研发投入，促进产业的科技研发投入，从而带动整个国家的研发投入的策略。2006 年美国联邦政府总研发投入 1 337 亿美元（估计预算）；2007 年，据财年预算，联邦研发投资将达 1 372 亿美元，比 2001 年增长了 50%。目前，美国研发投入占 GDP 的 2.8%。

由于联邦政府引领和带动研发，促进了一些州政府也加大研发投资，从而带动了私营部门和企业投资研发。上述的投资研发又是各有侧重的，联邦政府主要投入基础和前沿研究、军工研发，组织和投资开展重大计划和大科学计划的研究，覆盖基础研究、应用研究、技术开发、设施和设备建设各个方面。建立了政府各部门互相协调和合作的领导和管理研发工作的格局，体现了政府集中资金进行基础建设的特点。总的说来，联邦政府资助长期而高风险研究，而私营行业则资助短期而低风险研究。

美国政府的《国内税收法》和《研究与实验税收减免法》也鼓励了私人组织对研发的投资。私营企业的研发投入占了全国研发投入的 2/3，企业已成为国家创新体系建设的主体。

美国创新体系的特点主要表现在政府和公共研发投入以及私人投入、创新文化、多样性大学体系。在创新文化上，美国的实验室更加先进，竞争文化更适合科研人员发展。在大学多样性上，有公立大学、私立非营利大学和私立营利大学，有规模大小不一的大学，有专门大学和一般大学，有两年制和四年制的大学。研究资助根据价值给予、面向市场，鼓励大学自我完善，使整个国家的教育体系就像一个实验室，到处是教育和组织实验。

二、德国的科学和技术发展战略

德国是欧盟的核心成员，仅次于美国和日本的世界第三经济强国，是一个十分重视科学技术的国家。无论是自然科学，还是社会科学，德国都有大量的成就流传于世。德国之所以在二战后能够重新崛起，科技及其相关政策起到了至关重要的作用。

德国基本法规定了德国科技发展政策的基本原则是"科学自由，科研自治，国家干预为辅以及联邦分权管理"。科研与技术政策的目标主要有三点：扩充和加深科学知识；保护资源和环境，创造宜人的生活和工作条件；提高经济效益和竞争能力。

20 世纪 90 年代一些发达国家为了在今后激烈的国际竞争中立于不败之地，纷纷对各自的科技政策进行了重大调整。德国科技政策的调整，主要是针对世界经济一体化和高新技术的挑战，将科技政策调整到以促进社会结构和经济结构的合理化为目标的方向上来。其手段大致为导向和资助两种。"导向"包括：① 法律导向，② 政策导向，③ 规划导向。"资助"包括：① 合同研究资助，② 委托研究资助，③ 科技咨询资助。

针对工业化国家把通向信息社会作为 21 世纪发展的核心，德国联邦政府在 1996 年 2 月通过了《信息 2000 年》的报告，指明了工作重点：一是继续重视科学研究和加快革新；二是完善和健全法律，为广泛应用新技术积极保驾护航；三是做好教育和宣传解释工作，创造一个容易接受新技术的良好社会氛围。

20 世纪 80 年代以来，德国政府根据美国硅谷经验，在联邦、州政府工商会以及国家银行的通力合作下，建立了 60 多个具有德国特色的科技工业园区和 80 多个科技中心。目前，科技园区已成为德国人才密集、高新技术密集和新技术产品密集的企业群落，而各种中心容纳的创新企业已达 8 000 多个，其中高技术企业占有相当比例。

2004 年德国政府出台了"创新伙伴关系"重大创新计划。计划的成员有联邦政府总理、教研部和经济部的部长、西门子等一批大公司的老板、一些大学的校长。其目的是使德国成为在承担风险、发扬创业精神和促进创新方面更加突出的国度，并加强德国创新体系的国际化。① 此外，德国还发表了"中小企业创新行动计划"和使一些德国的大学发展成为国际一流科学研究基地的"优秀计划"。

2006 年德国政府从发展高技术的长远战略出发制订了一项国家高科技战略，这是德国首次系统地提出国家高科技发展战略，目的是确保其未来在世界的竞争力和技术领先地位，以及使高科技创造更多的就业岗位，提高人民的生活质量。

该战略确定，联邦教研部将在今后 3 年投入 146 亿欧元用于发展高科技，到 2010 年，德国的科技研发投入将达到 GDP 的 3%，从而提高德国的创新能力，将德国建成"创意之国"，并使德国在未来最重要的市场领域居于世界领导地位。

在《德国高科技战略》中确定了三大创新目标：一是为创造健康而安全的生活创新，二是为创造信息化与出行便捷的生活创新，三是实现关键横断技术的创新。同时，涉及安全研究、健康

① 徐冠华.国际科学技术发展报告(2005)[M].北京：科学出版社，2005：123-124.

与医学、光学技术、环境技术、信息与通信、航空航天、车辆与交通技术、微系统技术、纳米技术、生物技术和材料技术等 17 个创新领域。该战略报告给出了每个创新领域的定义、创新目标、创新能力分析，包括德国的强项、弱项、机遇和挑战；该技术研究的应用，以及联邦政府的具体计划。

为了实现战略目标，联邦教研部还提出了要建立五大政策环境：① 建立科研与经济形成合力的政策环境，② 建立有利于高技术小企业创业和创新型中小企业发展的政策环境，③ 建立有利于迅速推广新技术的政策环境，④ 建立有利于增强德国国际地位的政策环境，⑤ 建立有利于人才培养的政策环境。

德国政府的高科技政策就是要坚定不移地关注研究促进措施和相应的框架条件建设，为新的创意铺平道路，使德国的创新潜力得以充分释放，竭力提高德国科学技术的国际地位。随着国家高科技发展战略的实施，人们有理由相信："德国制造"不仅是世界著名的工业产品品牌，同时，也将成为世界著名的创新品牌。

三、日本的科学和技术发展战略

二战后，日本政府确定"贸易立国"经济发展的基本战略，引进欧美的实用技术，改造升级本国生产技术和产品质量，促进了本国经济的高速发展。从 20 世纪 70 年代末，日本政府提出"科技立国"的战略，从单纯技术大国转向科技大国发展。但由于本国的创新能力不足，发展后劲不强，因此到 1995 年，日本政府明确提出"科技创造立国"战略，把一个技术追赶国家转变为科技领先的国家。日本政府设立综合科学技术会议，作为日本首相的科技咨询机构和国家科技政策的最高决策机构。该机构先后制订了第一期（1996—2000）、第二期（2001—2005）和第三期（2006—2010）国家科学技术基本计划，集中资源发展那些对国家与公众有重要意义的领域。

1996 年日本政府制订了第一期科技基本计划（1996—2000）。该计划旨在建立一个以科技创造力为基础的日本，为科技发展制订全面系统的政策。计划的第一章讨论促进研发的综合政策，第二章根据第一章确定的政策，制订了今后五年里要采取的具体措施。

2001 年 3 月日本内阁会议审议并通过了第二期科学技术基本计划（2001—2005）。该计划由三章构成：第一章是基本理念，第二章是重要政策，第三章是综合科学技术会议的任务。计划中指出要以科技创新立国为目标，将日本发展成为"依靠知识创造和技术的灵活运用为世界做出贡献的国家"、"具备国际竞争力的可持续发展的国家"和"人民安居乐业且生活质量高的国家"。这一计划连同"第三次行政革命"中提出的向科技大力倾斜的政策，显示了日本"技术创世纪"的雄心。

2001 年 9 月为了确立国家生存的基础和加强基础研究，日本综合科技会议制订了各领域推进战略。推进战略确立优先分配研发资源的四个领域（生命科学、信息通信、环境、纳米技术与材料）和国家发展必不可少的、应予重视的四个领域（能源、制造技术、社会基础、未开拓领域），并针对各个领域，提出了重点课题和今后五年的研发目标。

2006 年 3 月日本公布了第三期国家科学技术基本计划（2006—2010）。该计划将继续实施科技创造立国战略，提出日本未来的科技发展目标是：① 成为通过创造知识、运用知识为世界做出贡献的国家，② 成为具有国际竞争力、可持续发展的国家，③ 成为安全、稳定、生活质量高的国家。

第三期国家科学技术基本计划设计了三个基本理念、六个大目标和十二个中目标，并确定了六十二项战略重点科学技术。

三个基本理念：① 创造人类的睿智，② 挖掘国力的源泉，③ 保护健康和安全。

六个大目标：① 飞跃性的发现和发明，② 突破科技的极限，③ 环境和经济的协调发展，④ 把日本建设成创新者，⑤ 健康活跃的生活，⑥ 值得骄傲的安全国家。

十二个中目标：① 发现、解析新的原理和现象，② 创造能成为非连续性技术革新源泉的知识，③ 以世界最高水平的项目带动科学技术，④ 解决全球变暖和能源问题，⑤ 实现与环境友好型、循环型社会，⑥ 实现"无所不在"并在世界上独具魅力的网络社会，⑦ 建设世界第一制造业大国，⑧ 加强科学技术，实现能在世界上胜出的产业竞争力，⑨ 攻克使国民痛苦的疾病，⑩ 实现人人健康生活的社会，⑪ 确保国土和社会安全，⑫ 保证国民生活的安全。

在科技投入方面，日本政府对第一期五年的科学技术基本计划投入 17 万亿日元，相当于每年投入 300 亿美元。第二期五年科学技术基本计划投入增加到 24 万亿日元，相当于每年投入 436 亿美元，增长了 41%。第三期科学技术基本计划于 2006 年 4 月 1 日起执行，国家总投资额为 25 万亿日元。

四、俄罗斯的科学和技术发展战略[①]

苏联解体后，俄罗斯政府忙于相应的经济问题，但是对科学和技术的发展没有给予必要的重视。经过几年的动荡，科学和技术的发展问题就暴露出来。出于对俄罗斯整体利益的考虑，意识到必须尽快地制订相应的科学技术政策，以振兴其科学和技术。因此，苏联解体后俄罗斯科学的发展及其科学技术政策的制订分为三个时期：动荡时期、转折时期和调整时期。

（一）动荡时期（解体—1995 年）

此时，俄罗斯处于重建时期，科学和技术发展的相关政策与法律法规也没有产生。俄罗斯政府也很明确科学和技术对于国家发展的重要性，所以这一阶段对于科学和技术发展主要依靠颁布多个总统令来约束。比如，1992 年 4 月 27 日颁布《采取紧急措施保存俄罗斯联邦的科学技术力量》就是面对不断出现的科学技术发展资金短缺的困难，而发出的总统令。其中第一条就是创建俄罗斯基础研究基金会，基金主要用于支持科学活动，"俄罗斯科学高校和技术政策部给该基金组织投入联邦预算的 3%，用于发展科研事业"。当然这种总统令短期有效，但也缺乏整体性。此后，1993 年 6 月 22 日又颁布了《关于俄罗斯国家科学中心》，1993 年 9 月 16 日颁布《关于对俄罗斯科学家给予物质支持的措施》，1995 年 3 月 2 日颁布《关于俄罗斯联邦总统下属科学技术政策理事会》，1995 年 6 月 14 日颁布《关于为俄罗斯有突出贡献和有才能的年轻科学家确定奖金的决定》。

1990—1995 年间，俄罗斯科学投入锐减，从 109 亿卢布减少到 24.5 亿，减少 4.5 倍，最为严重的是 1992 年，科学的投入是国内生产总值的 0.74%，这种水平，仅仅等同于葡萄牙（0.77%）和希腊（0.51%）这样的国家，而与瑞士（3.8%）、日本（3.04%）、瑞典（2.73%）、美国（2. 64%）和德国（2.44%）这些发达国家存在着巨大的差距。

---

① 宋兆杰.试论转型时期俄罗斯科学技术政策[J].科学学与科学技术管理，2006(10)：11-15.

（二）转折时期(1996—1998 年)

俄罗斯科学与技术发展的重要转折期发生于 1996 年。国家出台了两部科学法律和法规,即《俄罗斯科学发展学说》(1996 年 6 月 13 日颁布)和《科学和国家科学技术政策联邦法》(1996 年 8 月 23 日通过);1998 年 5 月 18 日,又颁布了《1998—2000 年俄罗斯科学改革构想》;经俄罗斯总统确认,2002 年 3 月 30 日又颁布了《俄罗斯联邦到 2010 年及未来科学技术发展政策原则》。

在《俄罗斯科学发展学说》提出了科学发展的任务,认识自然科学、人文科学和科学技术是社会的存在与发展的源泉。特别是科学发展水平决定经济的发展水平、决定国防能力和人们的精神面貌、个人和社会的保护能力。形成了转折时期俄罗斯科学事业的发展原则,即要创造科学、自由、民主的气氛,加强基础研究,保存和发展主要科学流派,健康竞争,“创造条件,广泛使用科学技术新成果”、“保护知识产权”、“提高科学劳动的社会地位,宣传科学技术成就对俄罗斯未来的意义”。第一次制订了国家科学技术政策的重要原则,形成了国家调整科学活动的机制,能保存和发展俄罗斯的科学力量,并能创造条件使科学领域形成健康竞争的环境。

《科学和国家科学技术政策联邦法》是俄罗斯独立后的第一部科学法,对科学各方面论述得很严谨。首先对科学和科学活动的一些概念做出明确的界定,对科研人员与科学组织的权力详尽论述。确定了俄罗斯国家科学技术政策的目标:“发展、合理配置和有效使用科学技术潜力,提高科学和技术在发展国民经济中的贡献值,提高生产效率和产品竞争力,改善生态环境,保护信息资源,加强国防力量,保证个人、社会和国家安全,加强科学和教育的相互联系。”还详细列举了国家科学技术政策的原则:承认科学是决定国家生产力发展水平的重要因素;制订优先发展项目的过程要透明;优先发展基础研究;促使科学研究和教学过程整合,使学校的本科生、研究生、教师参与科学研究,使用科研机构良好的设备和仪器;集中资源用于发展科学技术;加强俄联邦与国际科学组织的合作。

俄罗斯政府对《科学和国家科学技术政策联邦法》在 1998 年、2000 年和 2004 年进行修订时,都有了一些新增内容,但主体结构并没有发生根本性的变化。直到今天,仍然是俄罗斯科学技术活动一个纲领性文件。

《1998—2000 俄罗斯科学改革构想》主要是继续强化国家科学技术政策。该构想的主要内容是:建构国家科学订购产品体制;国家支持基础科学,特别是科学院科学,继续发展国家科学中心,加强创新活动;集中财力用于有前景的能很快见效的科学研究和开发;建立科学产品的国内市场保护制度;整合民用和军事科学研究组织,开发双重用途的技术。该《构想》从过去的“守势”逐渐过渡到了“攻势”,从过去主要是保存科技力量转向改革科学技术组织,将科学变成社会经济增长的杠杆,保证国家的安全。

（三）调整时期(2002 年到现在)

《俄联邦至 2010 年及未来科学技术发展的政策基础》(简称《政策基础》)第一次把发展国家科学和技术列为最该优先发展的领域,确立了一些新的方向,建构国家创新体系,提高使用科学研究成果效率。《政策基础》认为,应该采取以下措施:优化科学组织,改造科学技术机构;建构国家对科学订购产品,建立预测科学发展的体系;完善科学技术法律;组建独立的监督机构;调节科学技术活动主体间的相互关系。不仅仅是对未来科学发展的规划,也是确定科学技术和工艺优先发展方向的文件。

《俄联邦至 2010 年及未来科学技术发展的政策基础》详细界定了发展科学技术的国家政策的重要方向、目的、任务和实现这些目的的途径和刺激科学技术活动的措施。指出科学技术政策的重要方向是发展基础科学,发展重要实用的研究和开发项目;使科学教育一体化;开展国际科学技术合作。

综上所述,四部文件对俄罗斯科学发展是起到至关重要的作用,在俄罗斯科学发展史上具有里程碑的意义。

苏联解体已经 20 多年了,俄罗斯关于科学与技术的政策依然处于转型时期。为适应新的国内和国际形势,即使在经济发达的国家,科学技术政策也要在新的形势下不断调整,况且俄罗斯——这个刚刚走上市场经济道路的国家,很多方面都是从零开始,不可能完全照搬西方国家的科学模式,它要根据自己的特点在实践中逐渐摸索出一条适合本国发展的科学道路,制订出具有本国特色的科学技术政策。政治、经济、科学的转型不可能在很短时期内结束,它将是一个相对的漫长过程。

五、国际科学和技术发展战略的启示

(一) 发达国家科学、技术发展战略的特点

1. 政府注重科技政策的宏观调控,重视资源的整合与合作研究　在科技发达的国家,政府在科技活动中的宏观管理、高科技领域的发展以及鼓励企业发展科研工作的政策措施等方面的作用日益扩大。政策的管理和指导一直是科技进步强有力的保障。政府出台了科技规划和重点领域与方向框架,整合了各方面的资源,形成各具特色的发展模式,推动了政府—大学—工业界相结合。实践证明,成功的研发要求大学、科研机构、政府机构、产业界的通力合作。

2. 增加科技研发投入,抢占战略制高点　目前各国对科技的投入都是空前的。美国政府对研发投入带动了产业的科技研发投入,创造了良好的创新环境,继续在主要科技领域占据主导地位,并加大国家安全和反恐领域的技术研发。德国和日本也加大研发投入,追赶美国。

3. 充分认识到科技的发展关键是人才,积极培养和吸收科技人才　美国、日本、德国等国的政府部门加大措施落实人才培养和引进的优惠政策,制订和落实有关人才计划和项目的规划。这些政策、机制、措施、人才、项目和产业合作等条件的有机组合提升了国家的科技创新能力建设。同时注重国际合作和人才的引进。美国通过研发的高投入,打造了创新的优良环境,吸引了世界各国的优秀人才。德国等欧盟国家也采取了一系列措施吸引成员国和其他国家的优秀科技人员到本国开展研究工作。日本明确提出,在加强科技国际化的同时,应该采取多种措施与优惠政策吸引更多的世界顶尖人才到日本从事国际科技合作,并加大国内从事国际科技合作通用人才的培养力度。

4. 优先支持战略重点领域　发达国家优先支持战略重点领域、超前部署,往往通过实施国家层次战略研究计划,如美国的一些跨越多个部门的国家计划,包括生物计划、纳米计划、信息计划及氢能计划等;日本通过国家基本计划确定重点领域。此外,发达国家通过直接兴办重大工程,不仅能够带动一批战略性产业发展,而且能够在关键领域实现重大技术创新。

5. 日益重视基础科学研究　基础科学研究是一个国家创新的动力,各国政府纷纷加以重视

和具体部署。美国仍然是基础研究投入最大的国家，2005年联邦政府投入285亿美元，较4年前增加了26%，占研发总量的26%。德国也加大了对优先基础研究领域的支持力度，制定了新的基础发展战略，旨在提升基础研究力与国际竞争力。日本提出“飞跃式知识的发现、发明”、“科学技术界限的突破”等目标，加强对基础研究的认识和投入。这些都说明提升国家的核心竞争力，占据高技术制高点，需要依靠基础研究的成果。

（二）对我国科技发展的启示

科技发达国家的经验和做法对于我国确立科学发展观、建设创新型国家具有重要的借鉴意义。中国科技界应该在科学发展观的指引下，长期实施科教兴国战略和国家创新型战略，推动科技体制改革，摆脱发展模仿型高新技术产业模式，走出一条自主创新的新路，构建国家创新体系，为我国实现现代化提供强有力的科技支撑。

第二节　中国科学和技术发展战略

发展是人类永恒的主题，发展观问题从古到今始终是至关重要的。发展，是指一个国家或社会由落后的不发达状态向先进的发达状态的过渡与转化。发展观是关于发展的内涵、本质、目的及其规律的总体看法和根本观点。有什么样的发展观，就会有什么样的发展道路、发展模式和发展战略，就会对发展的实践产生着根本性、全局性的重大影响。发展观在规定发展的前提下，着重回答了怎样发展的问题。然而，怎样发展，我们树立什么样的发展观才符合客观规律，才能实现我们的发展目的，是一个值得深入思考、不断探索的重大课题。为了贯彻和落实科学发展观，我们必须继续大力推进科教兴国战略和国家创新战略。这两大战略是影响中国科学技术与社会发展的宏观战略。科教兴国战略，是把科技和教育摆在经济社会发展的重要位置，增强国家的科技实力，提高全民族的科技文化素质，把经济建设转移到依靠科技进步和提高劳动者素质的轨道上来；国家创新战略，是把增强自主创新能力作为国家战略，贯穿到现代化建设各个方面，使之成为推动我国科技和经济社会进步的主导力量。

一、科教兴国战略

“科教兴国”是指全面落实科学技术是第一生产力的思想，坚持教育为本，把科技和教育摆在经济、社会发展的重要位置，增强国家的科技实力及向现实生产力转化的能力，提高全民族的科学文化素质，把经济建设转移到依靠科技进步和提高劳动者素质的轨道上来，加速实现国家的繁荣强盛。

从世界发展来看，不管是发达国家，还是新兴工业化国家，他们的经济发展，综合国力的提高，都与他们重视发展教育、重视科学技术的发明和推广运用密不可分。当代发达国家的经济增长主要是依靠科学技术以及高素质的劳动者，从而在国际竞争中处于有利地位。历史经验表明，一个经济、文化教育、科学技术落后的国家或民族在历史上往往处于被动挨打的地位，在当代世界的国际经济合作与竞争中也往往处于劣势。

目前，我国人口多、底子薄、人均资源相对短缺。要发展，如果仍然用老技术、老办法，拼资源、拼消耗，根本就没有出路。要实现国民经济持续、快速、健康发展，唯一的办法就是依靠科学技术。并且，我国的经济文化比较落后，科技和教育不发达，劳动者的科学文化素质较低，这已成为制约我国经济社会发展的突出问题。党中央、国务院做出科教兴国的战略决策，正是为了解决我国技术落后、劳动生产率低、经济增长质量不高等问题，使中国在世界经济全球化中占有一席之地。

在中共中央、国务院于 1995 年 5 月 6 日颁布的《关于加速科学技术进步的决定》中第一次提出要“坚定不移地实施科教兴国战略”。党的十四届五中全会正式把“实施科教兴国战略，促进科技、教育与经济紧密结合”作为实现未来 15 年国民经济和社会发展的指导方针。1996 年，全国人大八届四次会议正式通过《中华人民共和国国民经济和社会发展“九五”计划和 2010 年远景目标纲要》，将实施科教兴国战略确立为我国的基本国策。

江泽民在党的十五大报告中指出：“要充分估量未来科学技术特别是高技术发展对综合国力、社会经济结构和人民生活的巨大影响，把加速科技进步放在经济社会发展的关键地位，使经济建设真正转到依靠科技进步和提高劳动者素质的轨道上来。”“发展教育和科学，是文化建设的基础工程。培养同现代化要求相适应的数亿高素质的劳动者和数千万的专门人才，发挥我国巨大人力资源优势，关系 21 世纪社会主义事业的全局。要切实把教育摆在优先发展的战略地位。”由此，科教兴国战略，不仅要求充分发挥科技推动生产力发展的关键性作用和教育“提高全民族的科学文化素质”的基础性作用，而且要求经济建设必须遵循“依靠科技进步和提高劳动者素质”。

1998 年，我国成立了国家科技教育领导小组，由国务院总理朱镕基亲自担任组长。在国家科技教育领导小组第一次会议上，朱镕基总理在会上庄严宣布，“实施科教兴国战略是本届政府的最大任务，我们有决心把科教兴国的方针贯彻到底。”“本届政府决心精简机构，减掉一半人，同时制止重复建设，把钱省下来贯彻科教兴国的方针。”“要深入贯彻江泽民同志关于知识经济和建立创新体系的重要批示精神，国家要在财力上支持知识创新工程的试点，要加大对科技和教育的投入。”

科教兴国战略的提出，是在科学分析国际经济、科技和综合国力竞争的新特点，总结历史经验和立足于我国社会主义初级阶段的基本国情上做出的重大部署，是关系我国改革成功、国家强盛和民族振兴的重大决策。它标志着我国经济社会发展战略的历史性转变，对于顺利实现现代化建设第三步战略目标至关重要。因此，科教兴国应以加速实现国家现代化为目标。

实现现代化仍然是我国现代化进程中艰巨的历史性任务；而信息化是我国加快实现工业化和现代化的必然选择。坚持以信息化带动工业化，以工业化促进信息化，走出一条科技含量高、经济效益好、资源消耗低、环境污染少及人力资源优势得到充分发挥的新型工业化路子。为此，必须大力实施科教兴国战略，使国民经济真正转移到依靠科教进步和提高劳动者素质轨道上来。

自 1995 年实施科教兴国战略以来，我国的科教事业不断进步。我国科技工作已初步形成了面向经济建设主战场、发展高新技术及其产业、加强基础研究三个层次的战略格局。实施了重点基础研究规划、科技攻关计划、863 计划、火炬计划、星火燎原计划以及国家工程研究中心建设计划、国家重点工业性实验计划等一系列重大科技行动。进行了部分国家重点实验室关键设备更新，组织实施了国家重大科学工程的建设，取得了一系列重大的科研成果，科技进步在经济社会发展中的作用日益增强。教育事业也得到了快速的发展，教育的先导作用不断增强。科技与教育的发展极大地促进了我国经济社会的发展。

二、国家创新战略

2006 年 1 月，在新世纪第一次全国科学技术大会上，我国提出了至 2020 年把我国建设成为创新型国家的奋斗目标。这是事关我国经济社会发展全局的又一个重大战略决策和部署，是对科学发展观的进一步落实和发展，是顺应时代潮流、应对全球挑战、面向我国经济社会当前和长远发展需求做出的战略抉择。

创新型国家，一般来说，是指将科技创新作为国家基本战略，大幅度提高科技创新能力，从而形成强大的国家竞争优势。建设创新型国家，核心就要把增强自主创新能力作为发展科学技术的战略基点，走出中国特色自主创新道路，推动科学技术的跨越式发展；就要把增强自主创新能力作为调整经济结构、转变经济增长方式的中心环节，建设资源节约型、环境友好型社会，推动国民经济又好又快发展；就要把增强自主创新能力作为国家战略，贯穿到现代化建设各个方面，激发全民族创新精神，培养高水平创新人才，形成有利于自主创新的体制机制，大力推进理论创新、制度创新、科技创新，不断巩固和发展中国特色社会主义伟大事业。

（一）我国实施国家创新战略的紧迫性和必要性

二战结束以后，许多国家都在努力寻求实现工业化和现代化的道路。有些国家从自身丰富的自然资源出发，从而实现发展，称为资源型发展模式；有些国家主要依附于发达国家的资本、市场和技术来实现发展，称为依附型发展模式；还有些国家把科技创新作为基本战略，致力于提高科技创新能力，形成日益强大的竞争优势，称为创新型发展模式。目前，国际学术界把具有创新综合指数明显高于其他国家、科技进步贡献率在 70%以上、全社会研究开发投入占国内生产总值的比例在 2%以上、对外技术的依存度在 30%以下等特点的这一类国家称为创新型国家。全球大约有美国、日本、德国等 20 个创新型国家。根据资料分析，目前我国创新综合指数在世界排名第 28 位，居于中等偏下水平，距离创新型国家还存在着相当的差距，但是我国特定的国情决定了我们不能选择资源型或依赖型的发展模式，而必须走创新型国家的发展道路，因为：

第一，走创新型国家的发展道路是全面建设小康社会的必然要求。党的十六大提出全面建设小康社会的目标，就是要建设一个使经济更加发展、民主更加健全、科教更加繁荣、文化更加和谐及人民生活更加殷实的小康社会，一个更高水平的、更全面的、发展比较均衡的小康社会。要满足这些要求，我国经济增长速度每年必须保持在 7%以上，投资率和科技进步贡献率也必须达到较高的水平。而我国目前投资率只有 40%，科技进步贡献率只有 39%，这远远满足不了全面建设小康社会的要求。因此，必须提高科技自主创新能力，把我国建设成为创新型国家，只有这样才能实现全面建设小康社会的目标。

第二，走创新型国家的发展道路是突破资源、环境瓶颈制约的根本途径。据统计，我国人均能源占有量不到世界平均水平的一半，石油仅为 1/10，水资源仅为 1/4，生态环境脆弱，面临日益严峻和紧迫的重大瓶颈约束。与此同时，由于技术落后和长期粗放经营，进一步加剧了环境污染和资源损耗。实践表明，传统的“高投入、高消耗、高污染、低效率”的路子已经难以为继，依靠科学技术是突破资源和环境瓶颈约束的根本途径。

第三，走创新型国家的发展道路是保障国防安全和经济安全的需要。因为在涉及国防安全和经济安全的关键领域，真正的核心技术是买不来的。如果我们不掌握更多的核心技术，不具备强大的技术创新能力,就很难在急剧变幻的世界竞争格局中把握机遇,甚至有可能丧失战略主动权。

（二）我国实施国家创新战略所具备的条件

实现创新型国家还要走很长的路,但经过多年的奋斗和努力,我国已经呈现出创新型国家发展初期的规律性特征,并具备了向创新型国家迈进的基础和条件。

一是我国经济持续快速增长和社会进步,对科技发展提出巨大需求,也为科技发展奠定了坚实基础。

二是我国已经建立起比较完备的学科体系,拥有丰富的人才资源,部分重要领域的研究开发能力已跻身世界先进行列,具备科学技术大发展的基础和能力。

三是坚持对外开放,日趋活跃的国际科技交流与合作,使我们能分享新科技革命成果。

四是坚持社会主义制度,能够把集中力量办大事的政治优势和发挥市场机制有效配置资源的基础性作用结合起来,为科技事业的繁荣发展提供重要的制度保证。

五是中华民族拥有 5 000 年的文明史,中华文化博大精深、兼容并蓄,更有利于形成独特的创新文化。

只要我们增强民族自信心,贯彻落实科学发展观,深入实施科教兴国战略和人才强国战略,是完全有条件走创新型国家的发展道路,并实现中华民族的伟大复兴。

（三）实现创新型国家的科技指导方针、发展目标和总体部署

为了实现创新型国家,2006 年 2 月 9 日国务院颁布了《国家中长期科学和技术发展规划纲要》,明确规定了我国今后 15 年科学技术发展的指导方针、发展目标和总体部署。

《纲要》指出,今后 15 年科技工作的指导方针是:自主创新,重点跨越,支撑发展,引领未来。这一方针是我国半个多世纪科技发展实践经验的概括总结,是面向未来、实现中华民族伟大复兴的重要抉择,必须贯穿于我国科技事业发展的全过程。

我国到 2020 年科学技术发展的总体目标是:自主创新能力显著增强,科技促进经济社会发展和保障国家安全的能力显著增强,为全面建设小康社会提供强有力的支撑;基础科学和前沿技术研究综合实力显著增强,取得一批在世界上具有重大影响的科学技术成果,进入创新型国家行列,为在本(21)世纪中叶成为世界科技强国奠定基础。

我国未来 15 年科学技术发展的总体部署:一是立足于我国国情和需求,确定若干重点领域,突破一批重大关键技术,全面提升科技支撑能力。《纲要》确定 11 个国民经济和社会发展的重点领域,并从中选择任务明确、有可能在近期获得技术突破的 68 项优先主题进行重点安排。二是瞄准国家目标,实施若干重大专项,实现跨越式发展,填补空白。《纲要》共安排 16 个重大专项。三是应对未来挑战,超前部署前沿技术和基础研究,提高持续创新能力,引领经济社会发展。《纲要》重点安排 8 个技术领域的 27 项前沿技术,18 个基础科学问题,并提出实施四个重大科学研究计划。四是深化体制改革,完善政策措施,增加科技投入,加强人才队伍建设,推进国家创新体系建设,为我国进入创新型国家行列提供可靠保障。

我国现阶段的主要任务是建设中国特色国家创新体系,其重点是:一是建设以企业为主体、市场为导向、产学研相结合的技术创新体系,使企业真正成为研究开发投入的主体、技术创新活

动的主体和创新成果应用的主体，全面提升企业的自主创新能力。二是建设科学研究与高等教育有机结合的知识创新体系，以建立开放、流动、竞争、协作的运行机制为中心，高效利用科研机构和高等院校的科技资源，稳定支持从事基础研究、前沿高技术研究和社会公益研究的科研机构，集中力量形成若干优势学科领域、研究基地和人才队伍。三是建设军民结合、寓军于民的国防科技创新体系，加强军民科技资源的集成，实现从基础研究、应用研究开发、产品设计制造到技术和产品采购的有机结合，形成军民高技术的共享和相互转移的良好格局。四是建设各具特色和优势的区域创新体系，促进中央与地方的科技力量有机结合，发挥高等院校、科研机构和国家高新技术产业开发区的重要作用，增强科技创新对区域经济社会发展的支撑力度。五是建设社会化、网络化的科技中介服务体系，大力培育和发展各类科技中介服务机构，引导科技中介服务机构向专业化、规模化和规范化方向发展。

建设创新型国家，科技是关键，人才是核心，教育是基础。科技人才是提高自主创新能力的关键所在。要把创造良好环境和条件，培养和凝聚各类科技人才特别是优秀拔尖人才，充分调动广大科技人员的积极性和创造性，作为科技工作的首要任务，努力开创人才辈出、人尽其才、才尽其用的良好局面，努力建设一支与经济社会发展和国防建设相适应的规模宏大、结构合理的高素质科技人才队伍，为我国科学技术发展提供充分的人才支撑和智力保证。

三、中国科学技术发展规划①

中国科学技术发展的规划经历了初步探索时期、改革完善时期以及发展的新时期，表现出时代的基本特征。

（一）中国科技规划的初步探索时期

中国科技规划的探索时期，基本上分为两个阶段形成两大规划纲要。

第一阶段：《1956—1967 年科学技术发展远景规划》。1953 年国家开始进行国民经济的第一个五年计划，这个任务大部分提前完成了。为了与新的五年发展计划相配合，需要对正在创业时期的中国科学技术事业有一个全面的长远的规划。1956 年 9 月中国共产党第八次全国代表大会之后，经济建设高潮到来，指明了科学技术在社会主义建设中的重要作用。提出，“向科学进军”的口号，以“要迅速壮大我国的科技力量”为目标，力求使某些重要和急需的部门在 12 年内接近或赶上世界先进水平，使我国建设中许多复杂的科技问题能够逐步依靠自己的力量加以解决，做到更好更快地进行社会主义建设。规划中提出六方面的科技任务，主要包括，国家工业化、中国自然条件和自然资源的调查研究和利用、有关国家工业建设的行业和项目、农业建设中涉及的研究项目、医药卫生保健事业以及基础项目和理论的研究。

第二阶段：《1963—1972 年科学技术发展规划纲要》。纲要中提出动员和组织全国的科学技术力量、自力更生地解决我国社会主义建设中的关键科学技术问题。主要包括：系统地解决实现农业现代化的科学技术问题，提高工业技术水平，提供科学技术成果，保证国防尖端任务过关，加强资源综合利用的研究，在保护和增进人民健康方面进行研究，发展基础科学和技术科学，大力培养人才，建立科学技术队伍，加强科研机构的建设和研究人员的培养，改善科研条件和健全成

① 郑天天.我国重大科技规划演变研究[D].大连理工大学，2007(6)：9-16.

果奖励制度等。本规划,在较长的时间里,影响着中国的科技发展模式。

(二)科技规划的改革完善时期

1.《1978—1985 年全国科学技术发展规划纲要》 "文化大革命"结束时,我国科技事业面临严峻的局面。粉碎"四人帮"以后重新认识科学技术的地位、作用和影响,承认知识分子的工人阶级性质,广大科研工作者迎来了科学的春天。1977 年起草了《1978—1985 年全国基础科学发展计划》,审议了《1978—1985 年全国科学技术发展计划纲要(草案)》、《科学技术主要研究任务(草案)》和《科学技术计划(草案)》。这一规划简称《八年计划纲要》,目标是实现工业化生产过程的自动化,极大地提高劳动生产率,发展社会主义生产力,大大增强我国的国防实力,拥有强大的工人阶级科学技术队伍。

2.《1986—2000 年科学技术发展规划》 1980 年 12 月国家科学技术委员会主持召开了全国科学技术工作会议并审议通过了《关于我国科学技术发展方针的报告要点》,该报告要点认为,在今后相当长的时期,我国的科学技术主要任务是促进国民经济的发展,得到了中共中央和国务院的认可。1981 年 4 月国务院指示国家科学技术委员会制订今后 10 年、20 年的科学技术发展计划。

3.《1991—2000 年科学技术发展十年规划》 随着科学技术和经济建设的发展以及世界新技术革命的推进,国家的一批重点科技攻关项目取得了一定的科技成果,党和国家制订了一系列有关科技发展的方针政策,为经济建设、国防建设和社会发展解决了一批关键技术问题。科技工作的机制、格局和面貌正在发生深刻的历史性变化,为 20 世纪 90 年代我国科学技术的发展奠定了基础。

从《1986—2000 年科学技术发展规划》到《1991—2000 年科学技术发展十年规划》、八五《计划纲要》。目标是在 10 年间,我国的科技工作要以经济、社会发展的目标和部署为依据,并根据科技发展自身的规律,重点面向国民经济建设主战场,努力攀登科学技术高峰,多出成果,多出人才,在现代化建设中彻底解放和充分发挥科学技术是第一生产力的作用,使我国各主要经济领域的重大装备和成套技术立足国内,并达到国际上 20 世纪 80 年代中期的水平。

(三)科技规划发展的新时期

1.《全国科技发展"九五"计划和到 2010 年远景目标纲要》 1982 年以来,随着科技计划的实施,经济和社会问题得到解决的同时,也积累了大量的理论成果、体制改革和创新能力。我国社会主义现代化建设处于关键时期,社会主义市场经济体制的确立,一系列经济改革措施的顺利实施和各项法律制度的建立健全,为科技发展创造了更为有利的环境和条件,同时也对科技进步提出新的、更高的要求。掌握和运用科学技术特别是高技术的能力,已成为衡量一个国家综合国力的重要标志。

1987 年中国共产党第十三次全国代表大会通过的社会主义初级阶段理论"一个中心,两个基本点"的基本方针,使全党和全国人民思想认识得到了统一。规划确立了发展的目标是到 2000 年初步建成适应社会主义市场经济体制和科技自身发展规律的新型科技体制,科技进步对经济增长的贡献率有较大提高,经济建设和社会发展基本转向依靠科技进步和提高劳动者素质的轨道上来,到 2010 年,使基本建立的新型科技体制更加巩固和完善,实现科技与经济的紧密结合,形成科技经济有机结合的格局,为建成社会主义现代化强国奠定坚实的基础。

2.《2006—2020年国家中长期科学和技术发展规划纲要》 在这15年间,正是我国经济和社会发展的重大战略机遇期,也是科技发展的关键时期,全面建设小康社会宏伟目标的实现,国防实力和综合国力的提高,世界新科技革命的挑战,都对科技提出了更高的要求。到2020年,我国科学技术发展的总体目标是:自主创新能力显著增强,科技促进经济社会发展和保障国家安全的能力显著增强,为全面建设小康社会提供强有力的支撑;基础科学和前沿技术研究综合实力显著增强,取得一批在世界具有重大影响的科学技术成果,进入创新型国家行列,为在本(21)世纪中叶成为世界科技强国奠定基础。

该规划纲要还在以下四个方面进行了总体部署:一是立足于我国国情和需求,确定若干重点领域,突破一批重大关键技术,全面提升科技支撑能力;二是瞄准国家目标,实施若干重大专项,实现跨越式发展,填补空白,共安排16个重大专项;三是应对未来挑战,超前部署前沿技术和基础研究,提高持续创新能力,引领经济社会发展;四是深化体制改革,完善政策措施,增加科技投入,加强人才队伍建设,推进国家创新体系建设,为我国进入创新型国家行列提供可靠保障。

总之,近年我国在"科教兴国战略"、"国家创新战略"的基础上,又陆续颁布了《国家中长期教育改革和发展规划纲要(2010—2020)》、《国家中长期人才发展规划纲要(2010—2020)》,它们与《国家中长期科学和技术发展规划纲要(2006—2020)》作为相互支撑的有机整体,确立了我国现代化建设全局中科技、教育、人才三个"优先发展"的战略,构成了科教兴国、人才强国和建设创新型国家的顶层设计。不只如此,2012年7月党中央、国务院召开的全国科技创新大会,进一步提出"创新驱动发展战略",并被明确写入党的十八大报告,而且再次强调要"实施创新驱动发展战略"。《报告》提出:科技创新是提高社会生产力和综合国力的战略支撑,必须摆在国家发展全局的核心位置。要坚持走中国特色自主创新道路,以全球视野谋划和推动创新,提高原始创新、集成创新和引进消化吸收再创新能力,更加注重协同创新。因而,以上文件均构成我国科学、技术与发展战略的核心内容。

第三节 科学技术发展与人类未来

在深入贯彻党的科学、技术与社会宏观发展战略的同时也更加注重环境对于社会宏观发展的约束作用。《中共中央十八大报告》再次强调可持续发展,就是要把控制人口、节约资源、保护环境放到重要位置,使人口增长与社会生产力的发展相适应,经济建设与资源、环境相协调,实现良性循环;这三大战略的实施对于我国科学技术与社会的快速发展,具有重要的推动作用。

一、可持续发展战略

(一)可持续发展战略思想的形成

1992年6月,在联合国环境与发展大会上,包括中国在内的与会各国一致承诺:把走可持续发展之路作为未来长期共同的发展道路。1994年,我国在世界上率先颁布了国家级21世纪议程——《中国21世纪议程》。这反映了中国政府推行可持续发展战略的纲领和蓝图,构筑了中国长期的、综合的、渐进的可持续发展框架,是制订我国国民经济和社会发展中长期计划的指导性文件，也是21世纪中国经济建设的行动指南。

1995年9月，江泽民同志在《正确处理社会主义现代化建设中的若干重大关系》的讲话中提出："在现代化建设中，必须把实现可持续发展作为重大战略。要把控制人口、节约资源、保护环境放到重要位置。使人口增长与社会生产力的发展相适应，使经济建设与资源、环境相协调，实现良性循环。"这里首次提出把实现可持续发展作为我们党和国家进行现代化建设的一个重大战略，标志着我们党发展战略思想的逐步成熟。

1996年3月，全国人民代表大会第四次会议通过了我国《国民经济和社会发展"九五"计划和2010年远景目标纲要》，纲要明确地把"实施可持续发展战略"列入国民经济和社会发展的中长期计划中，并提出了资源利用、环境和生态保护的具体方针和任务。

1996年7月，江泽民同志在全国第四次环境会议上的讲话，全面系统地论述了我国实施可持续发展战略的方针和政策，再次强调可持续发展战略对于建设有中国特色社会主义事业的重要意义。他指出："在社会主义现代化建设中，必须把贯彻实施可持续发展战略始终作为一件大事来抓。可持续发展思想最早源于环境保护，现已成为世界许多国家指导经济社会发展的总体战略。经济的发展，必须与人口、环境、资源统筹考虑，不仅要安排好当前的发展，还要为子孙后代着想，为未来的发展创造更好的条件，决不能走浪费资源、走先污染后治理的路子，更不能走吃祖宗饭、断子孙路。"

1997年，实施可持续发展战略正式写入十五大报告。在报告中明确指出："我国是人口众多、资源相对不足的国家，在现代化建设中必须实施可持续发展战略。坚持计划生育和保护环境的基本国策，正确处理经济发展同人口、资源、环境的关系。资源开发和节约并举，把节约放在首位，提高资源利用效率。统筹规划国土资源开发和整治，严格执行土地、水、森林、矿产、海洋等资源管理和保护的法律。实施资源有偿使用制度。加强对环境污染的治理，植树种草，搞好水土保持，防治荒漠化，改善生态环境。控制人口增长，提高人口素质，重视人口老龄化问题。"

在庆祝中国共产党成立80周年大会上，江泽民同志进一步强调指出："坚持实施可持续发展战略，正确处理经济发展同人口、资源、环境的关系，改善生态环境和美化生活环境，改善公共设施和社会福利设施。努力开创生产发展、生活富裕和生态良好的文明发展道路。"至此，实施可持续发展战略，不仅成为我国政府向全世界的庄严承诺，而且成为全党和全国人民的共识。

（二）可持续发展战略的基本内容

1.《中国21世纪议程》的构成　全书共有20章，下设78个方案领域，大体上分为可持续发展总体战略、社会可持续发展、经济可持续发展、资源可持续利用与环境保护四大部分，其主要内容如下：

第一部分：可持续发展总体战略。这一部分由序言、可持续发展的战略与对策、可持续发展立法与实施、费用与资金机制、可持续发展能力建设以及团体公众参与可持续发展等内容组成，设18个方案领域。

第二部分：社会可持续发展。这部分由人口、居民消费与社会服务、消除贫困、卫生与健康、人类住区可持续发展和防灾减灾等内容组成，设19个方案领域。

第三部分：经济可持续发展。这部分由可持续发展经济政策、农业与农村的可持续发展、工业与交通、通信业的可持续发展、可持续的能源生产和消费等内容组成，设20个方案领域。

第四部分:资源的可持续利用与环境保护。这部分由自然资源保护与可持续利用、生物多样性保护、荒漠化防治、保护大气层和固体废物的无害化管理等内容组成,设 21 个方案领域。

在每一部分每一方案领域又具体分为三步骤;第一步骤扼要说明本方案领域所要解决的关键问题,第二步骤是为了解决这些问题所制订的目标,第三步骤是实现上述目标所要实施的行动。

《中国 21 世纪议程》的主要特点表现在:建构了经济、社会、资源与环境相互协调的综合性、长远、渐进的可持续发展战略框架和相应的对策;体现了以人为本(一切以人的发展和人的全面发展为目标),以经济建设为中心,资源节约和环境保护为约束的可持续发展观;突出了人口与发展、资源与发展、环境与发展的关系,纠正和防止走"边建设、边破坏,先污染、后治理的传统工业化老路";注重从机制、立法、教育、科技和公众参与等方面加强可持续发展能力建设;加强可持续发展的国际合作与全球可持续发展战略的协调。①

因而,《中国 21 世纪议程》充分体现了我国在经济发展过程中存在着这样那样的问题、矛盾以及相应的对策,构筑了中国综合、长期、渐进的可持续发展框架,旨在从国家整体的高度上协调和组织各部门、各地方、各社会阶层和全体人民的行动,从而为保护自然资源,改善生态环境,实现国家的长期、稳定发展提供了可靠保证。

2. 可持续发展的内涵　1997 年国务院发表的《中华人民共和国可持续发展国家报告》,明确阐述了中国对可持续发展的认识。

(1) 就全球而言,中国同意联合国环境规划署第 15 届理事会通过的《关于可持续发展的声明》,即:"可持续的发展,系指满足当前需要而又不削弱子孙后代满足其需要之能力的发展,而且绝不包含侵犯国家主权的含义。联合国环境规划署理事会认为,要达到可持续的发展,涉及国内合作和跨越国界的合作。可持续发展意味着走向国家和国际的公平,包括按照发展中国家的国家发展计划的轻重缓急及发展目的,向发展中国家提供援助。此外,可持续发展意味着要有一种支援性的国际经济环境,从而导致各国特别是发展中国家的持续经济增长与发展,这对于环境的良好管理也具有很大的重要性。可持续发展还意味着维护、合理使用并且提高自然资源基础,这种基础支撑着生态抗压力及经济的增长。再者,可持续的发展还意味着在发展计划和政策中纳入对环境的关注与考虑,而不代表在或发展资助方面的一种新形式的附加条件。"

(2) 根据中国的具体国情,中国对可持续发展的认识和理解,主要强调以下几个方面:

① 可持续发展的核心是发展。无论是社会生产力的提高,综合国力的增强,人民生活水平和人口素质的提高,还是资源的有效利用,环境和生态的保护,都有赖于经济的发展。经济发展是我们办一切事情的物质基础,也是实现人口、资源、环境与经济协调发展的根本保障。

② 可持续发展的重要标志是资源的永续利用和良好的生态环境。保护好人类赖以生存与发展的大气、淡水、海洋、土地和森林等自然环境与自然资源,防止环境污染和生态破坏,是中国社会主义建设的一项战略性任务,也是中国的一项基本国策。

③ 可持续发展要求既要考虑当前发展的需要,又要考虑未来发展的需要,不以牺牲后代人的利益为代价来满足当代人利益的发展。中国实施可持续发展战略的实质,是要开创一种新的发展模式,代替传统的落后的发展模式,把经济发展与人口、资源、环境协调起来,把当前发展与

① 陈凡.现代科学技术与当代社会[M]. 沈阳:东北大学出版社,2004:177.

长远发展结合起来。

④ 实现可持续发展战略必须转变思想观念和行为规范。要正确认识和对待人与自然的关系，用可持续发展的新思想、新观点、新知识，改变人们传统的不可持续发展的生产方式、消费方式、思维方式，从整体上转变人们的传统观念和行为规范。

3. 可持续发展相关国际问题的原则和立场　在2002年发表的《中华人民共和国可持续发展国家报告》中，针对10年来国际社会在环境与发展领域活动进行了评价，进一步阐明了我国对可持续发展相关国际问题的基本原则和立场。10年来，尽管全球可持续发展取得了一定的进展，但全球环境恶化的趋势并没有得到扭转，对发展中国家不利的外部环境未能得到显著改善，多数发展中国家仍被经济和社会问题所困扰，贫困问题远未得到解决，严重制约了发展中国家实现可持续发展的努力。环发大会倡导的全球伙伴关系还远未实现，大会上形成的全球合作的势头下降。这些都与《21世纪议程》确定的目标相差甚远。为此，我国主张：

（1）国际社会应该做出切实努力，创造良好的外部环境，改善发展中国家在债务、贸易、资金等领域面临的困难处境，并为其实现可持续发展提供必要的援助。

（2）发达国家应在解决本国环境问题的同时，向发展中国家提供新的、额外的资金，并以优惠条件转让环境无害化技术。

（3）各国有权根据自己的国情选择经济发展和环境保护的道路，根据需要开发利用本国的自然资源。同时，各国在开发利用本国自然资源的过程中，也应防止对别国环境造成影响。

（4）在重视一些全球性环境问题的同时，需要优先考虑区域性的环境问题，特别是发展中国家面临的水资源短缺、城市空气污染、水土流失、荒漠化、自然灾害和生态破坏等问题。

4. 新世纪我国实施可持续发展战略的指导思想、总体目标和基本原则　2003年年初，国务院颁布了《中国21世纪初可持续发展行动纲要》，明确提出了未来10~20年，我国可持续发展战略的目标、基本原则、重点领域和保障措施。这为我国全面推动可持续发展战略的实施，以及保证我国国民经济和社会发展第三步战略目标的顺利实现，提供了可靠保证。它标志着我国可持续发展进入了一个新的阶段。

《纲要》指出，我国21世纪初实施可持续发展战略的指导思想是：坚持以人为本，以人与自然和谐为主线，以经济发展为核心，以提高人民群众生活质量为根本出发点，以科技和体制创新为突破口，坚持不懈地全面推进经济社会与人口、资源和生态环境的协调，不断提高我国的综合国力和竞争力，为实现第三步战略目标奠定坚实的基础。

实施可持续发展的总体目标是：可持续发展能力不断增强，经济结构调整取得显著成效，人口总量得到有效控制，生态环境明显改善，资源利用率显著提高，促进人与自然的和谐，推动整个社会走上生产发展、生活富裕、生态良好的文明发展道路。

实施可持续发展的基本原则是：① 持续发展，重视协调的原则；② 科教兴国，不断创新的原则；③ 政府调控，市场调节的原则；④ 积极参与，广泛合作的原则；⑤ 重点突破，全面推进的原则。

《纲要》在最后提出了实现可持续发展目标的相应措施，即必须采取行政、经济、科技、法律等手段，从加强部门协调、拓宽融资渠道、科技教育支撑和健全法规制度等方面采取切实有效的保障措施，才能推进可持续发展战略的顺利实施。

实施可持续发展战略，不仅要认真总结国际正反两方面的经验教训，大胆地吸收借鉴国外的先进技术、经验和管理方式,加强国际间的合作,而且要立足国情,从实际出发,加大改革力度,结合社会主义市场经济体制的逐步建立和完善,建立起经济与人口、资源、环境协调发展的机制。同时,在实施可持续发展战略过程中,我们必须依靠科技工作者,通过科技工作者对先进科技手段的使用,实现资源的合理开发和有效利用,把环境污染控制在最低水平,从而提高人类生存、生活质量和人口素质,全面实施可持续发展战略,实现人类与自然的共同发展。

二、从生态文明到美丽中国

生态(Ecology),源自希腊语词(Oikos)和(Logo)。Oikos 是指在同一家庭中居住的人,Logo 是指科学,所以生态由两个词合成,指关于在同一环境中居住的动物的科学。生态学的概念,最早是由德国的生物学家恩斯特·海克尔于 1869 年提出的。他认为,生态学就是一门研究生命有机体及其与所处环境的相互关系的科学。

文明是指人类在社会历史发展过程中所创造出来的积极成果。生态文明是指人类在对自然充分认识与尊重的基础上,在利用自然为人类服务并实现人类与自然和谐发展的过程中,所取得的全部文明成果的总和,这意味着一种人类与自然相互交融的状态。生态文明是社会生产力水平发展到一定历史阶段的必然产物。从横向来看,生态文明是作为与物质文明、政治文明和精神文明并驾齐驱的四大文明之一。从纵向来看,生态文明作为人类文明的一种高级状态,也是继原始文明、农业文明、工业文明之后的一种新文明。

生态文明的基本内涵主要包括以下四个方面:① 从生产方式上看,需转变生产、消耗和污染三高的工业化生产方式,使得生态产业成为产业结构中的主导产业,通过生态技术这一基础去实现生态化的社会生产;② 从生活方式上看,倡导科学合理和适度的消费,将绿色消费作为人类新的生活目标;③ 从文化价值上看,正确地认识自然的内在价值,树立符合自然发展规律的合理价值需求和规范;④ 从社会结构上看,使社会结构逐渐生态化,将生态理念渗透到社会结构当中去,最终实现人类活动对生态环境损害的最小化,且通过一定的生态文明建设,从而使人类与自然更和谐。

中国共产党的第十八次全国代表大会,题为《坚定不移沿着中国特色社会主义道路前进 为全面建设小康社会而奋斗》的报告中,将生态文明单独成篇,号召全国人民大力推进生态文明建设。报告指出建设生态文明,是关系人民福祉、关乎民族未来的长远大计。面对资源约束趋紧、环境污染严重、生态系统退化的严峻形势,必须树立尊重自然、顺应自然、保护自然的生态文明理念,把生态文明建设放在突出地位,融入经济建设、政治建设、文化建设、社会建设各方面和全过程,努力建设美丽中国,实现中华民族永续发展。①

建设生态文明,是关系人民福祉、关乎民族未来的长远大计,这一部署体现了执政党对人类社会发展规律和社会主义建设规律的深刻把握,体现了执政理念的不断完善。"生态文明的核心是人与自然和谐。"生态文明是人类社会文明的高级状态,不是单纯的节能减排、保护环境的问题,而是要融入经济建设、政治建设、文化建设、社会建设各方面和全过程。

生态文明建设,是立足于中国的经济社会发展现状、人民群众新期盼所做出的战略部署。一

---

① 胡锦涛.坚定不移沿着中国特色社会主义道路前进 为全面建设小康社会而奋斗——在中国共产党第十八次全国代表大会上的报告. 2012.11.8.

方面，我国经济发展面临越来越突出的资源环境制约，已经到了不进行生态文明建设不行的阶段；另一方面，随着生活水平提高，人们对于良好生态环境有了越来越强烈的需求。

建设生态文明，首先转变生产方式，全面促进资源节约，推动资源利用方式根本转变，提高利用效率和效益，严格控制开发强度，促进生产空间集约高效、生活空间宜居适度、生态空间山清水秀。

要加大自然生态系统和环境保护力度，以解决损害群众健康最突出的环境问题为重点，强化污染防治力度，实施重大生态修复工程，增强生态产品生产能力。此外，应转变生活方式和消费方式，改变一些传统的不合理的生活方式，改变奢侈消费、劣质消费等习惯。

生态文明建设与经济建设、政治建设、文化建设、社会建设并列，“五位一体”地建设中国特色社会主义，显示了中国特色社会主义事业总体布局的变化，执政党将生态文明建设上升到国家意志的战略高度，将生态环境保护融入经济社会发展的全局。

从生态文明到“美丽中国”，表明生态文明的自然之美。从“人定胜天”的万丈豪情到“必须树立尊重自然、顺应自然、保护自然的生态文明理念”，再到可感、可知、可评价的“美丽中国”，说明我们党的执政理念越来越尊重自然，越来越尊重人的感受。认真地区分富裕与美丽之间的共性与个性。对于美好的环境的需要，体现中国人对美丽中国的最直观解读。十八大报告首次单篇论述“生态文明”，全国党代会报告第一次提出“推进绿色发展、循环发展、低碳发展”，等等，把生态文明建设摆在总体布局的高度来论述，表明我们党对中国特色社会主义总体布局的认识深化了，也彰显了中华民族对子孙、对世界负责的精神。

“美丽中国”体现科学发展的和谐之美。科学发展观是建设美丽中国的理论指导和保障，实现可持续发展、建设和谐社会的目标，归根结底是人与自然和谐的发展。提倡“美丽中国”是落实科学发展观的一种方式，可以说，“美丽中国”的提法既给我们指出了科学发展的具体方式，又给我们指明了经济社会发展的美好愿景。

三、人类未来发展困境与中国的抉择

生态环境问题已经成为全球性问题，其中最为突出的就是全球环境和气候问题。全球气候变暖关系人类生存和发展，越来越成为国际政治经济发展的一个重大问题。在全球环境和气候问题上，发达国家欠下了许多历史债务，发展中国家也遇到了严峻的现实挑战。

在全球环境问题特别是气候问题上，发达国家和发展中国家形成尖锐对立。发展中国家认为，全球气候变化主要是发达国家自工业革命以来温室气体排放的累积效应所致，必须追溯历史责任并承担减排的义务。发达国家认为，发展中国家温室气体的排放量也在迅猛增长，也应该有减排义务。事实上发达国家的主张是不公正的。这一主张无视发达国家对全球气候变化的历史责任，无视发展中国家的发展阶段和经济技术承受能力，目的就是增加发展中国家的发展成本，延缓或遏制发展中国家的发展。

保护环境是全人类面临的共同使命。解决全球环境和气候问题必然加强全球合作，世界各国都应认识解决全球环境和气候问题的必要性和紧迫性。国际公认解决全球气候问题的基本准则就是坚持“共同但有区别的责任”，在环境利益和责任特别是历史责任和现实责任分配方面做出安排。

(一)《联合国气候变化框架公约》及《京都议定书》的产生

1992年,联合国环境与发展大会在巴西里约热内卢召开,178国代表团,118国领导人(106国元首或政府首脑)参加会议,会后签署《联合国气候变化框架公约》(UNFCCC),简称《公约》。该《公约》于1994年3月21日生效,它是世界上第一个为全面控制二氧化碳等温室气体排放,应对全球气候变暖给人类经济和社会带来不利影响的国际公约,也是国际社会在应对全球气候变化问题上达成的一个基本框架。目前已经191个国家批准了该《公约》,成为《公约》缔约方。

《公约》的最终目标是将大气中温室气体尝试稳定在不对气候系统造成危害的水平。《公约》由序言及26条正文组成,具有法律约束力,缔约方做出了许多旨在解决气候变化问题的承诺。要求每个缔约方都必须定期提交专项报告,其内容必须包含该缔约方的温室气体排放信息,并说明为实施《公约》所执行的计划及具体措施。按着《公约》规定每年举行一次缔约方大会。①

《京都议定书》是《公约》缔约国第三次会议的重大成果,即将温室气体的排放要求与指标具体化。1997年12月,《公约》缔约国第三次会议在日本京都举行。会议通过的《京都议定书》对2012年前主要发达国家减排温室气体的种类、减排的时间表和额度做出具体规定。根据《京都议定书》从2008年到2012年间,主要工业发达国家的温室气体排放量要在1990年的基础上平均减少5.2%,其中欧盟将6种温室气体的排放量消减8%,美国消减7%,日本和加拿大各消减6%,东欧各国削减5%至8%,新西兰、俄罗斯和乌克兰可将排放量稳定在1990年水平上;爱尔兰、澳大利亚和挪威的排放量在1990年的水平上分别可以增加10%、8%和1%。为了帮助这些国家降低减排成本以更有效实现上述目标,《京都议定书》在减排途径上提出三种灵活机制。其一,清洁发展机制(CDM),主要指发达国家通过资助发展中国家具有减少温室气体排放效果的项目,获得相应的减排指标,完成承诺的减排义务。其二,联合履约机制(JI),主要指有相应减排义务的国家联合履行义务。其三,排放贸易(ET),即排放权的商品化。主要指由于各种原因完成承诺的减排义务,也可以通过付费方式从超额完成减排义务的国家购买相应的减排额度。②

《京都议定书》不仅仅是一个环境条约,而是国际政治、经济、外交及国家安全等重大问题相伴生的综合性问题。

(二)《京都议定书》的生效

2005年2月16日,《京都议定书》正式生效。按着《公约》规定,《京都议定书》这一文件需要在占1990年全球温室气体排放量55%以上的至少55个国家和地区核准之后,才能具有法律约束力。因为控制温室气体的排放,不是一个单纯的环境问题,它表征着国家、社会、政治经济等多个方面的重大利益问题,它涉及各国经济利益与发展空间的问题,是各国与国之间、各国内部的产业与产业之间、各产业内部的企业与企业之间的发展博弈问题。因此《京都议定书》的生效也是一波三折。

美国是重要的工业化国家,世界温室气体的排放最多的国家。是否履行《京都议定书》中所承诺的任务,对于世界气候问题的解决是不可或缺的力量。

---

① http://politics.people.com.cn/GB/8198/175695/175696/10505358.html.

② 王启东.后《京都议定书》时代中国减排国际义务研究[D].暨南大学,2010:6.

从《京都议定书》制订时，美国政府就表示了反对意见。美国政府希望有新的应对气候变化的模式，反对定量减排并设定时间表，主张市场运行机制，特别提出把发展中国家纳入到减排体系中，其中重点强调减排不能影响美国的经济发展。美国于 2001 年 3 月 28 日宣布退出《京都议定书》。理由有三个方面，其一，经济理由。美国政府认为美国减排任务过重，会影响美国的经济发展。通过麻省理工学院研究的粗略计算，美国完成减排任务大约要花费 380 亿美元的费用。如此大的耗资，而且当时美国也正处于经济的下滑时期，所以保持美国经济的稳定性对于美国政府来说是头等大事。其二，不平等原则。美国政府认为，发展中国家也应该对温室气候排放的减排负有相应责任。发展中国家占世界人口的 80% 排除在减排义务之外，特别是中国和印度这样的人口大国排除减排义务之外，会对美国的经济造成严重的危机。同时，按着现在的发展速度与工业规模，到 2020 年，发展中国家的二氧化碳排放量将超过发达工业化国家，而且温室气体的流动性特征决定，只要求发达国家的承担减排义务是不公平的。美国政府不愿意为不公正的要求买单。其三，科学理由。对于全球变暖是否是由于温室气体的排放造成的，美国政府与某些科学研究者是持怀疑论态度的。他们认为全球气候变暖与温室气体排放之间并不能找到确定的论据。全球气候变化也许是地球气候变化的历史过程中的必然阶段，并没有直接的科学论据可以证明温室气候的过量排放一定会引起全球的气候变化或者说引起全球气候的巨大变化。美国政府不愿意为一种可能性买单。基于以上三点，美国政府在一片哗然声中退出了《京都议定书》。①

美国的退出几乎导致了《京都议定书》的夭折。俄罗斯的态度成为关键，俄罗斯 1990 年温室气体排放量占世界总量的 17.4%，俄罗斯成为了《京都议定书》是否能够生效的重要节点。俄罗斯政府经过反复权衡批准议定书的利弊，最终于 2004 年 9 月 30 日通过了有关批准《京都议定书》的法律草案，并提交俄议会批准。俄国家杜马（议会下院）和联邦委员会（议会上院）分别于 2004 年 10 月 22 日和 27 日通过议定书，俄总统普京也于 2004 年 11 月 5 日在议定书上签字。按照俄法律程序，俄总统在议定书上签字后，该议定书已经成为俄罗斯的法律文本，该议定书将于总统签字 90 天后，2005 年 2 月 16 日正式生效。

《京都议定书》是第一个具有法律约束力的旨在防止全球变暖而要求减少温室气体排放的条约，是加强合作、共同应对全球气候变暖的新时代的标志。对环境容量资源的分配是环境国际管理的制度创新，也是人类社会可持续发展的一种重要实践。

《京都议定书》生效后，因为其法律约束力相对微弱，全球性减排形势很不乐观。《京都议定书》的 41 个缔约国总体的排放量均未达到目标。

（三）后《京都议定书》时代

《京都议定书》于 2012 年要到期，世界各国进入新一轮的气候博弈过程，纷纷加大环境外交的力度，努力占领未来国际环境容量分配的制高点。

《巴厘岛路线图》随着 2007 年 12 月巴厘岛会议的举行，标志着新一轮围绕气候变化问题的国际谈判已经启动，旨在达成新的国际协议，以取代将于 2012 年到期的《京都议定书》。

2007 年 12 月《公约》第 13 次缔约方会议和联合国气候变化大会于印尼巴厘岛举行，180 多个国家的代表参加了会议。各缔约方希望达成后《京都议定书》线路图，即“巴厘岛路线图”，具

---

① 王启东.后《京都议定书》时代中国减排国际义务研究［D］. 暨南大学，2010:19.

体议题包括：应对气候变化消极后果的行动，减少温室气体排放的方法，广泛使用气候友好型技术的方法，以及对适应和减缓气候变化措施进行资助。但会议的议程并非一帆风顺，矛盾主要来自于两个方面，一是发达国家和发展中国家之间的矛盾。二是发达国家内部的欧盟和美国之间的矛盾。

会议前期，发展中国家与发达国家争议的焦点集中于技术转让和资金问题。在技术转让方面存在着知识产权问题。在资金问题上，发达国家依赖于市场机制，这显然不利于发展中国家的需要。因此，发展中国家认为，发达国家缺少承担责任的态度。在高级别会议中，关于 2012 年以后发达国家的减排目标，欧盟与美国产生了巨大的争执，使大会一度陷入困境。经过多方面协调，才最终达成妥协，但依然没有法律约束力。

在会议临近结束时，会议对广大发展中国家提出要采取“可测量、可报告、可核实”的减排措施，而对发达国家向发展中国家转移技术和资金等只提出了含糊要求，引起广大发展中国家的强烈抗议。经过一番拉锯，最终该条款被更改。“巴厘岛路线图”终于出炉。

根据巴厘岛路线图的规定，2009 年，在哥本哈根召开的《公约》缔约方第 15 次会议将诞生一份新的《哥本哈根议定书》，以代替 2012 年到期的《京都议定书》。至此，全球温室气体减排行动将进入“后京都议定书时代”。

目前，世界各国正在围绕哥本哈根会议及将要开展的 2012 年后减排问题展开激烈博弈，特别是大国间的减排博弈之所以越演越烈，主要是因为温室气体减排的博弈是全球性问题解决的重要指标，它将决定未来世界经济发展的模式和各国的地位。世界各国在承认地球资源和承载能力有限的前提下，都力图以此使自己在未来世界能源、资源分配和温室气体排放空间的分配中获得尽可能大的份额。

（四）中国应对气候变化的国家方案

2007 年 6 月，中国政府正式发布《中国应对气候变化国家方案》，[①]表示中国将采取一系列法律、经济、行政等手段，减缓温室气体排放，提高适应气候变化的能力。这是中国第一部应对气候变化的全面的政策性文件，也是发展中国家颁布的第一部应对气候变化的国家方案。方案的颁布实施，彰显了中国政府负责任大国的态度。表明中国始终是解决全球环境问题、应对全球气候变化重要的建设性力量。中国作为发展中的社会主义国家，在全球环境和气候问题上始终承担着自己应负的责任。中国政府坚持同国际社会加强合作，把应对气候变化和绿色低碳发展放到更重要的位置，积极实施可持续发展战略，积极建设资源节约型、环境友好型社会，实现经济发展与人口、资源、环境相协调，走生产发展、生活富裕、生态良好的文明发展道路，为保护全球环境和控制全球气候变化做出积极贡献。

本章小结

科学和技术成为综合国力与国家竞争力的重要因素之一。世界各国都建立了科学和技术发展战略。通过分析美国、德国、日本和俄罗斯的科学和技术发展战略，对我国科学技术发展产生

① 中国应对气候变化国家方案.http://news.xinhuanet.com/politics/2007-06/04/content_6196300.htm.

重要的启示作用。我国也建立了科学和技术发展战略，不仅有科教兴国战略、国家创新战略，还制订了中国科学技术发展规划。科学技术的发展将迎来世界的美好未来，从可持续发展战略到生态文明建设，以及对美丽中国的认识与理解，都表明中国在面对人类发展困境中所持的正义立场。

拓展阅读

1. 姜振寰，孟庆伟，谢咏梅，黄丽华. 科学技术哲学[M]. 哈尔滨：哈尔滨工业大学出版社，2001.（第十二章："可持续发展的理论与实践"，主要介绍可持续发展战略理论的提出过程；我国提出和实施可持续发展战略的过程和意义）

2. 周业昌. 科学技术与社会[M]. 桂林：广西师范大学出版社，2001.（第四章："科学技术的生产力功能"；第五章："科学技术的精神文明功能"；第六章："科教兴国的伟大战略"；第八章："当代科技与社会的协调发展"；第九章："可持续发展战略"）

3. 叶平等. 科学技术与可持续发展[M]. 北京：高等教育出版社，2004.（第五章："科学技术与经济"；第六章："科学技术与社会"；第七章："科学技术与全球化问题"，主要阐释科学技术与经济、社会相互作用的可持续问题和战略走向，以及全球绿色政治形势对科学技术发展的新导向）

4. 马来平. 科技与社会引论[M]. 北京：人民出版社，2001.（第二十七章："中国科技发展道路的新探索"；第二十八章："国企改革与科技体制改革及其他"，主要介绍中国科技发展、国企改革和科技体制改革所经历的过程及影响）

5. 高惠珠.科技革命与社会变迁[M]. 上海：学林出版社，1999.（第七章："20 世纪科技革命与全球生态环境"，主要分析 20 世纪科技与生态的关系）

6. 刘大椿. 自然辩证法概论[M]. 北京：中国人民大学出版社，2004.（第五章："可持续发展观与可持续发展战略"）

7. 刘则渊. 现代科学技术与发展导论[M]. 大连：大连理工大学出版社，2003.（第 5 章："现代科学技术进步与经济发展"；第 6 章："现代科学技术进步与社会发展"；第 7 章："知识经济与科教兴国战略"；第 8 章："全球问题与可持续发展战略"）

思考题

1. 发达国家科学、技术与社会发展战略的特点。
2. 发达国家的科学技术发展战略经验对我国的启示。
3. 中国的科学技术发展战略。
4. 可持续发展战略。
5. 生态文明与美丽中国的理论内涵。
6. 中国国家创新战略。

第九章　科学、技术与社会教育

本章要点

科学、技术与社会教育的基本理念；科学、技术与社会教育的目标和基本要求；教师在科学、技术与社会教育中的地位和作用；科学、技术与社会教育的课程设置原则；科学、技术与社会教育的课程教学和培养目标。

科学、技术与社会教育（STS 教育）是现代教育的新型模式，它把 STS 理念应用于教育之中，融多学科内容为一体，是交叉学科教育的范式。STS 教育意在从多角度、多方面系统地把握科学、技术和社会的互动关系，旨在引导学生把学到的科学知识、技术能力在社会实践中加以应用，其宗旨是培养拥有高度社会责任感的新公民。

第一节　科学、技术与社会教育的理念

科学、技术与社会教育兴起于 20 世纪 20—30 年代，到 70 年代得到普遍发展。随着科学、技术与社会之间联系的日益紧密，科学、技术与社会教育逐渐成为世界教育改革的一个重要方向。

一、科学、技术与社会教育对传统教育理念的批判

科学、技术与社会教育对传统教育理念的批判主要表现在反对应试教育、反对教育忽视学科之间的联系，反对教育与生活脱节。

（一）科学、技术与社会教育反对应试教育

传统的科学技术教育侧重于应试教育，为了追求升学，学生用机械的记忆代替对科学研究活动的积极参与，其结果是，学生成为被动的接收客体，而非能动的学习主体。由于科学课程的内容多以结论性的知识形式灌输给学生，学生们通过超负荷的刻苦学习掌握了大量的知识，却忽视了科学共同体成员创造科学知识的过程。事实上，科学共同体创造知识的过程是丰富多彩的，是活生生的人的活动。在科学研究活动过程的每一细微之处，都透露着科学家的喜怒哀乐，透露着科学家孜孜不倦的求索精神，透露着科学家的人格和品质。科学研究成果正是这一切的结晶。但是，如果把这种结晶以系统化的知识形式从科学研究的世界中剥离、抽象出来，则会使其失去绚烂的色彩而变得僵硬、失去生机。

（二）科学、技术与社会教育反对忽视学科之间的联系

传统的科学教育基本上都是分学科教育的，往往忽视各学科之间的联系。各学科老师之间缺乏交流，在教学中往往都忽视各学科交叉部分的内容。由于人们忽略了学科知识之间的联系，对于知识的考察只能越来越局限于单学科内部琐碎知识的记忆，必然导致学生们缺乏系统的观念，不能从整体上理解科学、技术与社会之间的互动关系，并难于将所学到的单科知识应用到现实的社会问题中去。

（三）科学、技术与社会教育反对教育与生活脱节

科学技术不是孤立的活动，它与人类的社会生活存在着相关性。传统的科学技术教育并没有把教育置于社会生活背景之中，科学技术对学生生活的影响和运用被忽略了。学生学习科学技术不是为了生活，反而越来越远离生活，最终科学技术与社会隔绝，很难激发学生对科学、技术与社会之间相互关系的思考。这就难怪很多学生会产生为什么要学习科学技术的疑问。STS 教育要求联系社会生活来教授学生们科学技术，而不是简单地“科技+社会”。必须改变传统的教育理念和方式，不能先是把科学技术当做抽象的知识体系灌输给学生，然后再在此基础上简单增加科学技术的应用，其结果就是将科学、技术和社会简单地相加。而科学、技术与社会教育的目标就是要改变这种传统的教育理念和方式，它要求在人类的自然和社会活动的背景下进行科学和技术的教与学，把科学技术与当代社会生活联系起来，让学生们真切地体验到科学、技术与社会的相关性，并提高他们利用科学技术知识解决社会生活问题的能力。

二、科学、技术与社会教育倡导新的教育理念

科学、技术与社会教育倡导整体性、社会性和人本性教育，是对传统教育理念的改革和发展。

（一）科学、技术与社会教育的整体教育观

科学、技术与社会教育认为科学、技术与社会作为一个综合系统，其“综合性不仅蕴含了整体的科学观、科学技术观，还涵盖了体现科学、技术与社会互动作用的科技、社会系统观及一种整体的教育观”①。其内容涉及科学、技术与社会多领域，突破了单一学科的框架，强调多学科之间的联系和融合，鼓励学生接触各种交叉学科，边缘学科，进行跨学科研究。

（二）科学、技术与社会教育的社会教育观

科学、技术与社会教育强调教育与社会生活的紧密结合。科学并不是封闭的知识体系，而是嵌入在社会中的开放系统。科学、技术与社会教育就是要把科学技术教育置于社会和文化的背景之中，它鼓励学生们关注社会问题，例如核技术、化学技术、克隆技术等带来的社会伦理问题都是 STS 教育关心的核心问题。STS 教育希望通过探讨这些问题，带领学生们从社会的角度去理解科学，引领学生们去探索科学技术发展的历程，体会社会对科学技术发展的选择作用，把握科学技术发展对社会的影响（无论是正面影响还是负面影响），从而建立对于科学、技术与社会关

---

① 黄晓.论 STS 教育的特点[J].比较教育研究，2002(9)：31.

系的全面理解，提高未来参与社会决策的能力，最终成为负责任的知识公民。

（三）科学、技术与社会教育的人本教育观

科学、技术与社会教育倡导向人的回归。“以人为本”是科学、技术和社会教育的核心思想，它要求教育应该以学生为主体，激发他们学习科学的热情，培养他们运用科学的习惯，形成谨慎处理科学与社会关系的态度。“以人为本”还体现在教育对象的普及化。科学、技术和社会教育的一个宗旨是让所有的人接受科学教育，而不仅仅是培养科学家。科学、技术和社会教育的一个目的就是给予人们评判科学技术的话语权，而要获得这样的话语权，人们就必须知道科学家们是怎样从事科学研究、寻求科学结论的，并且能在此基础上，判断结论的可靠性，甚至找出其结论的局限性，从而能够对科学主张做出深思熟虑的思考，而不是跟随他人的意见或者简单地排斥或者盲目的接受。因此，教育的目标并不是灌输高深莫测的知识，而是要拆除学术壁垒，使每个人都能够了解科学，能够在相关的科技决策中发表意见，享有真正的民主。

三、科学、技术与社会教育的目标

目前世界各国在其教育改革中都制订了科学、技术与社会教育的目标。在美国，科学、技术与社会教育的目的是培养有“科学素养”的人。在英国，政府推行了社会中的科学与技术（Science and Technology in Society，SATIS）项目，SATIA 项目为 14～16 岁学生设定的教育目标是：“① 理解科学思想如何随时间而变化，科学的性质、科学知识，理解科学技术成果的利用受社会、道德、精神和文化的影响；② 学习科学在社会中的应用；③ 用科学的知识和技能做出决策，并能对健康和安全做评价；④ 考虑到科学技术发展对个体、社会和环境的影响。”①荷兰在 STS 教育方面也卓有成效，它提出的教育目标是：“① 理解文化（当代技术文化是文化的重要组成部分）；② 使其在社会中更好的生存；③ 为进一步学习技术做好准备。”②近年来，随着我国对于 STS 的研究，STS 教育的普遍开展也是我国教育改革的一个重要内容，其基本目标是：

（一）提高全民科技素养

科学、技术与社会教育的最重要的目标就是使全体国民具备科技素养。第一，有科技素养就意味着在日常生活中对所经历的事务能够提出自己的问题，能够对这些问题进行探索，并能寻求解决途径的能力。第二，有科技素养就意味着一个人能够对一些自然现象进行描述，并能做出合理的解释。第三，有科技素养就意味着能够读懂通俗的科技文章，能参与关系到国家民族命运，以及个人生存环境问题的讨论，并能对此做出合理的判断。第四，有科技素养就意味着能够识别一些信息的真假，避免上当受骗。第五，有科技素养就意味着有能力对一些观点提出论点，并合理地进行论证。所有这一切，都是发展科学、技术与社会教育的重要目的，它们也是当今社会进步的重要标志。

---

① 王素.英国 STS 教育的沿革[J].外国中小学教育，1999(1)：4.

② 丁邦平.论国际理科教育的范式转换——从科学教育到科技教育[J].比较教育研究，2002(1)：4.

（二）培养公民的社会责任

随着科学技术的发展，其带来的负效应也日益凸现，各种风险随之扩大，这些风险既与人类的生死存亡休戚相关，又不可能仅仅依赖科技专家的力量加以规避。比如说：我们要发展哪一种能源来替代现在对化学能源的依赖？我们要通过什么样的方式来遏制传染疾病的流行？我们要采取什么样的生活方式来缓解环境污染的压力？所有这些问题不仅是科技专家要考虑的问题，也是每一个公民应该思考的问题。科学、技术与社会教育的目标就是要培养公民的社会责任，满足公民们参与决策的需求，并提高其决策能力。

四、科学、技术与社会教育的基本要求

综上所述，科学、技术与社会教育的目标就是要培养具有科技素养且拥有社会责任心的 STS 人才。为了实现这一目标，其教学内容、教育形式和考核标准都要做出适当调整。

在教学内容上，要从传统的以理科教育为核心的学科知识体系向强调科学、技术与社会三者相结合的综合体系转变。这种综合既重视知识的基础性，又强调实践的操作性，还要立足于社会的视野，它不是科学、技术与社会的简单加和，而是在现代社会中对科学技术发展所带来的事实和价值的复杂结合。它“向学生提供关于自然科学、技术科学和人文社会科学知识的整体化的理解，并且使学生把科学技术和社会文化背景联系起来，了解科学技术的价值功能和自己的社会责任，成为既有知识又有社会责任感，并且还能处理高科技社会中所面临的种种问题的新的复合型人才。”①

在教育形式上，它要求既要符合知识特征，也要符合技术特征，还要符合社会特征。符合知识特征要求在遵循知识自身发展规律的基础上使学生们了解科学和技术；符合技术特征要求训练和提高学生们基本的实践操作技能；符合社会特征要求把科学知识和技术技能与外部的世界相联系，即不仅鼓励学生走出校园，进入社会，把学到的科学知识、技术技能应用于生活实践；还鼓励更多的社会成员如一些医疗、卫生、环保单位参与到教育活动中，为学生们提供更多的实习机会。STS 教育工作者希望能够突破单一的教学形式，通过依托多种多样的活动载体如各种探究性活动、交往性活动以及社会实践活动等来实现教育的最终目标——把学生培养成为既具有一定的理论知识水平，又掌握一定的实践操作技能，还能够了解科学、技术与社会关系的拥有社会关怀而又负责任的完整的人。

在考核标准上要围绕科学—技术—社会确定考核内容，建议分为以下三个板块：科学—技术—社会中的科学，科学—技术—社会中的技术，科学—技术—社会中的社会。在第一个板块中，涉及以下一些方面：什么是科学理论？科学理论是如何产生又是如何变化的？科学和边缘科学的关系？……第二个板块，涉及以下方面：什么是技术？在一定时期，技术和科学的关系？技术在经济中的作用？文化差异对技术的影响？……第三个板块，涉及下述方面：什么是政府的职能？公众组织在决策中的作用？科技发展的社会支撑环境？……当然，这些列出的题目可以更具体些。例如，如果想考查学生对科学理论的理解，不如可以设计这样的题目：“描述一个能帮助你理解一个科学理论的实验。”这个题目不仅可以检验学生是否理解了科学理论的本质，也可

---

① 殷登祥.时代的呼唤：科学技术与社会导论[M].西安：陕西人民教育出版社，1997：279.

以检验学生们是否能把理论和实验联系起来。事实上,这个题目已被试验用于16岁学生的一份试卷上。结果发现,“多数学生对实验的表述没有太多的困难,但是根本不知道验证的是什么理论,更不用说把理论与实验联系起来了,结果导致他们的失败。

⊙ 25%的考生正确地鉴别出实验所关联的理论。

⊙ 27%的考生把一个实验的结果当做一个理论(例如:‘铜导电’或‘布朗运动理论’)。

⊙ 24%的考生把实验的过程,食品试验或太阳能集热板的制作,当做一个理论。

⊙ 25%的考生完全遗漏了问题,尽管有些问题是必答部分的。

从上述对结果的分类,参阅‘科学自然’文献(如:Aikenhead 等人所著,1987)”①

从这个例子中,可以看到,学生们对理论和实验的学习还是分离的、脱节的,这在某种程度上也反映了教育的脱节。举这个例子并不是要说明教育的失败,而是要建议可以在考试中多设计这样的题目,因为这样的题目可以反映出教育中的问题,从而为教育工作者的工作指明方向。

第二节 科学、技术与社会教育的教师

基于教师在教育系统中处于核心地位,其职责能否全面发挥将直接决定教育的质量。为了有效地实施科学、技术与社会教育,教师必须不断地完善自己,充分发挥其主导作用。

一、教师在新课程中的地位和职责

有四种机构对课程会有影响,如下表②所示:

改变科学课程的机构

机构	变化的位置			
	政策文件	建议	课堂教学	学生的学习
政府	最大	有些	没有	没有
研究者	很小	最大	很小	没有
课程设计者	没有	很小	最大	有些
教师	没有	没有	最大	最大

从表中可以看到,尽管政府和研究者分别在教育的政策上和课程的建议上起到很大的作用,但是教师在具体的教学过程中,负有更多的责任。也就是说,科学、技术与社会教育能否有效地实施,很大程度上取决于教师能否承担起相应的责任。

在传统的科学教育体系中,教师的职责不能充分发挥,主要表现在:

第一,教材几乎是学生知识的唯一来源。对考试分数的过度注重促使教师们杜绝学生们同课本和辅导书以外的任何事物联系,学生们失去了很多获得知识的其他途径。

第二,应试教育是目前仍然普遍存在的教育状态。为了应付考试,教师们往往在知识的细枝

① [英]琼·所罗门.科学—技术—社会教育[M].郭玉英,王琦译.海口:海南出版社,2000:113.

② [英]琼·所罗门.科学—技术—社会教育[M].郭玉英,王琦译.海口:海南出版社,2000:46.

末节上下很多的功夫，很少能够在宏观上、整体上给予学生们必要的指导。

第三，科学信息对于学生生活的影响和应用都被省略了。教师们往往认为，学生们只要掌握了科学知识，就可以自动地在将来的生活中加以应用，而没有意识到脱节的教育往往导致脱节的生活。

第四，教师成为知识的专断者。课堂上教师往往不允许学生们对自己的见解有所质疑。所有的讨论都限制在课前设置的范围之内，学生们基本上没有机会真正发挥自己的潜力来寻求答案，也没有机会对一个观点形成自己不同的看法。

传统的科学教育中教师职责的缺陷，导致了一系列弊端的出现。为了重建一个和谐的教育体系，必须对教师的职责进行调整。在科学、技术与社会教育中，教师应该主动承担以下基本责任：

第一，教师对学生有知识上的责任。教师必须具有社会认可的相关学科的学术知识，这是开展科学、技术与社会教育的基础。在此基础上，教师有选择教学内容和方式的职责。教师应该寻求最合适的内容和最佳的方式来教育学生，引导学生们认识到科学并不是一些事实的堆砌，而是一种解释和说明世界的方式，但不一定是唯一正确的方式。

第二，教师对学生有道德上的责任。科学、技术与社会教育的一个基本目标就是培养有责任心的知识公民。这就要求，在平时的教学中，教师首先要尊重学生的个性，把学生看做是具有自主性和批判性的主体。教师应该认识到，其道德责任是要让学生们理解他们自己做决策的重要性，鼓励学生们去追求他们自己的价值和选择，从而使每个学生都成为一个批判性的探究者。

第三，教师对学生有职业上的责任。教师必须不断地提升自己的职业水平，关注科学技术的最新发展和社会的最新话题，始终能把握学生最新的想法和关注的问题，这样才能在教学上有的放矢。

二、科学、技术与社会教育的教师素质

要有效地实施科学、技术与社会教育，就必须让教师有所准备，不断地提升教师的素质。

（一）科学、技术与社会教育的教师素质构成

首先，科学、技术与社会教育的教师必须能够通过一些探究活动来学习科学，使自己有机会能像学生们那样来扩大自己的认知能力。作为教师，可以积极地参与科学研究活动，通过这些机会，能够从科学探索的角度来考察现象，解释所获得的结果，也可以体验一下学生们的学习过程，有效地进行换位思考。在此过程中，教师应该有意识地关注学生们感兴趣的事件，能够通过文献、媒体、网络以及各类资源去寻找这些问题的答案，由此来扩充自己的科学知识，从而能够和学生们进行充分的讨论。

其次，教师应该能够发挥自身的主导作用，对学习目标、教学策略、评价标准和课程设置等各方面问题做出恰当的决断。教师必须清楚一定年龄的学生知道什么，懂得什么，以及会做些什么，并能够根据这些情况适当地调整教学目标、策略、评价标准等。

再次，教师总能主动地反思自己的教学实践。作为科学、技术与社会课程的教师，他在课堂上所阐释的科学、技术与社会的关系无形中就会影响学生们对于该关系的看法。因此，只有不断地反思自己，不断地寻求自身所持观点的依据，才能够给学生呈现一个较为中肯的观点。教师只

有能够定期总结个人和他人在课堂内外的教学经验，并能够经常性地与其他教师共同研究教学的方法和技巧，才能够更好、更合适地实施教学计划。

（二）科学、技术与社会教育的教师素质特色

科学、技术与社会教育的教师素质具有以下一些特点：

1. 综合性　作为科学、技术与社会教育的教师，他们所具有的知识不能仅限于有限的学科范围之内，对于相关知识的更多了解（这种了解包括知识之间的联系，大科学体系的组织结构和组织机制，等等）将有助于更好地开展 STS 教育。

2. 开放性　科学、技术与社会是一个开放的系统，实施 STS 教育的教师素质也必须具有开放性。这种开放性表现在教师对科学史、技术史、科学哲学等众多领域的丰富学识上，表现在授课内容、授课形式的不断更新上，表现在对学生们的平等尊重上，表现在对批评意见的虚心接受上……正是这些开放性，使得科学、技术与社会教师能够在开展 STS 教育的过程中，通过与学生们的交流，与科研人员的沟通，与教师伙伴的共同努力，与相关机构的协调合作，不断丰富课程，向人们展示出一个全新的、富有生命力的学科。

3. 社会性　开展 STS 教育的一个重要目的就是要学生了解到科学技术的社会功能。这要求，开展课程的教师自身应该具备一定的人文关怀，能够敏锐地发现当前社会中的热门问题，并积极地纳入到课堂上来，从而引导和启发学生们对其进行分析思考，最终培养和提升学生们的社会责任感。

（三）科学、技术与社会教育的教师素质养成

教师素质形成的一个重要特点就是能够通过一些探究活动来学习科学知识。要进行探究性学习，教师必须有足够的能力查找科学文献，通过媒体和各种技术资源把自己的知识疆界拓展到现在尚未探究的领域中去。对于科学、技术与社会课程而言，教学内容的适时性是必然要求。在实际的工作岗位上，教师要能够通过各种途径来获得知识，能够对所获得的知识进行分辨，并能够运用到实际的教学过程中去。

在科学、技术与社会教育的教师素质形成过程中，各种职业培训起到很大的作用。有责任心的教师应该不断找到自己工作中的不足，积极参加适当的培训，提升自己在知识和技能等方面的储备，并建立终身学习的理念。有责任心的教师还应该主动地同科学家、行政管理人员、决策者、专业和科学组织者共同分享他们在教育中的最新发现，从而不断地改进自己的教学。

三、教师主导作用的发挥

在科学、技术与社会教育中，教师应该积极发挥其主导作用，不仅要善于挖掘学生们的研究潜能，培养他们的探索精神，判断事物的能力，团结合作的意识，还要鼓励他们勇于承担各种社会责任。

（一）教师应通过科学、技术与社会教育引导学生进行研究

教师对于教学内容的选择，教学计划的制订，教学方法的采用，以及在解决问题时所体现的思维方式都在潜移默化地影响着每一位学生。不仅如此，教师在课堂和实践中有意无意所流露

出的态度也极大地影响着学生们对于科学技术的态度。认识到这一点后，教师应该在课堂上有意识地通过学习的方式来引导学生进行研究。教师如果能够以学习者的姿态和学生们一起学习，将有益于促进和学生们的交流。这种交流应该是一种平等的交流，是一种建立在多样性基础上的交流。通过这样的交流，学生们不仅能够建立自己独立的观察和理解，还能够逐渐养成科学研究的习惯。这可以为他们在今后的学习和生活中自由地运用这些科学知识提供很大的帮助。在共同的学习中，教师还可以发现不同学生之间的差异，从而可以根据不同学生的特点因材施教。此外，教师在教学过程中，也能够通过与学生的讨论，发现自身理论上的不足，提升自身的知识储备。

（二）教师应通过科学、技术与社会教育培养学生的探索精神

探索和发现是科学研究的一个基本形式，当然也是科学学习的一个重要途径。科学研究中的探索不仅仅是做做实验，或不停地演算，其中渗透着更多的是科学家们的想象力和创造力。

但是在现行的中小学科学教育中，实验课程还不够多，学生们也没有自主权。实验用的仪器，实验材料和实验过程都是由教师决定的。当实验结果发生错误，或没有结果的时候，学生们也往往没有时间重复或修正实验。更为糟糕的是，学生在做实验之前，已经知道了正确答案。实验往往就是按照结果凑数据。试想在这样的条件下，如何能够培养学生们的探索精神？

为了改变这种状况，科学、技术与社会教育认为，可以安排一些特殊的实验来帮助学生们进行探索研究。学生们可以在这些实验中自己寻找实验材料，选择实验器材，设计实验步骤。教师们只是在适当的时候给予指导。教师的职责就是要鼓励学生们自发地运用已有的知识来组织实验，并在实验过程中对所发生的现象进行观察和解释。当发现与理论不符的时候，也要鼓励学生们形成自己的判断和认识。

另外，还可以引导学生们参与一些研究课题，鼓励学生们自己去查找资料、进行调查研究。在这一过程中，教师的职责主要是：“① 要安排好可以利用的时间，使学生们有机会参加扩展性研究；② 要创造一种灵活的，有助于科学研究的学生学习环境；③ 要去确保学习环境的安全性；④ 要使可以利用的科学设备、学习材料、视听媒体，以及教学技术能够为学生所用；⑤ 要能鉴识和利用校外的学习资源；⑥ 要使学生参与学习环境的设计。”①

（三）教师应通过科学、技术与社会教育培养学生的判断能力

在日常生活中，人们会接触到各种各样的信息，能否恰当地判断这些信息，是一个人在未来社会健康生存的基本前提。当然，要形成恰当的判断，首先要考虑该主张和建议是否有足够的证据，对于它的阐释是否清楚，它的逻辑思维是否合理等。我们要教会学生们对各种不同的信息做出自己的判断，并通过不断的练习使这种判断的能力内化成学生个人的思维习惯。具体到课堂教学上，教师们可以通过列举一些社会现象，鼓励学生们展开充分的讨论。可以设置一些问题，让学生们讨论。例如，你赞同 A 观点还是 B 观点？你赞同某观点的理由是什么？你反对某观点的理由是什么？如果这些观点你都不赞同，那你自己的观点是什么？你能提出论据来论证自己的观点吗？

---

① ［美］国家研究理事会.国家科学教育标准［M］.戢守志等译.北京：科学技术文献出版社，1999：48.

在讨论过程中,教师们要注意尊重学生们的不同见解、技能和经验。这种尊重不仅表现在能够让学生们自由地发表自己的不同见解,还表现在倾听不同见解时所表现出来的态度上。其实,后者更为重要,它能够直接为学生们所感受到,并能深刻地影响学生们对于不同见解的判断。只有老师能够用心去倾听学生的意见,学生们才能也用此种态度来对待自己所遇到的不同见解,从而避免各种不必要的主观偏见,进行相对较为客观的判断。

为了帮助学生们养成自己独立判断的习惯,教师们还应该注重培养学生们的批判精神。这种批判精神可以表现在对权威的挑战上。如在我们以往的教育中,学生们只是被动的学习,对于学什么、怎么学习,都是专家们替他们安排。在这些安排中,往往会忽视学生们自身的特点。我们要培养学生们的批判精神,鼓励他们提出自己的意见,担负起自身学习的任务。当然,批判并不等同于完全否定,认为权威的意见完全没有意义。批判只是表明自己的观点与他人的观点不同,这是建立在充分论证的基础之上的。他人的观点不但不是毫无意义的,反而是自我观点形成的基础,因此在鼓励学生进行批判的同时,也要教会学生尊重不同的意见,学会与不同意见的人进行协作交流。

(四) 教师应通过科学、技术与社会教育培养学生的社会责任

教师要启发学生们从伦理、价值的角度思考科学技术的社会功能,积极培育学生们的社会意识、鼓励学生们承担社会责任,要引导学生们认识到:① 科学通过其知识形态、技术通过其产品和工艺影响着社会的发展。科学技术的变革必然带来社会的变革、生活方式的变化。对于这些变革,要有一个清醒的认识,即它们有些是有利的,有些则是有害的。② 科学不能回答所有的问题,技术也不可能满足人们所有的需求。应该认识到科学和技术的局限性,理解科学和技术能为社会做什么样的贡献,不能做什么样的贡献。③ 科学与技术是重要的社会事业。虽然科学技术能够说明"已经出现什么",但不能说明"什么应该出现",对于后者涉及人们的价值伦理判断。④ 个人和社会必须对开展新研究和向社会引入新技术的建议做出抉择。这些抉择包括:新研究的风险、成本、效益和方案。谁将受益、谁将受害以及具体内容是什么?

(五) 教师应通过科学、技术与社会教育培养学生的合作意识

教师要引导学生们认识到:作为社会成员,每个人都不可能独立的生存,要学会在社会中生存,就必须同他人合作。同他人的合作,也是科学探索的主要方式。在科学技术高度发展的今天,很难有人仅依靠个人的力量就可以完成复杂的科技创新活动。在学习过程中,同学们之间要通力合作、广泛交流,这是获得知识的必不可少的方式。与其他工作人员的合作也是必要的。即使这些工作人员不是科学研究团队的成员,但是正是他们的工作才使得科学研究活动有了保障。

第三节　科学、技术与社会教育的课程

科学、技术与社会教育的课程是科学、技术与社会的理念在教育实践中的具体体现。它按照一体化的原则组织教学内容,要求教育既要符合知识规律也要尊重教育规律。

一、科学、技术与社会教育的课程设置原则

科学、技术与社会教育的核心就是要从系统论的角度看待科学、技术和社会的关系，凸显三方面的相互联系和作用，如下图所示：

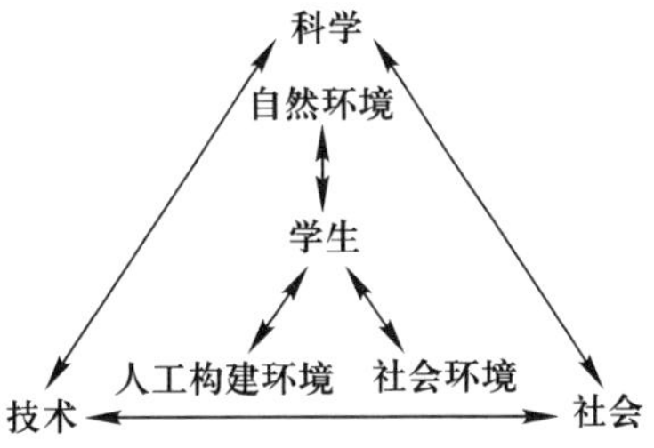

科学、技术和社会与学生的关系①

STS 教育要把科学和技术的教育与当前的社会发展结合起来，既考虑当代科技发展对社会提出的要求，又顾及科学技术对社会问题的回应。关于其具体课程设置，一般来说要遵循以下原则：

（一）一体化教育的原则

一体化不仅包括知识内部的一体化，以及知识和社会的一体化，还要保证教育与受教育对象的一体化。

知识内部的一体化要求科学技术体系的完整性。科学、技术与社会教育必须反思当今学校将科学教育与技术教育相分离，并更为重视科学（理科）教育，忽视技术教育的做法。事实上，现代科学技术已经组成动态的系统，任何试图分离科学和技术的做法都是不恰当的。技术教育必须和科学教育一样纳入学校教育的领域。

知识与社会的一体化要求将科学、技术知识与社会生活相联系。在教育中，要帮助学生们意识到科学和技术是他们日常生活中的一部分。事实上，无论是对于将来从事一般工作的学生而言还是对于将要从事学术研究的学生来说，能让他们认识到科学技术与社会的联系是非常必要的。

教育与教育对象的一体化要求所教授内容和教育对象的可接受程度相一致。这一方面要求教授的知识内容本身是协调一致的，另一方面还要求了解学生的接受能力。知识内容本身的杂乱无章或者是跳跃性太多会增置更多的屏障阻碍学生们的理解，这就很容易影响学生们学习的热情，造成对科学技术的抵触心理。因此，内容本身的协调一致是至关重要的。但这也并不是说，只要内容是一致的，就能保证所有的学生都能顺利地接受科学教育。学生对科学技术的学习还受到其自身条件的影响，这些条件包括学生的认知水平、心理结构、旧有的知识结构，等等。因此科学技术与社会教育不仅要保证所教授知识的确定性、准确性和协调性，还要注意学生们对这些内容的可接受性。

（二）符合学科发展规律的原则

科学技术与社会教育要求尊重学科的发展规律，强调对课程进行合乎逻辑的组织。一般来说，可采取两种方式：一种是以学科为主体，围绕某一学科的原有体系为中心，综合其他学科知识来构建；另一种是以概念为核心，按照概念发展的线索构建教育体系。

以学科为主体构建课程，其结构一般来说是组合式的。组合要遵循学科知识之间的内在联系，可以围绕同一主题对不同的学科知识进行综合。这些主题既可是重大的社会问题，如资源的枯竭、环境的破坏、人口的膨胀等，也可以是与学生的日常生活相关的主题，如个人卫生、身体的

① 余自强.科学课程论[M].北京：教育科学出版社，2002：161.

健康、家庭的消费等。如以色列的初中科学课程，就是围绕着农业生产，把物理学、生物学中所涉及的相关知识有机地组织起来。

以概念为核心构建课程，一般来说要“以较高级、较概括的概念或研究方法来统摄各分科的较低级、较具体的概念或研究方法，来建构超学科知识结构体系。能满足上述要求的概念或方法有两类，一类是哲学意义上的自然科学概念和方法，如物质、运动、认识，等等；另一类是科学学意义上的自然科学概念和方法，如物质科学、生命科学、科学探究，等等”①。无论是以哪种方式构建，其根本原则都是以逻辑关系为主线，遵循着学科自身的发展规律。

（三）尊重教育规律的原则

尊重教育规律即要以学生为主体，对于不同的学生进行不同的教育，在符合学生的认知水平的基础上构建科学、技术与社会课程。不同年龄段的学生具有不同的认知水平。著名学者汉斯·弗恩曾采用面谈的方式对儿童的社会思维进行了调查研究，下表②是其研究的成果，他把儿童的社会思维分为四个阶段。从表中我们可以看到，儿童的社会思维发展程度是与其年龄相关的。94%的 5 岁儿童的社会思维处于第一阶段，只有很少数的 5 岁儿童的社会思维达到了第二阶段，但是却没有一个 5 岁儿童的社会思维能达到第三或第四阶段。

5~11 岁儿童社会思维发展阶段的人数

阶段＼年龄	5	6	7	8	9	10	11	全部年龄
1	15(94)	22(65)	2(8)					39
2	1(6)	11(32)	18(72)	23(76)	13(28)	5(15)		71
3		1(3)	5(20)	7(20)	23(68)	7(64)		75
4					1(2)	6(18)	4(36)	11

注：括号中的数字是年龄在该阶段的百分比

这表明科学的社会层面对于年龄较小的孩子来说并不是十分容易理解的。因此，对于低年级的学生来说，不应该引入太深的社会内容。如对于小学阶段的学生，就不应该在科学、技术与社会教育中引入太多的工业内容，因为大多数小学生都缺乏对商品交换经济基础的适当理解。即使孩子们随着年龄和经验的增长，对工业的世界已经有了一定的理解，也不能够说明他们就能和高年级的孩子们一样，学习相同的科学、技术与社会课程。对于不同阶段的学生要教授不同的科学、技术与社会教育课程，在大学所能教授的 STS 课程不一定同样能够在中小学阶段教授，教育工作者在设计教学材料和方法时一定要明确学生的学习状态和认知水平。

二、科学、技术与社会教育的课程目标

科学、技术与社会教育对传统的科学教育目标进行了重新定位，它不再把发展科学知识和技能作为其课程构建的首要目标，而是超越了知识本位以培养符合现代社会发展的具有较高科学

① 余自强.科学课程论[M].北京：教育科学出版社，2002：188.

② [英]琼·所罗门.科学—技术—社会教育[M].郭玉英，王琦译.海口：海南出版社，2000：25.

素养的公民为其目标,涉及多个复杂的方面。

(一) 科学课程的教学和培养目标

科学课程的主要目标就是要教会学生能够在各种各样的实际问题中找到解决问题的方法。它不再要求学生死记硬背一大堆知识符号,而是重在开发学生综合解决问题的能力,希望学生能够建立联系和过程的观念,并具备一定的分析、判断和交流的能力。

1. 建立联系和过程的观念　这一部分要求学生们能够掌握系统的观念,认识到事物之间动态的、整体的联系。

(1) 掌握系统的观念。以小学生为例,由于小学生们还没有充分建立起事物相互联系的系统的观念,小学教育的重点首先就是要帮助小学生们建立起事物相联系和相互依存的观念。如在学习生物科学时,小学生们往往不能理解生命周期的概念,因为他们不能够将具有不同形态的事物(如秧苗和种子)联系起来。许多年龄小的孩子们习惯对单一生命体进行思考,他们很少发现各种生命体之间以及生命体与环境之间的相互依赖。可以和学生们进行这方面的大量讨论,告诉他们一事物是如何和另一事物相联系的;也可以通过各种有趣的方式,为学生们认识事物之间的联系打下基础。如可以把一些玩具带到课堂上让学生们重新装配,通过这样的动手经验,小学生们可以初步地理解机械系统的特性,即整体是由部分组成的;部分之间相互影响;整体功能的发挥依赖于部分的适当安排。

(2) 使用和改造各种模型。模型是与真实物体、单一事件或一类事件对应的,而且具有解释力的试探性体系或结构。教师在教授学生们学习使用和改造各种模型的过程中可以发挥他们想象的潜质,在抽象的思考和现实的事物之间建立联系。

模型有多种形式,如物理模型、数学模型和概念模型等。① 对于刚上学的年纪还比较小的小学生来说,模型这个术语对于他们来说是陌生而难以理解的。但具体的实物模型还是有吸引力的,因为孩子们每天都在和大量的物理模型打交道,如各种玩具娃娃、玩具汽车、玩具飞机等,教师完全可以根据这些实物模型让低年级的学生理解物理模型的概念。可以通过询问这些玩具模型与真实物体的相似关系,使他们逐渐理解各种物理模型与其对应的真实物体的关系。在帮助学生们学习物理模型和现实物体的关系时,还应该充分调动孩子们的积极性,发挥他们的想象力,而不是一味地追求概念的准确,扼杀孩子们的创造潜能。

当孩子们逐渐长大,开始对观察简单的玩具不感兴趣时,就可以锻炼他们修改模型的能力。这时孩子们可能已经通过几何学习加强了空间感,并通过美术、劳动实践等课程掌握了初步的绘图和制作技巧,让他们自己绘制、搭建简单的模型来模仿实物(如房屋、飞机等)或不可观察的物体(如原子、分子等),不仅是可行的而且是有趣的。要让学生们查看模型在某一部分改动后,对其整体的功能运行状况会产生什么样的影响,并想象这样的改动若发生在对应的实物上会产生什么样的影响。

2. 培养分析、判断和交流能力　人们在日常生活中经常会遇到一些需要对之进行分析和判断的事情,如使用什么样的产品有利于健康? 转基因食品有害吗? 这些分析和判断在很大程度上依赖于我们自己的科学素养。科学课程的另一个核心目标就是提高学生们的分析和判断能

---

① 美国科学促进协会.科学素养的标准[M].中国科学技术协会译.北京:科学普及出版社,2001:141.

力,可以鼓励学生们进行科学研究,在此过程中培养学生们的分析、判断能力。

(1) 鼓励学生们结合生活经验对物体、生命体和事件进行提问。一般而言,孩子们对日常生活所接触的东西会有直接的好奇心和讶异感。他们往往会问:“植物吃东西吗? 太阳为什么会发光呢? 月亮为什么会跟着人走呢?”从这些问题中可以看到,孩子们是基于日常经验来理解陌生事物的。如当他们问道“植物会吃东西吗?”,他们是用自己所熟悉的日常活动(饮食)来定义生命体。事实上,这是非常重要的,因为学生们对生命科学的兴趣正是始于这些问题,他们对科学概念的理解在很大程度上是建立在其日常生活经历之中的。因此,科学的教育不仅要基于这些问题,而且教育工作者应更主动地联系孩子们的生活世界,鼓励和激发他们提出更多的问题。

(2) 制定研究计划。对于小学生而言,他们的研究主要是以观察为主。他们通过推、拉、扔、抛等动作,可以观察物体的位置和运动。他们可以用上、下、左、右来描述物体的位置,他们也可以理解快慢这些描述物体运动的词语。对于声、光、电等现象也有简单的了解。但他们还基本上不能够设置复杂的实验,他们还不能理解能量这样复杂抽象的概念,所以要制订一些简单的研究计划。

(3) 分析研究结果。对于低年级的小学生,我们要求他们能够判别出哪些东西能够作证据,哪些东西不行,并说出他们的证据有什么样的优点。在学生做出解释后,要求学生根据已知的知识、经验和他人的观察结果对自己的解释进行检查。

(4) 对论点进行交流和辩护。对于小学生,可以要求他们能对自己的论点进行交流。这包括用适当的语言来描述自己的发现,用适当的方法比如画图或通过演示实验来展示自己的发现。但是,他们基本上不能对实验中的想法进行检验。

总之,教师就是要鼓励学生们不断地通过这些研究训练,逐步提高分析、判断能力。

(二) 技术课程的教学和培养目标

技术课程的主要目标是教会学生们在社会生活背景之中处理技术与科学的关系,提高学生的基本技术技能,并学会思考技术中的伦理问题等。

1. 在社会生活背景中理解技术与科学的关系　幼儿园至4年级的孩子们在能够进行探究活动之前就能够理解并进行设计活动了,只是他们不易说出科学探究和技术设计之间的区别。① 后一点或许并不特别重要,因为与其让孩子们费尽心思地去区分和记忆概念,还不如为孩子们创造各种机会激发他们的创造力。

教育工作者应该尽量为孩子们提供各种场所、背景(一般来说是孩子们比较熟悉的环境)培养其动手过程。在组织各种活动时,应充分考虑到孩子们的兴趣,而且要确保安全和可行性。如可以让学生们从观察生活中经常遇到的技术产品开始,让他们思考那些看似简单的衣服拉链、罐头起子、衣帽钩是如何为人们提供帮助的。让他们想想这些东西还有其他的用途吗? 或是能用其他的材料制造同样的东西吗? 可以鼓励学生们自己动手重新做一个类似的东西,并与原来的产品相比较,看看效果是更好还是更差并思考为什么会造成这种不同的效果。在这个过程中,还要向学生们介绍测量的技术和方法,当然测量的范围不要太微观或太宏观,应该在孩子们能够理

---

① [美]国家研究理事会.国家科学教育标准[M].戢守志等译.北京:科学技术文献出版社,1999:157.

解的范围之内。还要提高他们使用各种工具，如容器、照相机、录音机等的意识，并鼓励与其伙伴合作完成。

通过这些活动，孩子们应该能够对科学、技术和社会生活的相互依赖有一些具体体会，可以让他们写下来或是分成小组进行讨论。一般来说，在小学阶段结束前，学生们应该知道“贯穿整个历史，世界各地的人一直在发明和使用。今天的绝大部分工具不同于过去的工具，但是，许多工具都是对远古工具的改进。技术使科学家和其他人都能够观察到很小的和很遥远的、不借助技术就看不见的物体，能够研究那些移动很快或几乎静止不动的物体的运动。测量仪器可以用于搜集准确的信息，用于对事物进行科学的比较，也可用它方便地设计和建造物体。技术扩大了人们改造世界的能力如切割、成型和组装材料等，并把物体从一个地方移到另一个地方；技术可以帮助人们到达人的手、声音、感觉和思维远远达不到的地方。人们改造世界可能出于生存如食物、居住和防卫，也可能出于交流和运输的需要，或者出于获取知识和表达思想的需要。”①

2. 提高技术设计能力　提高技术设计能力的最好办法就是动手做一做。小学生们可能需要在老师的帮助下确定自己感兴趣且又有能力做的设计。最初选取的题目和需要准备的材料都要尽量简单一些，因为难度太高很容易打消孩子们进行尝试的热情。一般来说，学生们只有在完成一些简单的题目并取得一些经验之后才会更有信心尝试下一个设计项目。当然，在设计时还是不可避免地要遇到许多限制条件，如安全、场地、材料、设施、政策、时间和成本等。这时教师们应该告诉学生，对于任何一项设计来说（包括许多成年人的设计）都会遇到这些条件的限制。但是不管怎样，还是要尽最大可能地完成设计，而不要灰心丧气，因为这对于孩子们或成年人来说都是真正的挑战。在测试和修改设计时，低年级的孩子们可能缺乏耐心，这时不要强迫他们去进一步改进设计，更重要的是要让他们建立自己能够进行设计的信心。

随着孩子们经验的增长，他们开始挑战一些更为复杂的工作。由于孩子们更倾向于独立完成这些工作，而很少依赖教师的直接指导，那么相应地，教师的职责也要跟着改变。此时，教师的主要任务是鼓励学生们相互合作，努力寻求不同的设计方案，并思考不同方案的优缺点。在中学阶段，学生们应该知道，复杂的系统需要控制机制。可以把恒温器作为一个控制机制的范例介绍给学生。当学生们基本理解之后，就应该进一步启发他们对更为复杂的系统如竞赛系统、人体系统进行思考，并鼓励他们自己动手去做一些简单的控制装置。此时，也应该让学生们意识到技术的负效应，提醒他们在设计时也要关注那些不确定的因素，这就需要学生们学会风险分析和技术评估，参见下表②相关内容。

---

① 美国科学促进协会.科学素养的标准[M].中国科学技术协会译.北京：科学普及出版社，2001：32.

② 美国科学促进协会.科学素养的标准[M].中国科学技术协会译.北京：科学普及出版社，2001：35-37.

美国幼儿园至十二年级关于技术能力培养的课程内容目标

幼儿园至二年级	■人们设计出来的东西实际上并不一定都能制造或做出来
三年级至五年级	■不存在完美的设计。一个设计在某一方面(如安全或易于使用)是最好的,而在其他方面(如成本或外观)可能就有缺陷。通常,为了获得某些特性就必须以牺牲其他特性为代价。如何进行权衡取决于要强调哪些特性和忽略哪些特性 ■即使是一项很好的设计,仍然可能失败。有时,事先采取一些措施可以减少失败的可能性,但是,无法完全摆脱失败 ■解决一个问题可能会诱发其他的问题
六年级至八年级	■设计通常需要考虑限制条件。有些限制条件无法回避,如重力或选用材料的特性。而另一些限定条件,其中包括经济的、政治的、社会的、道德的以及审美方面的,这些条件限定了选择 ■所有技术产生的影响都会超出了设计的初衷,其中有一些影响可以预测到,有些则不能。无论在何种情况下,有些技术产生的副作用使得某些人群无法接受,从而导致了群体间的矛盾 ■几乎所有的控制系统都包括输入、输出和反馈。控制的要点是进行信息的比较,即把实际发生的状况同人们期望的状况进行比较,然后,进行适当调节。这个过程要求了解信息、处理信息以及对信息进行改进。在所有的现代设备中,几乎都将微处理器作为功能控制的中心 ■系统失常往往是由于它具有不好的或不匹配的部件,或是由于系统的使用方法超出了设计的规定,或是由于初始设计不当。防止系统故障最常见的方法是,事先测试部件和程序,采用过度设计和冗余技术
九年级至十二年级	■在设计一个装置或者一个程序时,应该考虑如何制造、操作、维修、替换以及废弃,还要考虑由谁来推销,谁来操作以及谁来维护。与这些功能相关的花费导致设计上更多的限制 ■任何一个技术的价值,对于不同的人群或在不同的时间,都可能是不同的 ■复杂的系统具有多重的控制。一些控制操作着系统的某些部件,一些控制则管理着其他控制系统。即使是全自动的系统也需要人来控制某些部位 ■人可以用风险分析来最低限度地减少一种新技术所带来的人们不需要的副作用。然而,公众对于风险的认识可能取决于心理因素,也取决于科学因素 ■一个系统的组成部分和连接部分越多,出错的可能性就越大。复杂的系统通常有用于监测、备份、旁路设置和对微小故障进行补偿的部件 ■为了减少系统失常的概率,常常用缩小比例的模型、计算机模拟和仿真系统进行功能测试,或者仅测试系统中被认为最不可靠的部件

注[①]:幼儿园至二年级相当于中国的幼儿园到小学三年级,三年级至五年级相当于中国的小学三年级到五年级,六年级至八年级相当于中国的小学六年级到初中三年级,九年级至十二年级相当于中国的初中三年级到高中三年级。

3. 思考技术中的伦理问题　项目设计不仅可以锻炼学生们解决问题、使用工具、合作交流等能力,还可以启发学生们对技术引发的各种伦理问题进行深入思考。例如,“一个班级的一组儿童决定建造一个大型的浅底容器,用做海洋栖息地,于是让全班同学讨论,这个容器泄露了会怎么样,这个项目是否干扰其他项目或其他班级的活动,是否还有别的方法可用来学习海洋栖息

① 美国科学促进协会.科学教育改革的蓝本[M].中国科学技术协会译.北京:科学普及出版社,2001:135.

地的知识,等等。”[①]通过这样的活动,学生们会比较容易地认识到人的行为会对周围的环境造成影响。不过,此时还是不要把过多的负面影响灌输给学生,最重要的是,让学生们形成这样的意识,即在尝试某项新的技术或采取某项新的行动时,应该考虑这些行为会对他人产生什么样的影响。

随着孩子们年龄的增长,可以拓展一些实用技术的案例教学来帮助学生们探讨技术中的伦理问题。这些案例包括水坝、青霉素、农药、核能及基因工程等。教师们应该围绕这些案例与学生们展开讨论,但同时要避免在讨论中有默认某种观点为正确前提的倾向。确实,人们在谈到某项技术时具有强烈的倾向性,但是教师的职责并不是要成为某项技术的推广者或是抗议者,而是要帮助学生们思考问题,从而能够独立地做出自己的决策。一般来说,通过这些思考,学生们应该认识到:① “技术常常在带来利益的同时,也会产生弊端。一项有助于某些人或某类生物体的技术可能会对其他的人或生物体造成伤害,不管这种伤害是有意的(如武器所起的作用),还是无意的(如杀虫剂所起的作用)。当伤害发生或可能发生时,必须做出选择,或寻找新的解决方法。”[②]② 技术争论并不是可以简单处理的。“仅仅根据有关的事实,即使是已经知道的和可以利用的,常常也不能把问题解决得只对某一方面完全有利。这是因为能够满意的群体可能具有不同的价值观和优越条件。他们可能会在某种程度上获取利益或蒙受损失,并且他们对计划的行动将带来什么后果会做出非常不同的预测。”[③]③ 技术的开发和利用受到很多因素的影响,这些因素既包括个人的价值取向、接受程度,也包括经济方面如成本和效益的考虑,还包括社会方面如法律法规的约束,媒体新闻的关注,等等。一般来说,在引进一项新技术时,应该考虑到,是否有替代方案可以取得同样的效果?什么人会受益?什么人会受损?风险有多大?谁来承担风险?如何处理技术产生的废品?相应的社会代价有多大?

(三)科学、技术与社会教育的课程教学和培养目标

科学、技术与社会教育的课程强调要在相应的社会背景之下讲授科学技术,要求学生们讨论与科学技术有关的个人与社会的挑战性问题,如健康、人口、资源、环境以及科学技术和社会的关系等,见下表[④]。通过这些讨论和思考,目的在于帮助学生们运用所学的知识处理现实问题,使学生们能够根据其所处的环境对自己生活中与科学技术相关的问题做出决策,为其将来成为社会公民后的理解和行动奠定基础。

个人与社会视角所见的科学标准

幼儿园至4年级	5~8年级	9~12年级
个人健康	个人健康	个人与公众健康
人口的特性与变化	人口、资源与环境	人口增长
资源的类型	自然灾害	自然资源

① 美国科学促进协会.科学素养的标准[M].中国科学技术协会译.北京:科学普及出版社,2001:38.
② 美国科学促进协会.科学素养的标准[M].中国科学技术协会译.北京:科学普及出版社,2001:39.
③ 美国科学促进协会.科学素养的标准[M].中国科学技术协会译.北京:科学普及出版社,2001:40.
④ [美]国家研究理事会.国家科学教育标准[M].戢守志等译.北京:科学技术文献出版社,1999:130.

续表

幼儿园至4年级	5~8年级	9~12年级
环境的变化	风险和效益	环境质量
科技在应对地方性挑战中的作用	社会中的科学技术	自然灾害和人为灾害
		科技在应对地方、国家和全球性挑战中的作用

1. 确立健康意识　从小学阶段起,就要帮助学生们掌握与健康相关的科学知识,确立健康意识。

小学生们已经具备了一定的生活经验,这些经验使他们能够初步了解与健康相关的基本知识。如许多孩子们已经能够使用"病毒"或"病菌"这些词。但是教师们也要估计到,孩子们对这些概念的理解还不深入。事实上,他们并不能真正区分"病毒"和"病菌",不知道如何区分传染性疾病、非传染性疾病、器质性疾病、功能性疾病和饮食性疾病等,他们也不了解疾病的真正起因,疾病的传播途径和预防疾病的方法。因此,在小学阶段,要尽可能地让学生们了解人体的基本机能,帮助他们理解疾病的发生、传播和防御机制,建立营养与健康的联系,并提醒他们在日常生活中注意个人保健,如每天要保证口腔卫生、注意清洁、经常锻炼、生活规律、不挑食、少吃糖和脂肪,尽量减少有害物质对身体的伤害等。

2. 思考人口、资源与环境问题　对于人口、资源和环境问题,小学生们已经有了一定的感性认识。如他们会把人口问题与拥挤的教室联系起来,把资源问题与日常生活中水、电的缺乏联系起来,把环境问题与空气污染联系起来。正是通过自己的这些切身感受,大多数小学生能够意识到人口的过分拥挤、资源的过度缺乏和环境的极度恶化会对人类的生存造成不良影响。不过,这一年龄段的孩子们并没有把这些问题看成是相互关联的,而是认为可以逐一采取措施解决。如他们认为,人口的拥挤问题可以通过减少学校招生来解决,资源问题可以通过节约水、电等的使用来解决,环境问题可以通过清理垃圾减少废物来解决。针对这一年龄段的认知特点,教育工作者不必强行要求学生们理解这些问题之间的关联。一般来说,对于小学生来说,达到下列标准①是必要的。

人口的特性与变化	■人口指生活在特定地区的群体。人口的一个重要特性是人口密度,即生活在一定空间内的特定人群的人数 ■人口的规模可以增加,也可以减少。如果没有其他因素(例如疾病和饥荒)使人口减少的话,人口就要增加
资源的类型	■所谓资源就是人类为了满足自己的需要和愿望从有生命环境和无生命环境获取的各种物质 ■有些资源是属于基本物质,例如空气、水和土壤;有些资源是利用基本资源制造的,例如食物、燃料和建筑材料;还有些资源是非物质的,例如安静的场所、美丽、安全感和安全 ■许多资源的供应是有限的。在使用这些资源时应该通过循环使用和减少消耗的方法来延长资源的维持时间

① [美]国家研究理事会.国家科学教育标准[M].戢守志等译.北京:科学技术文献出版社,1999:162.

续表

环境的变化	■环境是影响个人和人群生存能力和生活质量的空间、条件和因素 ■环境的变化可以是自然而然的，也可能受到人的影响。有些变化是有利的，有些变化是有害的，也有些变化无所谓有利有害。污染是一种影响包括人类在内的生命体的健康、生存和活动的环境变化 ■环境的有些变化是缓慢的，有些是迅速的。学生应该理解，在长时间内逐渐改变环境和在短时间内迅速改变环境会有什么不同后果

3. 理解科学、技术与社会的关系　小学生们对于科学、技术和社会关系的理解只是初步的。通过各种途径，大多数小学生们已经意识到了科学技术对人类社会发展的积极影响，他们能够明白科学技术可以为人类生活提供方便，解决各种实际问题，如通讯上的一项新技术可以增进人们之间的交流，等等。当然，小学生们也须同时意识到科学技术的益处并不一定为所有的人所享用，而且科学、技术对人类的生活也可能产生负面影响，如电脑、手机使用中产生的辐射就会对人类的身体产生伤害。对于小学生来说，由于其认知心理毕竟与成人不同，不应对其介绍过多负面的信息，因为一般来说，儿童在未达到社会成熟的年龄时接受了这些信息，可能会发生两种情况："一种是忽略所不能处理的全部信息，另一种是受到它的干扰。毫无疑问，这两种情况都会发生。巴巴拉·提扎德所做的文献综述(1986)指出，儿童不仅存在对于社会问题的焦虑，其中包括核战争的威胁，而且这种焦虑有的在6岁就能发生，但通常被父母所忽略。"①不过研究也表明，对于那些经过解释了的危险，儿童的焦虑就会减少，因此诸如温室效应和臭氧层洞之类的话题还是可以在小学阶段讨论的，事实也表明，这些话题并不困扰他们。

（四）实践活动课程的教学和培养目标

实践活动课程主要从学生们的经验出发组织和安排各种活动，其课程目标侧重于"通过各种实践活动，使学生把理论知识与实际生活相结合，提高自己动手解决现实问题的能力，培养学生的自主意识和创造性，逐步发展学生的兴趣、爱好和个性特长。"②

教学组织形式是多种多样的，不仅可以引入更多的探索性实验，而且还可以鼓励学生积极参与课外活动，如在社区决策、民主选举、维持社会秩序等活动中扮演一定的社会角色，在角色扮演中体悟如何利用科学技术来解决现实问题，培养科学为大众的思想。

1. 加强实验探索　实验是实践活动课程的重要组成部分。让学生们自己动手做实验，不仅可以激发学生们学习的兴趣，使他们更为主动而不是被动地学习，而且还可以提高学生们观察和操作的技能。当然，这种动手能力的训练与其他一切技能的训练一样，必须是循序渐进的。

对于小学生来说，很多实验仪器是过于复杂而难于操作的。因此最好的方式是让他们使用一些简单的工具，如锤子、尺子、放大镜之类。要提醒孩子们带着一定的问题去实验，并大胆提出自己的想法和猜测，在整个实验过程中都要做记录，还要保存这些观察笔记，以便最后将实验结果与自己的猜测假说相对照，对照结束后无论是实验结果与自己的猜想相接近还是相距甚远都

① ［英］琼·所罗门.科学—技术—社会教育［M］.郭玉英，王琦译.海口：海南出版社，2000：28.

② 余自强.科学课程论［M］.北京：教育科学出版社，2002：173.

要和其他同学或老师进行分析探讨,找出其中的原因。总之,在这一阶段,学会使用复杂的实验设备绝不是教学的唯一且最重要的目标,必须明确的是,这些实验活动的最重要目标是提高学生们观察、操作和探索的技能,因为这些技能对于他们现在和未来的生活来说都是必需的。

对于中学生来说,可以适当增加实验仪器的复杂程度。在中学阶段,不仅要训练学生们基本的实验技能,教他们学会用实验来检验自己已学的知识,而且更重要的是培养其主动思索和探究的能力。传统的实验教学可能更多地强调对已学知识的验证。在这一过程中,学生的动手能力可以得到训练和加强,不过也须意识到,验证性实验容易使学生们养成照本宣科地重复性机械操作的习惯,而很少对实验目的、实验步骤和实验结果进行独立的思考。针对这一问题,教育工作者应加强探索性实验在实验活动课中的比例。关于探索性实验与验证性实验的不同,如下表①。

探索性实验与验证性实验的差异

探索性实验	验证性实验
(1) 告诉学生如何进行探索(探索步骤)	告诉学生如何进行实验(实验步骤)
(2) 不告诉学生答案(事先未知答案)	告诉学生答案(事先已知答案)
(3) 努力探索答案(重在过程)	努力获取预定答案(重在结果)
(4) 依据学生本人收集的信息(数据)和解释的程度予以评价	依据学生实验结果接近预定答案的程度予以评价

从表中可以看到,探索性实验是完全开放的。教师在实验的设计中,并不预设任何结论,也不规范一系列的操作步骤,而是把实验的主动权完全交给学生,让学生在自己的独立思考中,提高其分析和研究的能力。

2. 拓展课外实习　除鼓励学生多做实验之外,还要为学生创造各种实习机会。

对于小学生而言,鼓励他们到田野中去观察大自然是重要的。这一方面可以开拓他们的视野,另一方面也可以提升他们的兴趣。孩子们天性活泼、聪明好动、对一切新奇事物都充满了好奇和探索的欲望。如果把他们强行关在教室里去死记硬背一些枯燥的符号,只会泯没他们的天性,扼杀他们学习的欲望。大自然对于孩子们来说是最好的学校,在大自然中,孩子们可以快乐地观察各种动植物,采集各种美丽的标本,正是在这些有趣的活动中,孩子们在获取自然界感性认识的同时,也掌握了自然调查的方法。

随着孩子们年龄的增长,他们的社会参与意识会越来越强,这时就要多鼓励他们参加一些社会活动,使他们在提高科技应用技能的同时形成科学为大众的思想。比如"看验血单,测定肺活量、测定胸围呼吸差,制作望远镜,练习使用当地常见的灭火器材,观察柴油机(或汽油机),安装楼梯灯电路,测定人上楼的功率,测量家用电器的电功率,气象观测或参观当地气象台站等实习能使学生把课本上学到的知识与实际生活、生产结合起来,提高科学应用技能,培养科技意识。"②如果条件允许的话,还可以带领学生们到一些地区去实地考察,让学生们自己去发现当地存在的问题并提出解决对策。如学生们可能通过自己的观察发现水资源的短缺可能是当地作物

① 余自强.科学课程论[M].北京:教育科学出版社,2002:204.

② 余自强.科学课程论[M].北京:教育科学出版社,2002:206.

产量不高的主要原因，为了证实这一判断，他们必须采集土样，测量土壤的酸碱度和湿度，观测当地的地形和风向，测算空气尘埃粒子，估测降水量等。正是通过这些实践活动，学生们不但可以更好地体会到科学技术与社会的关系，而且还可以增强社会责任感，提升关心他人的意识。

三、科学、技术与社会教育的理念在邻近学科中的体现

科学、技术与社会教育并不是要用一种新的教育来取代传统的科学教育，它只是要把一种新的理念融汇到传统的教育之中，其目标在于培养具有一定的科技素养、能够适应现代生活的负责任的公民，因此它并不是与传统的科学教育完全对立的。对此，教育工作者应当致力于在科学、技术与社会教育的课程和其他课程之间搭建桥梁，增强各学科之间的联系。这样做还有一个益处，那就是在某种程度上降低各课程之间的无必要的重复，提高教学效率。

（一）在理科课程中渗透科学、技术与社会教育的理念

传统理科课程是进行科学、技术与社会教育的一个重要基地，可以在课程中加入更多的讨论环节，在这个环节中教师们应该引导学生们结合自身的生活经验应用这些学科知识，鼓励学生们动脑思考这些知识会给社会带来什么样的影响，同时，教师们还应该适当地向学生们介绍一下相应学科的发展史，而且最好结合历史材料，给同学们讲述社会发展对于科学技术的影响。

例如我们今天的数学教育过度抽象化、形式化，数学教学渐渐演变成一种空洞的解题训练。人们往往有这样的印象：数学的发展无需社会的推动，他们是天才脑袋中构造出来的创造物。一句话，数学是一种智力游戏。正如著名的数学家柯朗所说，由于忽视了数学与其他领域的有机联系，当今的数学研究已经出现一种过分专门化、抽象化的趋势，这使数学教育陷入严重的危机之中。因此，必须对其进行建设性的改造。

改造的途径之一就是将科学、技术与社会教育的理念渗透进数学课堂，引导学生们了解数学作为一种文化的丰富内涵，重建数学之美。这不仅包括用数学的观点来观察现实，构造数学模型，学习数学语言、图表、符号，进行数学交流，等等，还包括训练理性思维，培养严谨的求是精神和创新精神，更重要的是要让学生们意识到数学与社会各个部门都有紧密的联系，比如，数学对经济、文学、语言、体育、战争和选举等领域都有广泛的影响，数学的发展与社会文明的发展息息相关。正是因为如此，数学课程更需要加强学生社会责任心和使命感的培养。

（二）在人文课程中渗透科学、技术与社会教育的理念

我国目前的教育体系基本上还是文理科的泾渭分明。尽管近年来，人们不断地呼吁文理科的相互交叉，然而依然是独立的文理科思想的简单加和。科学、技术与社会教育的一个基本思想是：科学技术是社会文化的不可分割的一部分。应该在人文学科如语文、历史等学科中加入科学方面的内容。

语文能力是人们建立自我认同和进行社会交往所不可或缺的能力。每个人不仅通过学习语言来形成自我、充实自我，同时通过运用语言来参与社会文化活动。语文能力也是科学学习的一个基础性工具，学习者只有具备较高的语言能力，才能够对逻辑性的科学语言进行深刻的理解和分析。科学、技术与社会教育要求在语文课程中重点培养学生下述能力：① 培养学生们收集整理信息的能力。要求学生们不仅能够从纷繁复杂的信息中找到自己需要的信息，而且能够对信

息进行选择判断、综合整理,并能够在此基础上建立自己的观点。② 培养学生们的表达能力。科学、技术与社会教育的课程对语言的使用有较高的要求。它要求学生们能够逻辑地陈述自己的观点,并在互相尊重的基础上交流讨论;它还要求学生们能够依据目的、对象、场合的不同而选择不同的表达方式。③ 培养学生们文献分析的能力。要求学生们能够对相关的科技文献进行分析解读。解读并不仅仅意味着学生们能够概述段落大意,而是要求学生们能够分析作者的论点,找出论点的背景缘由,理清作者的论证思路,探讨论点在现时代的适用性,并能够在此基础上做出相应的评价,等等。

科学、技术与社会教育还要求在历史课程中渗透"科学、技术与社会"的内容。通过该内容的学习,学生们能够对科学技术的起源及其发展过程有一个脉络性的了解。历史课应该给学生们呈现这样的事实:在历史过程中,科学技术既可以推动社会的发展,也可能带来灾难性的后果,从而使学生们更深刻地理解科学技术与社会的关系,让学生懂得:为什么要学习科学?人们在历史上是怎么处理科学技术与社会之间的关系的?科学和科学方法的优点与局限性是什么?这对提高学生的科学素养有举足轻重的作用。因此在课程中,不能过分地强调历史事实的记忆。科学史教育的基本内容是帮助学生们了解科学探究的过程,更准确地理解科学与社会之间的相互影响。

(三)在实践课程中渗透科学、技术与社会教育的理念

实践课程是目前推行科学教育的一个重要组成部分。其主要形式是理科课程中的实验课。实验课能够激发学生的兴趣,帮助学生们巩固课堂知识,掌握一定的试验方法和技巧。但是,在传统的实验课中,学生们没有对试验对象和操作过程的选择权,实验是在老师安排好的步骤中进行的,学生们只是按部就班的学习,实验变成了机械式的操作程序。

这种人为控制的实验课程必然会消磨学生们的兴趣和耐性。为了改变这种状况,科学、技术与社会教育提倡在原有的课堂实验的基础上,增添更多的实践形式,这些形式包括探索与研究、课外实习,等等。

探索和研究是在实验室外,在教师的指导下,由学生自主完成的趣味性实验。它并不要求按照某一固定的主题展开,而是围绕学生的想象力、好奇心去展开,因此更能够激发学生们的兴趣。课外实习还可以包括更多的形式,如鼓励学生们到社区参加义务劳动和调查等活动,也包括到单位去实习的过程,通过这些活动培养学生们的社会责任感。事实上,实践活动是学生接触社会的最直接的过程,在这个过程中,学生更容易感受到知识与社会之间的关系。因此,实践课程在科学、技术与社会教育中承担了重要的角色。

美国科学促进协会主编的《科学教育改革的蓝本》中提到这样一个趣味性实验的例子:"有 9 组学生来自 3 个学校,他们负责在 3 周之内各自建造一艘爱斯基摩人的划艇,这是一项成功的试验。这种爱斯基摩人的划艇,仅用塑料带和纸板制造,还要能在水面上承载一名学生。这显然需要学生们综合运用数学和科学的各种知识和技巧,需要他们真正懂得质量、体积、密度、浮力、漂浮和水面位移等概念,还需要他们探索如何进行测量,计算面积、体积和比例,然后,他们才能制造出一艘划艇的小尺寸模型。……这种爱斯基摩人的划艇还可以再与许多其他学科发生联系。在这种为期三周的教学单元中,学生们还学到了有关这种划艇的历史,阿留申人和因纽特人(Inuit,美洲的爱斯基摩人,他们用自己民族的绘画来装饰这种划艇)的文化,以及白令海峡与北

冰洋的地理位置关系。学生们还学习了阿留申群岛与俄罗斯的历史渊源，以及该群岛的地理位置在冷战中的重要性，并从制造这种划艇的小试验中，看到了它在船舶技术史和运输技术史中的地位。”①

由此可见，通过这项活动，考察了学生对技术和设计之间关系的理解程度，关于浮力等知识的理解程度，以及数学的应用程度，同时还涉及了历史，军事，文化等领域。正是众多领域之间的联系构成了此实践课程的主要内容。这样的实践，直接把科学知识还原到了生活实践当中，不仅让学生们体会到科学技术与社会之间的紧密联系，而且还调动了他们的学习热情。

总之，实施科学、技术与社会教育的方法可以灵活多样，既可以开设独立的 STS 课程，探讨科学、技术与社会教育的课程原则和模式，也可以在传统的理科课程中融入关于社会的内容，在人文课程中加入科学、技术与社会关系的思考，在实践活动中引导同学们关注科技与社会的关系等。教育工作者应该结合自己的经验，不断地在教学实践中发展并完善科学、技术与社会教育。

本章小结

科学、技术与社会教育倡导整体性、社会性和人本性教育理念，反对传统教育侧重应试教育、忽视学科之间的联系以及教育与生活脱节。其目标在于提高全民的科技素养，培养公众的社会责任。为了实现这一目标，在教学内容上，它要求从传统的以理科教育为核心的学科知识体系向强调科学、技术与社会三者相结合的综合体系转变；在教育形式上，它要求既要符合知识特征，也要符合技术特征，还要符合社会特征；在考核标准上，它要求围绕科学—技术—社会确定考核内容。在科学、技术与社会教育中教师应该积极发挥其主导作用，引导学生进行研究，培养学生的探索精神、判断能力和社会责任，激发学生的合作意识。教师要按照一体化的原则组织教学内容，既符合知识规律也要尊重教育规律，在科学、技术与社会教育的课程目标和教学实践中具体贯彻实现科学、技术与社会的理念。

拓展阅读

1. 美国科学促进协会.科学教育改革的蓝本[M].北京：科学普及出版社，2001.（第一部分："基础"，讨论科学教育改革的现状和目标）

2. 美国科学促进协会.科学素养的基准[M].北京：科学普及出版社，2001.（第一章："科学的性质"，围绕科学世界观、科学的探索方法、科学事业的性质探讨了科学素养所必需的科学方法）

3. 美国国家研究理事会编.美国国家科学教育标准[M].北京：科学技术文献出版社，1999.（第四章："科学教学标准"）

4. 国际技术教育协会编.美国国家技术教育标准[M].北京：科学出版社，2003 年.（第 4 章："技术与社会"，针对美国 1~12 各年级学生的不同特点制订了相应的"技术与社会"教育标准）

5. [英]琼·所罗门.科学—技术—社会教育[M].海口市：海南出版社，2000.（第一章："什么是科学—技术—社会教育？"、"为什么需要科学—技术—社会教育？"，分析 STS 教育的复杂性，

① 美国科学促进协会.科学教育改革的蓝本[M].中国科学技术协会译.北京：科学普及出版社，2001：138.

并陈述 STS 教育的基本主题和内容)

6. 孙可平.STS 教育论[M].上海:上海教育出版社,2001.(第一章:“STS 教育的背景研究”,论述 20 世纪 80 年代以来学术界对于科学教育改革的各种讨论和思潮,并提出作为“文化战略”的 STS 教育观)

7. 般登祥.科学、技术与社会概论[M].广州:广东教育出版社,2007.(第六章:“科学、技术与社会的基本理论”,关涉 STS 的基本理念及其在教育中的应用)

8. 祝怀新.科学教育导论[M].北京:中国环境科学出版社,2005.(第五章:“科学教育课程模式的改革与发展”,阐述 STS 教育课程的特点、实施途径和原则)

9. 黄润华等.人口、资源与环境[M].北京:高等教育出版社,2006.(第五章:“中国人口、资源与环境的基本国情”)

思考题

1. 科学、技术与社会教育的基本理念。
2. 科学、技术与社会教育的目标和基本要求。
3. 教师在科学、技术与社会教育中的责任和作用。
4. 科学、技术与社会教育的课程设置原则。
5. 科学、技术与社会教育的课程教学和培养目标。
6. 科学、技术与社会教育的理念是如何在临近学科中体现的?

后　记

经全国高等教育自学考试指导委员会同意，由教育类专业委员会负责高等教育自学考试教育类专业教材的审定工作。

《科学、技术与社会》自学考试教材由北京师范大学刘孝廷教授担任主编，中国政法大学张秀华副教授担任副主编。

参加本教材审稿讨论会并提出修改意见的专家有全国高等教育自学考试指导委员会教育类专业委员会主任、北京师范大学王英杰教授，全国高等教育自学考试指导委员会教育类专业委员会秘书长、北京师范大学陈强副教授，中国科学院大学肖显静教授，北京化工大学崔伟奇教授，北京师范大学范立双教授。

全书由刘孝廷教授修改定稿。

全国高等教育自学考试指导委员会
教育类专业委员会
2013年1月